高等职业教育土建类"教、学、做"理实一体化特色教材

建 筑 设 备

主 编 赵慧敏 张思梅 束 兵

U0293902

中国水利水电出版社
www.waterpub.com.cn
·北京·

内 容 提 要

本书针对土建类施工与管理类专业学生的学习需要，系统介绍了建筑设备工程中建筑给水工程、建筑排水工程、采暖与燃气工程、通风与空调工程、建筑电气系统、建筑弱电系统等内容。本书涉及的知识面较宽，注重突出实用性，读者容易理解。书中内容反映了新技术、新工艺、新材料，适用高等技术应用型专门人才培养的需求。

本书可作为高等职业院校、高等专科学校的建筑工程、建筑装饰工程、工程造价、工程监理、物业管理、房地产经营与管理等专业的教材，还可以作为建筑工程专业技术人员的岗位培训教材及有关人员的自学教材。

图书在版编目（ＣＩＰ）数据

建筑设备 / 赵慧敏，张思梅，束兵主编. -- 北京：中国水利水电出版社，2017.7
高等职业教育土建类"教、学、做"理实一体化特色教材
ISBN 978-7-5170-5694-2

Ⅰ. ①建… Ⅱ. ①赵… ②张… ③束… Ⅲ. ①房屋建筑设备－高等职业教育－教材 Ⅳ. ①TU8

中国版本图书馆CIP数据核字(2017)第177691号

书　　名	高等职业教育土建类"教、学、做"理实一体化特色教材 **建筑设备** JIANZHU SHEBEI	
作　　者	主编　赵慧敏　张思梅　束　兵	
出版发行	中国水利水电出版社 （北京市海淀区玉渊潭南路 1 号 D 座　100038） 网址：www. waterpub. com. cn E - mail：sales@waterpub. com. cn 电话：(010) 68367658（营销中心）	
经　　售	北京科水图书销售中心（零售） 电话：(010) 88383994、63202643、68545874 全国各地新华书店和相关出版物销售网点	
排　　版	中国水利水电出版社微机排版中心	
印　　刷	北京市密东印刷有限公司	
规　　格	184mm×260mm　16 开本　19.5 印张　487 千字	
版　　次	2017 年 7 月第 1 版　2017 年 7 月第 1 次印刷	
印　　数	0001—2000 册	
定　　价	**48. 00 元**	

凡购买我社图书，如有缺页、倒页、脱页的，本社营销中心负责调换

版权所有·侵权必究

前言

　　随着现代建筑，特别是高层建筑的迅猛发展以及人民物质生活水平提高，对建筑的使用功能和质量提出了越来越高的要求，以至建筑设备投资在建筑总投资中的比重日益增大，建筑设备在建筑工程中的地位也日益重要。因此，从事建筑类各专业工作的工程技术人员，只有对现代建筑物中的给排水、供暖、通风、空调、燃气供应、消防、供配电、智能建筑等系统和设备的工作原理和功能以及在建筑中的设置应用情况有所了解，才能在建筑和结构设计、建筑施工、室内装饰、建筑管理等工作中合理地配置及使用能源和资源，真正做到既能完美体现建筑的设计和使用功能，又能尽量减少能量的损耗和资源的浪费。本书以最新版本的设计、施工、验收规范为依据，以目前普及率较高的设备、工艺为主线，旨在体现教材的实用性、实践性和创造性。

　　本书编写人员及编写分工如下：安徽省·水利部淮河水利委员会水利科学研究院姚运昌编写第 1 章；安徽水利水电职业技术学院李杨编写第 2 章；安徽水利水电职业技术学院张思梅、慕欣编写第 3 章；安徽水利水电职业技术学院王丽娟编写第 4 章；安徽水利水电职业技术学院赵慧敏、安徽圣辉机电工程有限公司黄伟编写第 5 章；安徽水利水电职业技术学院孙希、安徽省·水利部淮河水利委员会水利科学研究院许一编写第 6 章；安徽水利水电职业技术学院高慧慧、安徽省·水利部淮河水利委员会水利科学研究院吴大国编写第 7 章；安徽省·水利部淮河水利委员会水利科学研究院束兵编写第 8 章；安徽水利水电职业技术学院孙梅编写第 9 章。

　　本书由赵慧敏、张思梅和束兵担任主编；李杨、慕欣、高慧慧、王丽娟和孙梅担任副主编；赵慧敏、孙梅负责统稿。

　　本书在编写过程中参考了大量的书籍、文献，在此向有关编著者表示衷心的感谢！

　　本书在编写过程中，力求尽善尽美，但由于编者水平有限，书中疏漏之处在所难免，敬请读者批评指正。

作者

2017 年 2 月

前言

目录

第1章 绪 论

1.1 建筑设备课程的任务和目的

任何建筑如果只有遮风避雨的建筑外壳，缺少相应的建筑设备，其使用价值将是很低的。对使用者来说，建筑物的规格、档次的高低，除了建筑面积大小的因素外，建筑设备功能的完善程度将是决定因素之一。建筑物级别越高，功能越完善，建筑设备的种类越多，系统就越复杂。从经济上看，一座现代化建筑物的总投资中，土建、设备与装修，大约各占1/3。现代化程度越高，建筑设备所占的投资比例越大。从建筑物的使用成本看，建筑设备的设计及其性能的优劣、耗能的多少，是直接影响经济效益的因素。各种建筑设备系统在建筑物中起着不同的作用，完成不同的功能。

为了满足生产上的需要，以及提供卫生、舒适、方便和安全的生活及工作环境，在建筑物内设置完善的给水、排水、热水、供暖、通风、空调、煤气以及供电等设备系统，这些设备系统的总称就称为建筑设备。

建筑设备为建筑物提供和完善了建筑的功能，给建筑物提供和完善的功能大致包括以下几个方面。

(1) 创造合适的室内环境（空调、照明、供暖、通风）。

(2) 提供工作和生活的方便条件（给排水和电梯等）。

(3) 增强人员、设备的安全性（消防、防排烟、过电流和接地）。

(4) 提高建筑综合控制、智能性（消火栓消防泵自动灭火系统、自动空调）。

建筑设备是现代化建筑的重要组成部分，其设置的完善程度和技术水平，已成为社会生产、房屋建筑和物质生活水平的重要标志。

随着我国建筑业的发展，无论是在生活还是生产方面，对建筑设备工程中的供水、供热、供气和供电等的要求和标准日益提高，如卫生间的卫生设施要求功能完善、形式多样，多功能的电气设备和信息电子装置逐步进入千家万户。顺应市场的需求，美观、实用、多功能的新型设备不断出现，例如节水型卫生器具的开发和推广使用；高效节能换热设备的创新；各种通风空调技术的普及和发展；功能完善、种类繁多的设备不断涌现。这些产品、设备和技术正在不断完善着建筑物的功能，提高着人们的生活质量。

1.2 建筑设备课程的主要内容

建筑设备是指安装在建筑物内，为人们居住、生活、工作提供便利、舒适、安全等条件的设备。主要包括以下几个方面。

1.2.1 建筑给排水系统

水是人类的生命之源，是居民日常生活的必需品。建筑给水排水工程在工程建筑中及建筑物使用过程中都起着非常重要的作用。室外给水排水与建筑给水排水系统密切相连。室外给水担负着从水源取水，将其净化到所要求的水质标准后，经由城市管网输送、分配到各建筑物的任务；而室外排水系统则接纳由建筑物排水系统排出的废水和污水，并及时地将其输送到适当地点，最后经妥善处理后排放至天然水体或再利用。

因为水在人们生活中占有非常重要的位置，所以如何处理好建筑物的给水工程也是工程建筑过程中非常重要的部分，同时建筑物使用过程中所产生的各种污水必须得以排放处理，否则也将严重影响建筑物内部的生产生活活动。由于建筑给水排水的重要性，在建筑物的建造过程中给排水安装质量好坏影响工程质量。因此，做好施工管理与质量控制工作，认真分析质量问题发生的原因并采取有效解决方法非常重要。

对于建筑给水系统，我们主要学习生活给水系统、消防给水系统、热水给水系统及管道的布置敷设；排水系统主要学习生活排水系统、屋面雨水排水系统、中水系统、各种排水设备以及管道的布置敷设。其中也包括建筑给排水中各类管材、设备、附件的类型和作用。

1.2.2 建筑采暖系统

采暖工程是北方寒冷区域为了达到冬季供暖要求而设的供热系统。长期以来，我国采暖地区的各种建筑物主要采用以燃煤为热源，并以散热器散热加热室内环境的传统供暖方式。近年来随着我国经济的发展和人民生活水平的提高，节能环保越来越受到重视，我国能源结构开始发生变化，各种各样的供暖方式诸如低温辐射供暖、户式燃气热水炉等技术及相应产品开发随之兴起，改变了散热器供暖单一的传统方式。目前多种形式的热源和多种供暖方式基本满足不同类型建筑和地区的需要，从热源种类到室内设备及型式，已出现了多元化并存和发展的市场形势。

本书我们主要学习供暖工程的系统形式、供暖系统所需的主要设备、供暖系统施工图的识图与设计、供暖管道的保温等方面的知识。

1.2.3 建筑通风与空调

通风与空调工程主要是为了达到人体的舒适要求或生产工艺要求而对自然空气进行处理并输送的工程系统。根据环境保护的要求，产生大量污染粉尘或有害气体的生产过程，必须经过处理达到国家排放标准后才允许排放。另外，随着科学技术的发展，许多生产和科研项目对空气质量提出一些特殊的要求。如集成电路生产车间、精密仪器生产车间等，不仅对空气的温度、湿度提出了要求，还对空气的清洁度提出了要求。在公共与民用建筑中，冬季送热、夏季送冷都需要通风与空调系统来完成。

对通风与空调系统，我们主要学习通风系统的组成、防火与防烟方式、空气调节的基本知识、空气处理、通风与空调工程施工图的识图等方面的知识。

1.2.4 建筑电气

建筑电气是指以电能、电气设备和电气技术为手段来创造、维持与改善限定空间和环境。主要包括供电系统和配电系统。随着生产生活的不断进步，电现在已成为人们日常生活的必需品，没有了电将对人们的日常生活造成非常大的影响。建筑物就是通过建筑电气设备，由供电系统经各种输电装置将电输送到工厂、居民小区的各家各户及各种需电设施，方便了人们的日常生活。所以说建筑电气在建筑设备中同样占有非常重要的地位，也是影响建筑施工和建筑物正常使用的重要因素。

随着科技的发展、建筑智能化也给建筑电气提出了更高的要求。随着信息化社会的到来，人们的工作和生活与通信和信息的关系日益紧密。电话、计算机、家庭保安、家庭影院等相继进入家庭。在住宅室内环境设计中，无疑应满足这些功能需要。智能住宅主要体现在通信自动化、家庭办公自动化、物业管理自动化和社区服务自动化；为人们提供舒适、安全、宜人的家庭生活空间，提供全方位的信息交换，提供丰富多彩的业余文化生活，提供包括儿童教育、成人教育在内的多层次家庭和业务教育，提供家庭保健等服务。建筑电气，从无到有，由简单而复杂，发展到如今已经囊括了兼之强电和弱电在内的多个系统，并且随着以 IT 业为龙头的科学技术的发展，及其在建筑业的应用，综合弱电项目的智能电气更是突飞猛进。

本书主要介绍常用的电气照明、建筑物的防雷与接地装置、建筑物的电话线、闭路天线等弱电系统等内容。通过学习，应对电气照明系统有一定的了解，掌握电气照明施工图的识图及施工的要求。

1.3 建筑设备的发展

材料科学的发展促进了建筑设备的快速发展和新产品的不断涌现。例如，各种聚合材料由于具有表面光洁、重量轻、耐腐蚀、电气性能好等优点，在建筑设备工程的各种管材配件、给水器材、卫生器具、配电器材及设备外表结构等方面有广泛代替各种金属材料的趋势；又如钢和铝的新规格轧材的应用，使许多设备的使用寿命大大延长。在这些方面，不仅保证了建筑设备的使用质量，而且大大节约了金属器材和施工费用。节能技术和环保技术的不断开发和应用，促进新型设备的不断出现，建筑设备正朝着高效、节能、环保及小型化方向发展。变速电动机和变频控制技术的发展产生了变频水泵和变频风机；强化传热技术研究使空调产品的能效比更高，设备体积进一步减小，重量进一步降低。利用真空排除污水的特制便器，节约了大量冲洗用水；在高层建筑中广泛采用的水锤消除器，有效地减少了管道的噪声；小型的加热器、加湿器、空气净化设备使人们更容易自行调节室内环境。新能源利用技术和电子技术的应用，使建筑设备工程技术不断更新。采用被动式太阳能水源热泵、土壤源热泵等低焓值热能利用技术，为暖空调提供了新的节约型冷源和热源。热回收设备和节能装置的应用，提高了建筑设备系统的能源利用，增加了建筑设备系统的经济性。各种系统由于集中控制自动化程度高而提高了效率。使用数字化自动控制装置调节建筑物通风，使建筑物通风量和负载随室外气温参数变化自动调节，保证了室内良好的卫生和舒适性要求；使用自动温度调节器，可以保证室外采暖及空调的温度并节约了能源。

建筑设备工程在土木工程中具有很重要的地位，它使得建筑物具有更大的使用价值。而且建筑设备的优劣也将在很大程度上影响建筑物的使用价值，所以如何建造安装合理的建筑设备系统是土建工作的一项重要内容。随着科学的不断发展，建筑设备工程也将不断发展，我们应更多地了解这个学科，综合考虑建筑设备与工程建筑之间的关系，从而做出合理经济的建筑结构。

第2章 建筑给水系统

2.1 建筑给水系统的基本概念

建筑给水系统是将城镇给水管网或自备水源中的水，选择经济、合理、适用的最佳供水方式，经配水管网送至室内各种卫生器具、用水嘴、生产装置和消防设备处，供人们生活、生产和消防之用，并满足各类用水对水质、水量和水压要求的供水系统。

2.1.1 给水系统的分类

给水系统按照其用途可分为3类。

2.1.1.1 生活给水系统

供人们日常生活中饮用、烹饪、盥洗、洗涤、沐浴、冲厕、清洗地面和其他生活用途用水的给水系统。水质必须符合国家规定的《生活饮用水卫生标准》（GB 5749—2006）。

2.1.1.2 生产给水系统

供给各类产品生产过程中所需的产品工艺用水、清洗用水、冷却用水、生产空调用水、稀释用水、除尘用水、锅炉用水等用途的给水系统。由于生产工艺和生产设备的不同，各类生产用水对水质、水量、水压的要求有较大的差异，有的低于生活饮用水标准，有的远远高于生活饮用水标准。

2.1.1.3 消防给水系统

供给消火栓、消防软管卷盘、自动喷水灭火系统等消防设施扑灭火灾、控制火势用水的给水系统。消防用水对水质的要求不高，但必须按照建筑设计防火规范保证供应足够的水量和水压。

上述3类基本给水系统，可以独立设置，也可根据各类用水对水质、水量、水压和水温的不同要求，结合室外给水系统的实际情况，经技术经济比较，兼顾社会、经济、技术、环境等因素的综合考虑，组成不同的共用给水系统。如生活—生产共用给水系统；生活—消防共用给水系统；生产—消防共用给水系统；生活—生产—消防共用给水系统等。

2.1.2 给水系统的组成

建筑内部给水系统如图 2.1 所示，一般情况下，由下列各部分组成。

2.1.2.1 水源

水源是指室外给水管网供水或自备水源。

2.1.2.2 引入管

引入管是指从室外给水管网的接管点引至建筑物内的管段，一般又称进户管，是室外给水管网与室内给水管网之间的联络管段。引入管上一般设置水表和阀门等附件。

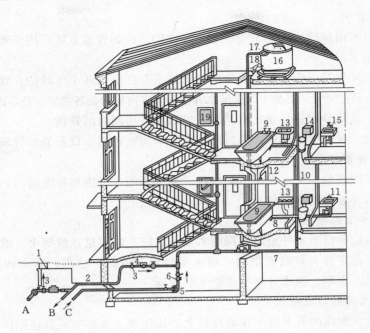

图 2.1 建筑给水系统

1—阀门井；2—引入管；3—闸阀；4—水表；5—水泵；6—止回阀；7—干管；8—支管；

9—浴缸；10—立管；11—水龙头；12—淋浴器；13—洗脸盆；14—大便器；

15—洗涤盆；16—水箱；17—进水管；18—出水管；19—消火栓；

A—从室外管网进水；B—入储水池；C—来自储水池

2.1.2.3 水表节点

水表节点是安装在引入管上的水表及其前后设置的阀门和泄水装置的总称。水表用以计量该幢建筑的总用水量。水表前后的阀门用于水表检修、拆换时关闭管路，水表节点一般设在水表井中，如图 2.2 所示。温暖地区的水表井一般设在室外，寒冷地区为避免水表及管道冻裂，可将水表井设在采暖房间内或设置保温措施。

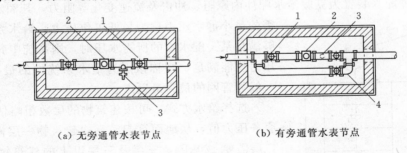

（a）无旁通管水表节点　　　　　　（b）有旁通管水表节点

图 2.2　水表节点

1—阀门；2—水表；3—泄水口；4—旁通管

某些建筑内部给水系统中，需计量水量的某些部位和设备的配水管上也要安装水表。住宅建筑每户住家均应安装分户水表。分户水表以前大都设在每户住家之内，现在基本上都采取水表出户，将分户水表或分户水表的数字显示设置在户门外的管道井内、过道的壁龛内、水箱间或集中设在户外，以便于查表。

2.1.2.4 给水管网

给水管网是指由建筑内水平干管、立管和支管组成的管道系统，用于输送和分配用水至建筑内部各个用水点。

（1）干管。又称总干管，是将水从引入管输送至建筑物各个区域的立管的管段。

（2）立管。又称竖管，是从干管接纳水并沿垂直方向输送至各楼层、各不同标高处的管段。

（3）支管。又称分配管，是将水从立管输送至各房间内的管段。

（4）分支管。又称配水支管，是将水从支管输送至各用水设备处的管段。

2.1.2.5 配水装置与附件

配水装置与附件包括配水龙头、消火栓、喷头等配水设施与各类阀门、水锤消除器、过滤器、减压孔板等管路给水附件。

2.1.2.6 增压和储水设备

增压和储水设备指当室外给水管网的水量、水压不能满足建筑用水要求，或建筑内对供水可靠性、水压稳定性有较高要求时，给水系统用于升压、稳压、储水和调节的设备。例如，水泵、水池、水箱、吸水井和气压给水装置等。

2.1.2.7 给水局部处理设施

当用户对给水水质的要求超出我国现行生活饮用水卫生标准或其他原因造成水质不能满足要求时，就需要设置一些设备、构筑物进行给水深度处理。

需要指出的是，不同建筑其组成部分不尽相同，水源、引入管、给水管网、配水装置与附件是每栋建筑的给水系统均须具备的，而水表节点、增压和储水设备、给水局部处理设施则根据每栋建筑的自身特点来确定是否设置，并不同复杂程度的建筑，其给水系统的复杂程度也差异很大。

2.1.3 给水系统所需水压

建筑内部给水系统所需的水压、水量是确定给水系统的供水方案，选择增压、水量调节及储水设备的基本依据。

满足卫生器具和用水设备用途要求而规定的，其配水出口在单位时间流出的水量称为额定流量。各种配水装置为克服给水配件内摩阻、冲击及流速变化等阻力，其额定出流流量所需的最小静水压力称为最低工作压力。给水系统水压如能够满足某一配水点的所需水压时，则系统中其他用水点的压力均能满足，则称该点为给水系统中的最不利配水点，一般为管网的最高最远点。

选择给水方式，可按建筑物的层数粗略估计所需最小服务压力值，从地面算起，一般建筑物一层需要 100kPa，二层需要 120kPa，三层及三层以上的建筑物、每增加一层增加 40kPa。

要满足建筑内给水系统各配水点单位时间内使用时所需的水量，给水系统的水压（自室外引入管起点管中心标高算起）应保证最不利配水点具有足够的流出水头。

给水系统所需水压，如图 2.3 所示，其计算公式如下：

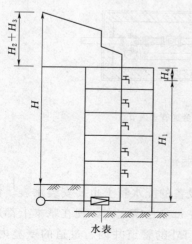

图 2.3　建筑内部给水系统所需压力

$$H = H_1 + H_2 + H_3 + H_4 \tag{2.1}$$

式中 H——建筑给水系统所需的水压，kPa；

   H_1——引入管起点至配水最不利点位置高度所要求的静水压，kPa；

   H_2——引入管起点至配水最不利点的给水管路，即计算管路的沿程与局部水头损失之和，kPa；

   H_3——水流通过水表时的水头损失，kPa；

   H_4——最不利配水点所需的最低工作压力，kPa。

2.1.4 给水系统所需水量

建筑给水系统用水量是选择给水系统的水量调节、储存设备的基本依据。建筑内给水包括生活、生产和消防三部分用水。

生活用水量，要满足生活上的各种需要所消耗的水量，其水量与建筑物内卫生设备的完善程度、当地气候、使用者的生活习惯、水价等因素有关，可根据国家制定的用水定额、小时变化系数和用水单位数等来确定。生活用水量的特点是用水量不均匀。

生产用水量，要根据生产工艺过程、设备情况、产品性质、地区条件等因素确定，计算方法有两种：一种是按消耗在单位产品的水量计算；另一种是按单位时间内消耗在生产设备上的用水量计算。一般生产用水量比较均匀。

消防用水量大而集中，与建筑物的使用性质、规模、耐火等级和火灾危险程度等密切相关，为保证灭火效果，建筑内消防用水量应按规定根据同时开启消防灭火设备用水量之和计算，消防用水量的特点是水量大且集中。

2.2 建筑给水方式

建筑给水方式是指建筑内部给水系统的供水方案。它是由建筑功能、高度、配水点的布置情况、室内所需的水压和水量及室外管网的水压和水量等因素，通过综合评判法决定的。合理的供水方式，应综合工程涉及的各种因素，如①技术因素：供水可靠性，水质对城市给水系统的影响，节水节能效果，操作管理，自动化程度等；②经济因素：基建投资，年经常费用，现值等；③社会和环境因素：对建筑立面和城市观瞻的影响，对结构和基础的影响，占地对环境的影响，建设难度和建设周期，抗寒防冻性能，分期建设的灵活性，对使用带来的影响等。

建筑给水可分为直接依靠外网压力、普通加压、分区给水以及分质给水四大类给水方式。

2.2.1 直接依靠外网压力的给水方式

2.2.1.1 直接给水方式

当室外给水管网提供的水量、水压在一天内任何时候均能满足建筑室内管网最不利点的用水要求时，可利用室外给水管网直接供水。直接给水方式最简单、经济，如图2.4所示，一般单层和层数少的多层建筑可采用这

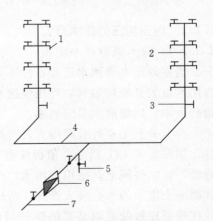

图2.4 室外管网直接给水方式
1—配水龙头；2—立管；3—阀门；
4—水平干管；5—泄水管；
6—水表；7—进户管

7

种供水方式。

直接给水方式的特点为可充分利用室外管网水压，节约能源，且供水系统简单，投资省，充分利用室外管网的水压，节约能耗，减少水质受污染的可能性。但室外管网一旦停水，室内立即断水，供水可靠性差。

2.2.1.2 单设水箱的给水方式

当室外给水管网供水压力大部分时间满足要求，仅在用水高峰时段由于用水量增加，室外管网中水压降低而不能保证建筑上层用水时；或者建筑内要求水压稳定，并且该建筑具备设置高位水箱的条件时，可采用这种方式，如图2.5所示。该方式在用水非高峰时段，利用室外给水管网直接供水并向水箱充水；用水高峰时，水箱出水供给给水系统，从而达到调节水压和水量的目的。单设水箱给水方式一般有两种做法，如图2.5所示。

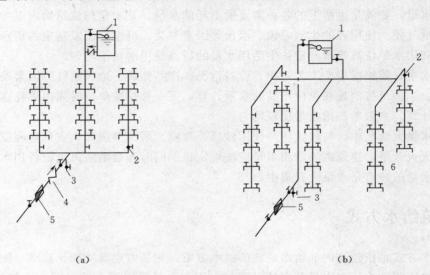

(a)   (b)

图 2.5 单设水箱的给水方式

1—水箱；2—阀门；3—泄水管；4—止回阀；5—水表；6—配水龙头

2.2.2 普通加压的给水方式

2.2.2.1 设水泵的给水方式

当室外给水管网水压经常性不足时，可采用设水泵的给水方式，如图2.6所示。当建筑内用水量大且较均匀时，可用恒速水泵供水；当建筑内用水不均匀时，宜采用多台水泵联合运行供水，以提高水泵的效率。

为充分利用室外管网压力，节约电能，可把水泵直接与室外管网相连接，这时应设旁通管，如图2.6（a）所示。值得注意的是，因水泵直接从室外管网抽水，有可能使外网压力降低，影响外网上其他用户用水，严重时还可能造成外网局部负压，在管道接口不严密处，其周围土壤中的水会吸入管内，造成水质污染，采用这种方式，必须征得供水部门的同意，并在管道连接处采取必要的防护措施，以防污染。为避免上述问题，可在系统中增设储水池，采用水泵与室外管网间接连接的方式，如图2.6（b）所示，但是这种方式，水泵从储水池吸水，水泵扬程不能叠加外网水压，电能消耗较大。

在无水箱的供水系统中，目前大都采用变频调速水泵，这种水泵的构造与恒速水泵一样

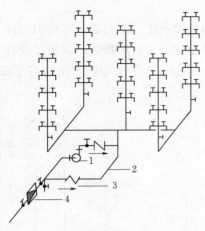

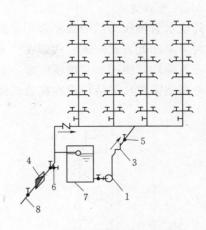

（a）水泵直接与室外管网相连接　　　　　（b）水泵与室外管网间接连接

图 2.6　设水泵的给水方式

1—水泵；2—旁通管；3—止回阀；4—水表；5—阀门；6—泄水管；7—储水池；8—引入管

也是离心式水泵，不同的是配用变速配电装置，其转速可随时调节，从而改变水泵的流量、扬程和功率，使水泵的出水量随时与管网的用水量相一致，对于不同的流量都可以处于较高效率范围内运行，以节约电能。

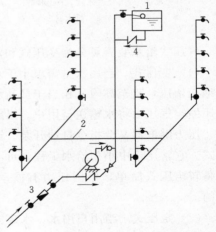

　　控制变频调速水泵的运行需要一套自动控制装置，在高层建筑供水系统中常采取水泵出水管处压力恒定的方式来控制变频调速水泵。其原理是：在水泵的出水管上装设压力检出传送器，将此压力值信号输入压力控制器，并与压力控制器内原先给定的压力值相比较，根据比较的差值信号来调节水泵的转速。

　　这种方式一般适用于生产车间、住宅楼或者居住小区集中加压供水系统、水泵开停采用自动控制或采用变速电机带动水泵的建筑物内。

2.2.2.2　设水泵和水箱的给水方式

　　当室外给水管网的水压低于或经常不满足建筑内给水管网所需的水压，且室内用水不均匀，允许直接从外网抽水时，可采用这种方式，如图 2.7 所示。该方式中的水泵能及时向水箱供水，可减小水箱容积，又有水箱的调节作用，水泵出水量稳定，能保证水泵在高效区运行。

图 2.7　设水泵和水箱的给水方式

1—水箱；2—水泵；3—水表；4—止回阀

2.2.2.3　设储水池、水泵和水箱的给水方式

　　当建筑用水可靠性要求高，室外管网水量、水压经常不足，不允许直接从外网抽水，或者是外网不能保证建筑的高峰用水，且用水量较大，再或是要求储备一定容积的消防用水量的建筑，都应采用这种给水方式，如图 2.8 所示。

2.2.2.4 气压给水方式

当室外给水管网压力低于或经常不能满足室内所需水压、室内用水不均匀，且不宜设置高位水箱时可采用此方式。该方式即在给水系统中设置气压给水设备，利用该设备气压水罐内气体的可压缩性，协同水泵增压供水，如图 2.9 所示。气压水罐的作用相当于高位水箱，但其位置可根据需要较灵活地设在高处或低处。

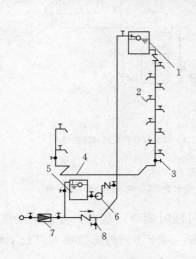

图 2.8 设储水池、水泵和水箱的给水方式
1—屋顶水箱；2—配水龙头；3—阀门；
4—水平干管；5—水池；6—水泵；
7—水表；8—泄水管

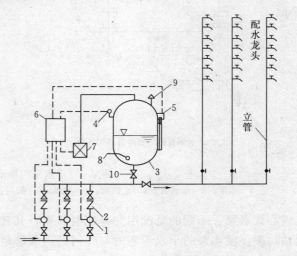

图 2.9 气压给水方式
1—水泵；2—止回阀；3—气压水罐；4—压力信号器；
5—液位信号器；6—控制器；7—补气装置；
8—排气阀；9—安全阀；10—阀门

气压式给水装置可分为变压式和定压式两种。

（1）变压式。当用水量需求小于水泵出水量时，水泵多余的水进入水罐，罐内空气因被压缩而增压，直至高限（相当于最高水位）时，压力继电器会指令自动停泵。罐内水表面上的压缩空气压力将水输送至用户。当罐内水位下降至设计最低水位时，因罐内空气膨胀而减压，压力继电器又会指令自动开泵。罐内的水压是与压缩空气的体积成反比变化的，故称变压式。它常用于中小型给水工程，可不设空气压缩机（在小型工程中，气和水可合用一罐），设备较定压式简单，但因压力有波动，对保证用户用水的舒适性和泵的高效运行均是不利的。

（2）定压式。当用户用水，水罐内水位下降时，空气压缩机即自动向气罐内补气，而气罐中的压缩空气又经自动调压阀（调节气压恒为定值）向水罐补气。当水位降至设计最低水位时，泵即自动开启向水罐充水，故它既能保证水泵始终稳定在高效范围内运行，又能保证管网始终以恒压向用户供水，但需专设空气压缩机，并且启动次数较频繁。

气压给水装置灵活性大；施工安装方便，便于扩建、改建和拆迁，可以设在水泵房内，且设备紧凑，占地较小，便于与水泵集中管理；供水可靠，且水在密闭系统中流动不会受污染。但是调节能力小，经常运行费用高。

地震区建筑，临时性建筑因建筑艺术等要求不宜设高位水箱或水塔的建筑，有隐蔽要求的建筑都可以采用气压给水装置。但对于压力要求稳定的用户不适宜。

2.2.3 分区给水方式

对于高层建筑来说，室外给水管网的压力往往只能满足建筑下部若干层的供水要求，此时，可以采用分区给水方式。为了节约能源，有效地利用外网的水压，常将建筑物的低区设置成由室外给水管网直接供水，高区由增压储水设备供水，如图 2.10 所示。为保证供水的可靠性，可将低区与高区的 1 根或几根立管相连接，在分区处设置阀门，以备低区进水管发生故障或外网压力不足时，打开阀门由高区向低区供水。

对于高层建筑需要加压供水的上部楼层，可采取设置高位水箱和无水箱两类分区给水方式。其中设置高位水箱分区给水方式有并联水泵、水箱给水方式，串联水泵、水箱给水方式，减压水箱给水方式和减压阀给水方式；无水箱分区给水方式有水泵并联分区给水方式，水泵串联分区给水方式和减压阀分区给水方式。

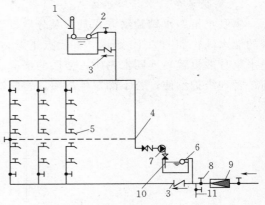

图 2.10 分区给水方式

1—浮球液位器；2—浮球阀；3—止回阀；4—室外给水管网水压线；5—配水嘴；6—浮球阀；7—生活泵；8—阀门；9—水表；10—储水池；11—泄水管

2.2.3.1 设置高位水箱分区给水方式

这种给水方式，在建筑上部设置高位水箱，向下供水，水箱除具有保证管网正常水压的作用外，还兼具储存、调节、减压作用。

1. 并联水泵、水箱给水方式

并联水泵、水箱给水方式是每一分区分别设置一套独立的水泵和高位水箱，向各分区供水。其中水泵一般集中设置在建筑的地下室或底层，如图 2.11 所示。其优点是各区自成一

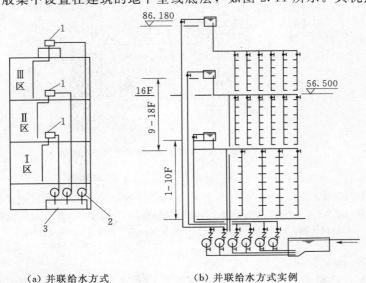

（a）并联给水方式　　　　　　（b）并联给水方式实例

图 2.11 并联水泵、水箱给水方式

1—水箱；2—水泵；3—水池

体，互不影响；水泵集中，管理维护方便；运行动力费用较低；缺点是水泵数量较多，管材消耗较多，设备费用偏高；分区水箱占用楼层空间多；有高压水泵和高压管道。

2. 串联水泵、水箱给水方式

串联水泵、水箱给水方式是水泵分散设置在各区的楼层中，下一区的高位水箱兼作上一区的储水池，如图 2.12 所示。其优点是无高压水泵和高压管道，运行动力费用经济；缺点是水泵分散设置，连同水箱所占楼层的平面、空间较大；水泵设在楼层中，防振、隔音要求高；管理维护不便；若下部发生故障，将影响上部供水。

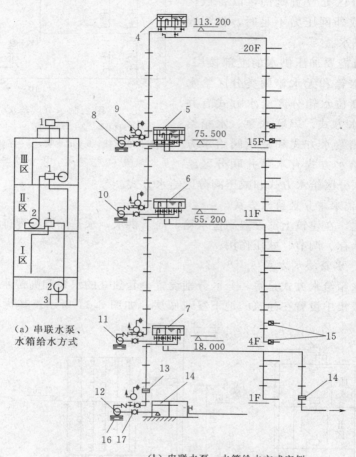

（a）串联水泵、水箱给水方式

（b）串联水泵、水箱给水方式实例

图 2.12　串联水泵、水箱给水方式

1—水箱；2—水泵；3—水池；4—顶层水箱；5—高区水箱；6—中区水箱；7—低区水箱；
8—顶区加压泵；9—水锤消除器；10—高区加压泵；11—中区加压泵；12—低区加压泵；
13—储水池；14—孔板流量计；15—减压阀；16—减振台；17—软接头

3. 减压水箱给水方式

减压水箱给水方式是由设置在底层（或地下室）的水泵将整栋建筑的用水量提升至屋顶水箱，然后再分送给各分区水箱，分区水箱起到减压的作用，如图 2.13 所示。优点是水泵数量少，水泵房面积小，设备费用低，管理维护简单；各分区减压水箱容积较小。缺点是水泵运行动力费用高；屋顶水箱容积大；建筑高度大、分区较多时，下区减压水箱中浮球阀承压过大，易造成管闭不严现象；上部某些管道部位发生故障时，将影响下部供水。

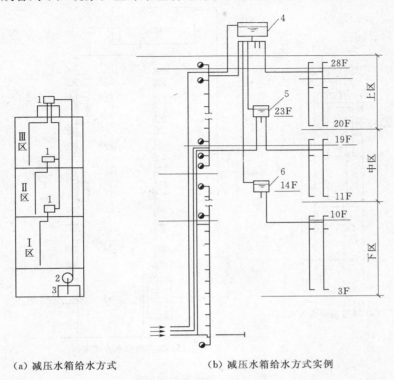

（a）减压水箱给水方式　　　　（b）减压水箱给水方式实例

图 2.13　减压水箱给水方式

1—水箱；2—水泵；3—水池；4—屋顶储水箱；5—中区减压水箱；6—下区减压水箱

4. 减压阀给水方式

减压阀给水方式的工作原理和减压水箱供水方式相同，其不同之处是用减压阀代替减压水箱，如图 2.14 所示。

2.2.3.2　无水箱分区给水方式

由于设置水箱的分区给水方式往往需要在建筑中设置多个水箱，占用过多建筑面积，设备布置分散，维护、管理较为不便，且水箱需要定期清洗，影响正常供水，现在很多建筑尤其是居住类建筑，往往倾向于使用无水箱的分区供水方式。

（1）并联水泵分区给水方式。各给水分区分别设置水泵或调速水泵，各分区水泵采用并联方式供水，如图 2.15（a）所示。其优点是供水可靠、设备布置集中，便于维护、管理，省去水箱占用面积，能量消耗较少；缺点是水泵数量多、扬程各不相同。

（2）串联水泵分区给水方式。各分区均设置水泵或调速水泵，各分区水泵采用串联方式供水，如图 2.15（b）所示。其优点是供水可靠，不占用水箱使用面积，能量消耗较少；缺点是水泵数量多，设备布置不集中，维护、管理不便。在使用时，水泵启动顺序为自下而上，各区水泵的能力应匹配。

（3）水泵供水减压阀减压分区给水方式。不设高位水箱的减压阀减压分区给水方式，如图 2.15（c）所示。其优点是供水可靠，设备与管材少、投资省、设备布置集中、省去水箱占用面积；缺点是下区水压损失大，能量消耗多。

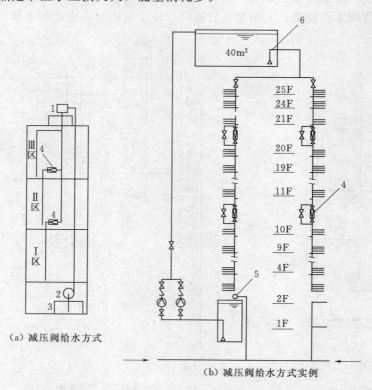

（a）减压阀给水方式

（b）减压阀给水方式实例

图 2.14 减压阀给水方式

1—水箱；2—水泵；3—水池；4—减压阀；

5—水位控制阀；6—控制水位虹吸破坏孔

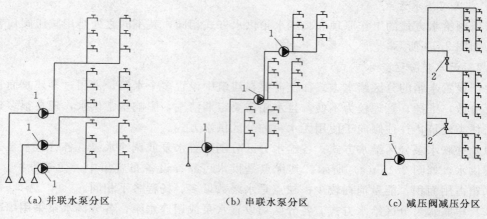

（a）并联水泵分区

（b）串联水泵分区

（c）减压阀减压分区

图 2.15 无水箱的分区给水方式

1—水泵；2—减压阀

我国现行《建筑给水排水设计规范》（GB 50015—2003）（2009 年版）规定：分区供水的目的不仅是为了防止损坏给水配件，而且可避免过高供水压力造成不必要的浪费。一般规定卫生器具给水配件承受的最大工作压力不得大于 0.60MPa；高层建筑生活给水系统各分区最低卫生器具配水点处静水压不宜大于 0.45MPa，特殊情况下不宜大于 0.55MPa。

对静水压力大于 0.35MPa 的入户管（或配水横管），宜设减压或调压措施。对于住宅及宾馆类高层建筑，由于卫生器具数量较多，布局分散，用水量较大，用户对供水安全及隔音防震的要求较高，其分区给水压力值一般不宜太高，如高层居住建筑，要求入户管给水压力不应大于 0.35MPa。对办公楼等非居住建筑，卫生器具数量相对较少，布局较为集中，用水量较小，其分区压力值可允许稍高一些。

在分区中要避免过大的水压，同时还应保证分区给水系统中最不利配水点的出流要求，一般不宜小于 0.1MPa。

此外，高层建筑竖向分区的最大水压并不是卫生器具正常使用的最佳水压，常用卫生器具正常使用的最佳水压宜为 0.2～0.35MPa。为节省能源和投资，在进行给水分区时要考虑充分利用城镇管网水压，高层建筑的裙房以及附属建筑（洗衣房、厨房和锅炉房等）由城镇管网直接供水对建筑节能有重要意义。

2.2.4 分质给水方式

分质给水方式即根据不同用途所需的不同水质、分别设置独立的给水系统。如图 2.16 所示，饮用水给水系统供饮用、烹饪、盥洗等生活用水，水质符合《生活饮用水卫生标准》（GB 5749—2006）。杂用水给水系统，水质较差，仅符合《城市污水再生利用城市杂用水水质》（GB/T 18920—2002），只能用于建筑内冲洗便器、绿化、洗车、扫除等用水。近年来为确保水质，有些国家还采

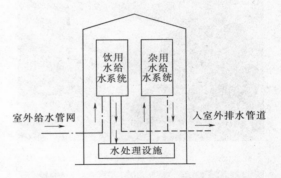

图 2.16 分质给水方式

用了饮用水与盥洗、沐浴等生活用水分设两个独立管网的分质给水方式。

以上 4 类给水方式，在实际工程中，其具体方案选择应当全面分析该项工程所涉及的各项因素分列如下。

(1) 技术因素。包括对城市给水系统的影响，水质、水压、供水的可靠性，节水节能效果，操作管理，自动化程度等。

(2) 经济因素。经济因素包括基建投资、年经常费用、现值等。

(3) 社会和环境因素。社会和环境因素包括对建筑立面和城市观瞻的影响、对结构和基础的影响、占地面积、对周围环境的影响、建设难度和建设周期、抗寒防冻性能、分期建设的灵活性以及对使用带来的影响等进行综合评定而确定。

有些建筑的给水方式，考虑到多种因素的影响，往往是两种或两种以上的给水方式适当组合而成。值得注意的是，有时候由于各种因素的制约，可能会使少部分卫生器具、给水附件处的水压超过规范推荐的数值，此时就应采取减压限流的措施。

2.3 建筑给水管材、附件及水表

2.3.1 给水管材及连接

建筑内给水管材最常用的有钢管、铸铁管和塑料管等。

2.3.1.1 钢管

钢管有焊接钢管、无缝钢管、不锈钢管3种。

焊接钢管为钢板卷曲并采用电阻焊或埋弧焊焊接而成，如图2.17所示，有螺旋焊缝与纵向焊缝两种，一般来说，小口径钢管采用纵向焊缝焊接，大口径钢管采用螺旋焊缝焊接。焊接钢管又分镀锌钢管（白铁管）和非镀锌钢管（黑铁管）。钢管镀锌的目的是防锈、防腐、不使水质变坏，延长使用年限。生活用水管采用镀锌钢管（DN＜150mm），自动喷水灭火系统的消防给水管采用镀锌钢管或镀锌无缝钢管，并且要求采用热浸镀锌工艺生产的产品。水质没有特殊要求的生产用水或独立的消防系统，才允许采用非镀锌钢管。普通焊接钢管一般用于工作压力不超过1.0MPa的管路中；加厚焊接钢管一般用于工作压力介于1.0～1.6MPa的范围内。

（a）螺旋焊缝钢管

（b）纵向焊缝钢管

（c）镀锌焊接钢管

（d）非镀锌焊接钢管

图2.17 焊接钢管

无缝钢管是一种高强度管材，如图2.18所示，按制造方法分为热轧和冷轧，其精度分为普通和高级两种，由普通碳素钢、优质碳素钢、普通低合金钢和合金结构钢制造。其承压能力较强，在焊接钢管不能满足水压要求时选用，在工作压力超过1.6MPa的高层和超高层建筑给水工程中应采用无缝钢管。建筑用无缝钢管当有防腐需求时可采用镀锌或衬塑处理。

不锈钢管是一种高档的流体输送管材，如图2.19所示，特别是壁厚仅为0.6～1.2mm的薄壁不锈钢管在优质饮用水系统、热水系统及将安全、卫生放在首位的给水系统中，因其安全可靠、卫生环保、经济适用等特点，已被国内外工程实践证明是给水系统综合性能最好的、新型、节能和环保型的管材之一。

图 2.18 无缝钢管

图 2.19 不锈钢管

钢管强度高，承受流体的压力大、抗震性能好、长度大、重量比铸铁管轻、接头少、加工安装方便，但造价较铸铁管高、抗腐蚀性差。

（1）钢管的连接方法有螺纹连接、焊接、法兰连接、沟槽连接、卡压连接和环压连接等。

1）螺纹连接。螺纹连接是利用配件连接，连接配件的形式及其应用如图 2.20 所示。配件用可锻铸铁制成，抗蚀性及机械强度均较大，也分镀锌和非镀锌两种，钢制配件较少。螺纹连接多用于明装管道。

2）焊接。焊接连接的方法有电弧焊和气焊两种，一般管径 DN＞32mm 采用电弧焊连接；管径 DN≤32mm 采用气焊。焊接的优点是接头紧密、不漏水、施工迅速、不需要配件；缺点是不能拆卸。焊接只能用于非镀锌钢管，因为镀锌钢管焊接时锌层被破坏，反而加速锈蚀。焊接多用于暗装管道。

3）法兰连接。在较大管径的管道上（50mm 以上），常将法兰盘焊接或用螺纹连接在管端，再以螺栓连接它。法兰连接一般用在连接闸阀、止回阀、水泵、水表等处，以及需要经常拆卸、检修的管段上。建筑给水工程多采用钢制圆形平焊法兰，如图 2.21 所示。

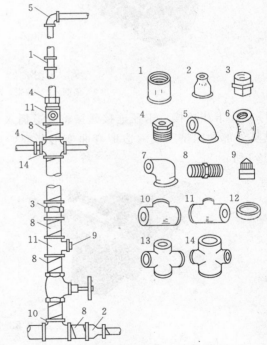

图 2.20 螺纹连接配件

1—管箍；2—异径管箍；3—活接头；4—补心；5—90°
弯头；6—45°弯头；7—异径弯头；8—内管箍；
9—管塞；10—等径三通；11—异径三通；
12—根母；13—等径四通；
14—异径四通

4）沟槽连接。沟槽连接是一种新型的钢管连接方式，也叫作卡箍连接，在需要连接的管道端部滚制沟槽，然后使用沟槽连接管件连接即可，具有操作简易、节省工时、密封性好的特点，如图 2.22 所示。

图 2.21　刀型闸阀法兰连接

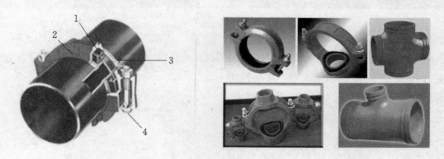

图 2.22　沟槽连接

1—垫圈；2—外壳；3—沟槽；4—螺母/螺栓

5）卡压连接。卡压连接是指将管道插入带 O 形密封圈的卡压式管件的承口，用专用工具从外部向内挤压成六边形弯曲变形断面，达到管材管件紧固密封的一种连接方式，如图 2.23 所示。

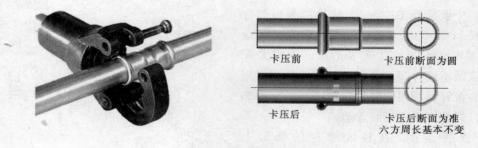

图 2.23　卡压连接

6）环压连接。环压连接是卡压连接的一种变化，是指将圆筒状宽带密封圈套在管材上，插入环压式管件的承口，用专用工具从外部沿承口圆周方向施压，使承口连同管材一起下凹变形并压缩承口的密封段，达到管材管件紧固密封的一种连接式。相对于卡压连接，环压连接为缩径变形，密封圈为面密封，抗拔力更大，密封性更好，如图 2.24 所示。

（2）建筑给水金属管道连接方式应根据管材、管径、用途、介质温度、建筑标准和敷设方法等因素合理选用。

1）建筑给水金属管道中镀锌焊接钢管、焊接钢管的连接应符合下列规定：

a. 当管道公称直径不大于100mm时，宜采用螺纹连接，也可采用卡压式连接或环压式连接，并应符合下列规定：①当采用螺纹连接时，套丝扣时破坏的镀锌层表面及外露螺纹部分应作防腐处理；②当采用卡压式连接或环压式连接时，其管材壁厚应满足强度、刚度、加工裕量和腐蚀裕量的要求。

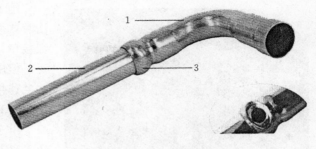

图2.24 环压连接
1—管件；2—管材；3—密封圈

b. 当管道公称直径大于100mm时，应采用沟槽连接或法兰连接，且法兰宜采用螺纹法兰。当采用平焊法兰时，镀锌焊接钢管与法兰的焊接处应二次镀锌。

建筑给水金属管道中镀锌无缝钢管的连接方式除与镀锌焊接钢管相同外可采用焊接连接，焊接连接处应二次镀锌，无缝钢管使用在不需要镀锌的场合时，可采用焊接连接。

2）建筑给水金属管道中薄壁不锈钢管的连接应符合下列规定：

a. 当管道公称直径不大于100mm时，宜采用卡压式、环压式、双卡压式、内插卡压式连接。

b. 当管道公称直径大于100mm时，宜采用卡凸式、沟槽式、卡箍式或法兰连接。

c. 焊接连接可用于各种管径薄壁不锈钢管的连接，焊接连接可采用承插氩弧焊或对接氩弧焊。

d. 在使用中需拆卸的接口，宜采用卡凸式、沟槽式、卡箍式或法兰连接。

e. 薄壁不锈钢管与卫生器具给水配件、水表、阀门或与给水机组、给水设备连接处，宜采用螺纹连接或法兰连接，连接处管件宜采用不锈钢锻压件或黄铜合金管件。

2.3.1.2 铸铁管

相较于钢管，铸铁管具有耐腐蚀性强、使用期长、价格低等优点，但是管壁厚、重量大、质脆、强度较钢管差，尤其适用于埋地敷设。铸铁给水管一般有普通灰口铸铁管和球墨铸铁管两种，见表2.1，目前普通灰口铸铁管基本淘汰。球墨铸铁管较普通铸铁管管壁薄、强度高，接口及配件与铸铁管相同，如图2.25所示。

表2.1　　　　　　　　　　　　铸 铁 管 分 类

分类方法		分 类 名 称				
按制造材料		普通灰口铸铁管		球墨铸铁管		
按接口形式		承插式铸铁管		法兰铸铁管		
按浇筑形式	分类	砂型离心铸铁管		连续铸铁直管		
	按壁厚	P级	G级	LA级	A级	B级
	型号表示	砂型管 P-500-6000	砂型管 G-500-6000	连续管 LA-500-5000	连续管 A-500-5000	连续管 B-500-5000
	代表意义	P、G为壁厚分级，500为公称直径/mm，6000为管长/mm		LA、A、B为壁厚分级，500为公称直径/mm，5000为管长/mm		

图 2.25 球墨铸铁给水管

给水铸铁管单根长度 3～6m，有承插式和法兰式两种连接方法。承插连接可采用石棉水泥接口，如图 2.26 所示，承插接口应用最广泛，但施工强度大。在经常拆卸的部位应采用法兰连接，但法兰接口只用于明敷管道。

2.3.1.3 塑料管

由于钢管易锈蚀、腐化水质，随着人们生活水平越来越高，给水塑料管的应用日趋广泛。塑料管有优良的化学稳定性，耐腐蚀，不受酸、碱、盐、油类等物质的侵蚀；物理机械性能亦好，不燃烧、无不良气味、质轻而坚，比重仅为钢的 1/5。塑料管管壁光滑，容易切割，并可制成各种颜色，尤其是代替金属管材可节省金属。但强度低、耐久性差、耐温性差（使用温度为 -5～45℃），因而使用受到一定限制。塑料管规格见表 2.2。

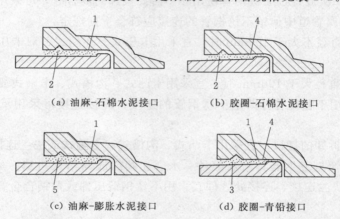

(a) 油麻-石棉水泥接口　　　　(b) 胶圈-石棉水泥接口

(c) 油麻-膨胀水泥接口　　　　(d) 胶圈-青铅接口

图 2.26 给水铸铁管承插接口

1—油麻；2—石棉水泥填料；3—青铅填料；4—胶圈；5—膨胀水泥填料

表 2.2　　　　　　　　　　　给水塑料管类型

系别	符号	化学名称	系别	符号	化学名称
氯乙烯系	UPVC	硬聚氯乙烯	聚烯烃系	PB	聚丁烯
	HIPVC	高抗冲聚氯乙烯		PP	聚丙烯
	HTPVC	耐高温聚氯乙烯	ABS 系		丁二烯
聚烯烃系	PE	聚乙烯		ABS 丙烯氰
	PEX	交联聚乙烯		苯乙烯共聚树脂

UPVC 管的全称是低塑性或不增塑聚氯乙烯管，是由聚氯乙烯树脂与稳定剂、润滑剂等配合后用热压法挤压成型。

UPVC 管抗腐蚀力强、技术成熟、易于黏合、价格低廉、质地坚硬，但由于有 UPVC 单体和添加剂渗出，只适用于输送温度不超过 45℃ 的给水系统中。

聚乙烯管（PE管），耐腐蚀且韧性好，连接方法为熔接、机械式胶圈压紧接头。PEX管通过特殊工艺使材料分子结构由链状转成网状，提高了管材的强度和耐热性，可用于热水供应系统，但需用金属件连接。

聚丁烯管（PB管），是一种半结晶热塑性树脂，耐腐蚀、抗老化、保温性能好，具有良好的抗拉、抗压强度、耐冲击、高韧性可随意弯曲，使用年限50年以上。PB管的接口方式主要有挤压连接和热熔焊接。

聚丙烯管（PP管），改性的聚丙烯管还有PP-R、PP-C管，耐热性能较好，低温时脆性大，宜用于热水系统。

ABS管是丙烯氰、丁二烯、苯乙烯的三元共聚物，具有良好的耐蚀性、韧性、强度，综合性能较高，可用于冷、热水系统中，多采用黏接，但黏接固化时间较长，如图2.27所示为塑料给水管材。

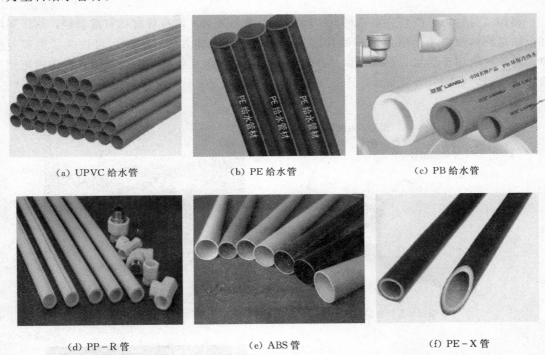

　（a）UPVC给水管　　　　　　　（b）PE给水管　　　　　　　（c）PB给水管

　　（d）PP-R管　　　　　　　　（e）ABS管　　　　　　　　（f）PE-X管

图2.27　塑料给水管材

塑料管的连接可采用螺纹连接（配件为注塑制品）、焊接（热空气焊）、法兰连接、黏接等方法。

2.3.1.4　其他管材

给水管还可采用铜管、复合管等管材。

铜管强度大，比塑料管坚硬，韧性好，不易裂缝，具有良好的抗冲击性能，延展性高；重量比钢管轻，且表面光滑，流动阻力小；耐热、耐腐蚀、耐火、经久耐用。铜管可以采用焊接、卡压连接等连接方式，如图2.28所示。

复合管是金属与塑料混合型管材，有铝塑复合管和钢塑复合管两类，它结合金属管材和塑料管材的优势。

（a）铜管

（b）铜管焊接

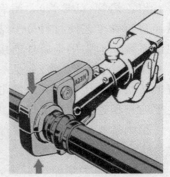

（c）铜管卡压连接

图 2.28　铜管及其连接

　　铝塑复合管内外壁均为聚乙烯，中间以铝合金为骨架。该种管材具有重量轻，耐压强度好，输送流体阻力小，耐化学腐蚀性能强、接口少、安装方便、耐热、可挠曲、美观等优点，是一种可用于给水、热水、供暖、煤气等方面的多用途管材，在建筑给水范围内可用于给水分支管。铝塑复合管可采用卡压连接和卡套连接，如图 2.29 所示。

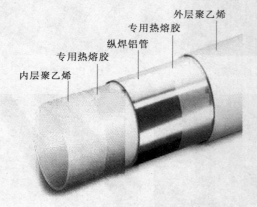

（a）铝塑复合管各层结构

（b）铝塑管

（c）卡压连接

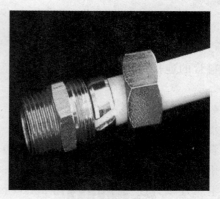

（d）卡套连接

图 2.29　铝塑复合管及其连接

钢塑复合管分衬塑、涂塑、塑夹钢三大系列,如图 2.30 所示。衬塑的钢塑复合钢管兼有钢材强度高和塑料耐腐蚀的优点,但需在工厂预制,不宜在施工现场切割。涂塑钢管,是将高分子粉末涂料均匀地涂敷在金属表面经固化或塑化后,在金属表面形成一层光滑、致密的塑料涂层,它也具备第一系列的优点。塑夹钢复合管,是在 PE 管内部夹上钢丝网或多孔不锈钢管,两者结合紧密,管道强度大,性能好。

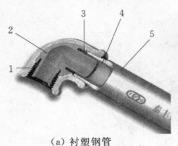
（a）衬塑钢管

（b）涂塑钢管

（c）塑夹钢复合管

图 2.30 钢塑复合管

1—玛钢管件；2—塑料；3—硅橡胶密封圈；4—PE 管；5—镀锌钢管

2.3.2 给水附件

给水附件是安装在管道及设备上的具有启闭或调节功能的装置,分为配水附件和控制附件两大类。

2.3.2.1 配水附件

配水附件主要是用以调节和分配水流。各类配水龙头如图 2.31 所示。

1. 球形阀式配水龙头

装设在洗涤盆、污水盆、盥洗槽上的水龙头均属此类。水流经过此种水龙头因改变流向,故压力损失较大,如图 2.31（a）所示。

2. 旋塞式配水龙头

这种水龙头的旋塞旋转 90°时,即完全开启,短时间可获得较大的流量。由于水流呈直线通过,其阻力较小。但在启闭迅速时易产生水锤。一般用于压力为 0.1MPa 左右的配水点处,如浴池、洗衣房、开水间等,如图 2.31（b）所示。

3. 盥洗龙头

装设在洗脸盆上,用于专门供给冷、热水。有莲蓬头式、角式、长脖式等多种形式,如图 2.31（c）所示。

4. 混合配水龙头

用以调节冷、热水的温度,如盥洗、洗涤、浴用等,式样较多,如图 2.31（d）、（e）所示。

此外,还有皮带水龙头和电子自控水龙头等,如图 2.31（f）所示。

2.3.2.2 控制附件

控制附件用来调节水量和水压,关断水流等。如截止阀、闸阀、止回阀、浮球阀和安全阀等,常用控制附件如图 2.32~图 2.35 所示。

1. 截止阀

如图 2.32（a）所示,此阀关闭严密,但水流阻力较大,用于管径不大于 50mm 或经常

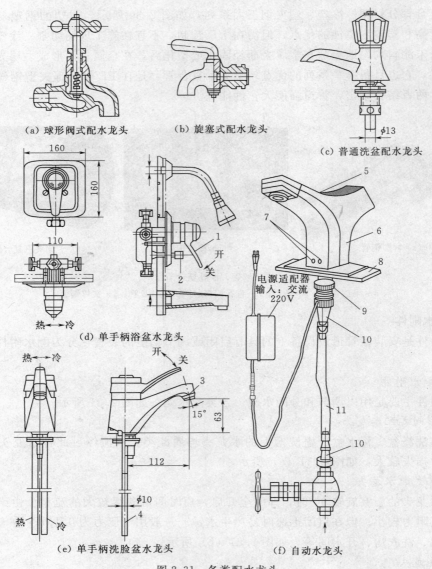

（a）球形阀式配水龙头　　（b）旋塞式配水龙头

（c）普通洗盆配水龙头

（d）单手柄浴盆水龙头

（e）单手柄洗脸盆水龙头　　（f）自动水龙头

图 2.31　各类配水龙头

1—手柄；2—提拉开关；3—节水消声器；4—进水器；5—定时开关；6—本体；

7—传感器；8—洗手池；9—固定螺母；10—接头；11—软管（内径 12mm）

启闭的管段上。

2. 闸阀

如图 2.32（b）所示，此阀全开时水流呈直线通过，阻力较小。但若有杂质落入阀座后，会使阀关闭不严，因而易产生磨损和漏水。当管径在 70mm 以上时采用闸阀。

3. 蝶阀

如图 2.32（c）所示。阀板在 90°翻转范围内起调节、节流和关闭作用，操作扭矩小，启闭方便，体积较小。适用于管径 70mm 以上或双向流动管道上。

4. 止回阀

止回阀用以阻止水流反向流动。常用的有 4 种类型：

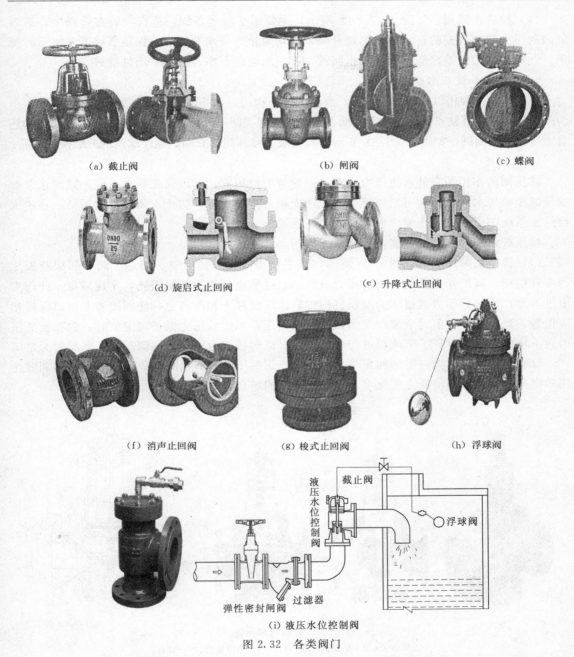

(a) 截止阀　　　　　　　　　　(b) 闸阀　　　　　　　(c) 蝶阀

(d) 旋启式止回阀　　　　　　　(e) 升降式止回阀

(f) 消声止回阀　　　　　(g) 梭式止回阀　　　　　(h) 浮球阀

(i) 液压水位控制阀

图 2.32　各类阀门

　　(1) 旋启式止回阀。如图 2.32 (d) 所示，此阀在水平、垂直管道上均可设置，其启闭迅速，易引起水击，不宜在压力大的管道系统中采用。

　　(2) 升降式止回阀。如图 2.32 (e) 所示，此阀是靠上、下游压力差使阀盘自动启闭。水流阻力较大，宜用于小管径的水平管道上。

　　(3) 消声止回阀。如图 2.32 (f) 所示，此阀是当水流向前流动时，推动阀瓣压缩弹簧，阀门打开。水流停止流动时，阀瓣在弹簧作用下在水击到来前即关闭，可消除阀门关闭时的水击冲击和噪声。

（4）梭式止回阀。如图 2.32（g）所示，主要用于给水系统，垂直安装在管路中，靠系统内的压力差和阀瓣的自身重量实现升降，自动阻止介质水的逆流，保证管路的正常运行使用。此阀是利用压差梭动原理制造止回阀，不但水流阻力小，而且密闭性能好。

5. 浮球阀和液压水位控制阀

浮球阀是一种用以自动控制水箱、水池水位的阀门，防止溢流浪费。如图 2.32（h）所示为其一种型式。其缺点是体积较大，阀芯易卡住引起关闭不严而溢水。与浮球阀功能相同的还有液压水位控制阀，如图 2.32（i）所示。其克服了浮球阀的弊端，是浮球阀的升级换代产品。

6. 减压阀

减压阀的作用是降低水流压力。在高层建筑中使用它，可以简化给水系统，减少水泵数量或减少减压水箱，同时可增加建筑的使用面积，降低投资，防止水质的二次污染。在消火栓给水系统中可用它防止消火栓栓口处超压现象。

减压阀常用的有两种类型，弹簧式减压阀和活塞式减压阀：

（1）弹簧式减压阀。如图 2.33 所示，其主体由阀体、弹簧罩、阀芯、阀座和橡胶膜片等零件组成。其工作原理是：阀后压力可调，通过节流口造成能量损耗，实现减压。此阀为上进下出，当阀后压力通过压力反馈机构传到橡胶膜片下和阀芯上，使阀瓣和节流口保持相应位置，当达到调定值时节流口关闭，实现减静压，当阀后压力低于调定值时，由弹簧的压力向下压阀芯，又打开了节流口进行增压，并保证阀后压力不会超过调定值。此类阀为常闭式，没有压力反馈结构，但结构简单、流量大、阀后压力调节范围大、压紧弹簧可起到截止阀的作用，适用于阀前压力变化小、流量需求大的场合。

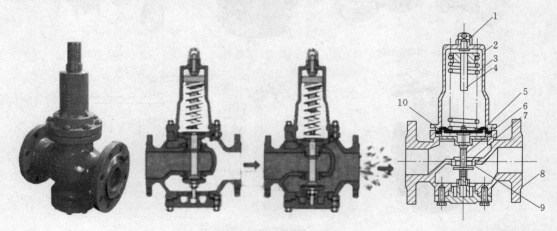

图 2.33 弹簧式减压阀

1—盖形螺母；2—弹簧罩；3—弹簧；4—调节螺杆；5—膜片；
6—阀杆；7—阀瓣；8—阀体；9—节流口；10—O 形密封圈

（2）比例式减压阀，也称活塞式减压阀。如图 2.34 所示，此阀是利用阀内浮动的活塞前后水流通过的截面不同，改变水流的压强。

7. 安全阀

安全阀是一种保安器材。管网中安装此阀可以避免管网、用具或密闭水箱超压遭到破坏。一般有弹簧式和杠杆式两种。如图 2.35 所示。

除上述各种控制阀之外，还有球阀、旋塞阀（转心门）、脚踏阀、液压式脚踏阀、水力控制阀、弹性座封闸阀以及静音式止回阀等。

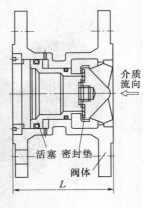

图 2.34 比例式减压阀

（a）弹簧式　　　　（b）拉杆式

图 2.35 安全阀

（a）弹簧式；（b）拉杆式

2.3.3 水表

水表是一种计量用户累计用水量的仪表。

2.3.3.1 水表的分类

水表有流速式和容积式两大类，给水系统中常用流速式水表分类如图 2.36 所示。

2.3.3.2 流速式水表的构造和性能

在建筑内部给水系统中广泛采用流速式水表。这种水表是根据管径一定时，水流通过水表的速度与流量成正比的原理来测量的。它主要由外壳、翼轮和传动指示机构等部分组成。当水流通过水表时，推动翼轮旋转，翼轮转轴传动一系列联动齿轮，指示针显示到度盘刻度上，便可读出流量的累积值。此外，还有计数器为字轮直读的形式。

流速式水表按翼轮构造不同分为旋翼式和螺翼

图 2.36 流速式水表分类

式。旋翼式的翼轮转轴与水流方向垂直，如图 2.37（a）所示。它的阻力较大，多为小口径水表，宜用于测量小的流量；螺翼式的翼轮转轴与水流方向平行，如图 2.37（b）所示。它的阻力较小，多为大口径水表，宜用于测量较大的流量。

复式水表是旋翼式和螺翼式的组合形式，在流量变化很大时采用。

流速式水表按其计数机件所处状态又分干式和湿式两种。干式水表的计数机件用金属圆盘与水隔开；湿式水表的计数机件浸在水中，在计数度盘上装一块厚玻璃，用以承受水压。湿式水表简单、计量准确、密封性能好，但只能用在水中不含杂质的管道上，因为水质浊度高，将降低精度，产生磨损缩短水表寿命。

传统的水表都是"现场指示型水表"，即计数器读数机构不分离，与水表为一体。目前计数器示值远离水表安装现场的"远传型水表"（分为无线和有线两种），以及既可在现场读取示值，也可在远离现场处读取示值的"远传、现场组合型水表"也在逐步推广使用中。

2.3.3.3 IC 卡预付费水表和远程自动抄表系统

如图 2.38 所示为 IC 卡预付费水表，由流量传感器、电控板和电磁阀 3 个部分组成，以

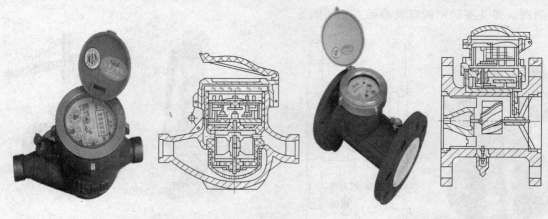

（a）旋翼式水表　　　　　　　　　　　（b）螺翼式水表

图 2.37　流速式水表

IC智能卡为载体传递数据。用户把预购的水量数据存于表中，系统按预定的程序自动从用户费用中扣除水费，并显示剩余水量、累计用水量等功能。当剩余水量为零时自动关闭电磁阀停止供水。

（a）小口径 IC 卡预付费水表　　　　　　（b）大口径 IC 卡预付费水表

图 2.38　IC 卡预付费水表

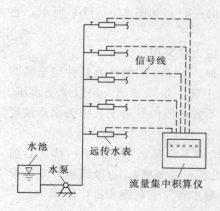

图 2.39　远程自动抄表系统

如图 2.39 所示，分户远传水表仍安装在户内，与普通水表相比增加了一套信号发送系统。各户信号线路均接至楼宇的流量集中积算仪上，各户使用的水量均显示在流量集中积算仪上，并累计流量。自动抄表系统可免去逐户抄表，节省了大量的人力物力，且大大提高了计量水量的准确性。

2.3.3.4　水表的选择

水表的选择应考虑的因素有：水温、工作压力、水量大小及其变化幅度、计量范围、管径、工作时间、单向或正逆向流动、水质等。一般情况下 DN≤50mm 时，应采用旋翼式水表；DN＞50mm 时，应采用螺翼式水表；当通过的流量变幅较大时，应采用复式水表；

计量热水时，宜采用热水水表。一般应优先采用湿式水表，水表的具体口径需通过计算确定。

2.4 增压及储水装置

室外给水管网的水压或流量经常或间断不足，有时不能满足室内给水要求，应设增压与储水设备。常用的有水箱、水泵、储水池和气压给水装置。

2.4.1 水箱

根据不同用途，水箱可分为高位水箱、减压水箱、冲洗水箱、断流水箱等多种类型。其形状多为矩形和圆形，制作材料有钢板（包括普通、搪瓷、镀锌、复合与不锈钢板等）、钢筋混凝土、玻璃钢和塑料等。这里主要介绍在给水系统中使用较广的起到保证水压和储存、调节水量的高位水箱。

2.4.1.1 水箱的配管与附件

水箱的配管与附件如图 2.40 所示。

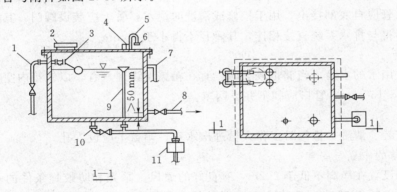

图 2.40 水箱配管、附件示意图
1—进水管；2—人孔；3—浮球阀；4—仪表孔；5—通气管；6—防虫网；
7—信号管；8—出水管；9—溢流管；10—泄水管；11—受水器

1. 进水管

进水管径可按水泵出水量或管网设计秒流量计算确定。进水管一般由水箱侧壁接入，也可从顶部或底部接入。利用外网压力直接进水的水箱进水管上应装设与进水管径相同的自动水位控制阀（包括杠杆式浮球阀和液压式水位控制阀），并不得少于两个。两个进水管口标高应一致，当水箱采用水泵加压进水时，进水管不得设置自动水位控制阀，应设置由水箱水位控制水泵开、停的装置。进水管入口距箱盖的距离应满足杠杆式浮球阀或液压式水位控制阀的安装要求，一般进水管中心距水箱顶应有 150~200mm 的距离。当水箱由水泵供水并采用自动控制水泵启闭的装置时，可不设水位控制阀。

2. 出水管

出水管管径应按管网设计秒流量计算确定。出水管可从侧壁或底部接出，出水管内底或管口高出水箱内底应大于 50mm，以防沉淀物进入配水管网。为防短流，进、出水管宜分设在水箱两侧；若进水、出水合用一根管道时（图 2.41），则应在出水管上装设阻力较小的旋启式止回阀，止回阀的标高应低于水箱最低水位1.0m以上，以保证止回阀开启所需的压力。

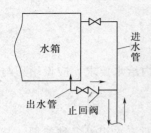

图2.41 水箱进、出水管
合用示意图

3. 溢流管

溢流管口应在水箱设计最高水位以上50mm处，管径按排泄水箱最大入流量确定，一般应比进水管大一级。溢流管宜采用水平喇叭口集水，喇叭口下的垂直管段不宜小于4倍溢流管管径，溢流管上不允许设阀门。

4. 水位信号装置

水位信号装置是反映水位控制阀失灵报警的装置。可在溢流管口下10mm处设水位信号管，直通值班室的洗涤盆等处，其管径为15～20mm即可。水箱一般应在侧壁安装玻璃液位计，并应有传送到监控中心的水位指示仪表。若水箱液位与水泵联动，则可在水箱侧壁或顶盖上安装液位继电器或信号器，采用自动水位报警装置。

5. 泄水管

水箱泄水管应自底部接出，用于检修或清洗时泄水，管上应装设阀门，其出口可与溢水管相接，但不得与排水系统直接相连，其管径不得小于50mm。

6. 通气管

供生活饮用水的水箱，当储量较大时，宜在箱盖上设通气管，以使箱内空气流通。其管径一般为100～150mm，管口应朝下并设网罩。

7. 人孔

为便于安装、清洗、检修时工作人员进出水箱，箱盖上应设人孔。

2.4.1.2 水箱的布置与安装

水箱一般设置在净高不低于2.2m，有良好的通风、采光和防蚊蝇条件的水箱间内，室内最低气温不得低于5℃，水箱间的承重结构应为非燃烧材料。对于大型公共建筑和高层建筑为避免因水箱清洗、检修时停水，高位水箱有效容积超过50m³，宜将水箱分成两格或设置两个水箱。水箱有结冰、结露可能时，要采取保温措施。水箱用槽钢（工字钢）梁或钢筋混凝土支墩支承，金属箱底与支墩接触面之间垫以橡胶板或塑料板等绝缘材料以防腐蚀。水箱底距地面宜有不小于800mm的净空，以便于安装管道和进行检修。

2.4.1.3 水箱的有效容积

水箱的有效容积主要根据它在给水系统中的作用来确定。若仅作为水量调节之用，其有效容积即为调节容积；若兼有储备消防和生产事故用水量作用，其容积应以调节水量、消防和生产事故备用水量之和来确定。近年来，由于生活、消防水箱合用时容易造成生活用水水质污染，新建设的工程，生活、消防水箱基本分开设置。

水箱的调节容积理论上应根据室外给水管网或水泵向水箱供水和水箱向建筑内给水系统输水的曲线，经分析后确定，但因为以上曲线不易获得，实际工程中可按水箱进水的不同情况计算确定，当无法获得准确计算参数时，也可以按照经验估算确定（生活用水的调节水量按水箱服务区内最高日用水量 Q_d 的百分数估算：水泵自动启闭时不小于 $5\%Q_d$；人工操作时不小于 $12\%Q_d$。生产事故备用水量可按工艺要求确定，消防储备水量用以扑救初期火灾，一般都以10min的室内消防设计流量计）。

2.4.1.4 水箱的设置高度

水箱的设置高度，应满足其在最低水位能满足配水最不利点的流出水头要求为：

$$h \geqslant \frac{H_2 + H_4}{10} \tag{2.2}$$

式中　h——高位水箱最低水位至配水最不利点位置高差，m；

　　　H_2——水箱出水口至配水最不利点管路的总水头损失，kPa；

　　　H_4——配水最不利点的流出水头，kPa。

对于储备消防水量的水箱，满足消防设备所需压力有困难时，应采取设置增压泵等措施。

2.4.2　储水池

储水池是储存和调节水量的构筑物。当一幢（特别是高层建筑）或数幢相邻建筑所需的水量、水压明显不足，或者是用水量很不均匀（在短时间内特别大），城市供水管网难以满足时，应当设置储水池。

储水池可设置成生活用水储水池，生产用水储水池，消防用水储水池，或者是生活与生产、生活与消防、生产与消防和生活、生产与消防合用的储水池。储水池的形状有圆形、方形、矩形和因地制宜的异形。小型储水池可以是砖石结构，混凝土抹面；大型储水池应该是钢筋混凝土结构。不管是哪种结构，必须牢固，保证不漏（渗）水。

储水池的有效容积，应根据生活（生产）调节水量、消防储备水量和生产事故备用水量确定。消防储备水量应根据消防要求，以火灾延续时间内，所需消防用水总量计；生产事故备用水量应根据用户安全供水要求、中断供水的后果和城市给水管网停水可能性等因素确定。当资料不足时，生活（生产）调节水量可按不小于建筑最高日用水量的 20%～25% 确定，居住小区的调节水量可按不小于建筑最高日用水量的 15%～20% 确定。

生活储水池不得兼作他用，消防储水池可兼作喷泉、水景和游泳池等的水源，但后者应采取净水措施；消防用水与生活或生产用水合用一个储水池时，应有保证消防储水平时不被动用的措施，如图 2.42 所示；储水池一般宜分成容积基本相等的两格，以便清洗、检修时不中断供水。储水池的设置高度应利于水泵自灌式吸水，且宜设置深度不小于 1.0m 的集水坑，以保证水泵的正常运行和水池的有效容积。

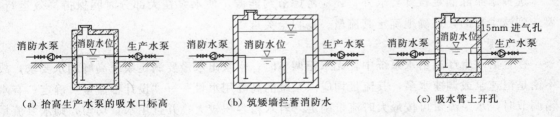

（a）抬高生产水泵的吸水口标高　　　（b）筑矮墙拦蓄消防水　　　（c）吸水管上开孔

图 2.42　储水池（箱）中消防储水平时不被动用和水质防护措施

储水池应设进水管、出（吸）水管、溢流管、泄水管、人孔、通气管和水位信号装置。溢流管应比进水管大一号，溢流管出口应高出地坪 0.1m；通气管直径应为 200mm，其设置高度应距覆盖层 0.5m 以上；必须保证污水、尘土、杂物不得通过人孔、通气管、溢流管进入池内；储水池进水管和出水管应布置在相对位置，以便储水经常流动，避免滞留和死角，以防池水腐化变质。

当室外给水管网能够满足建筑内所需水量，但室外管网又不允许水泵直接抽水时，可设置仅满足水泵吸水要求的吸水井。吸水井尺寸应满足吸水管的布置、安装检修和水泵正常工作的要求；吸水井有效容积不得小于最大一台水泵 3min 的出水量。

2.4.3　水泵

水泵是给水系统中的主要增压设备。在建筑内部的给水系统中，一般采用离心式水泵，其原理是把它从电动机获得的能量转换成流体的能量。离心水泵具有结构简单、体积小、效率高且流量和扬程在一定范围内可以调整等优点。选择水泵应以节能为原则，使水泵在给水系统中大部分时间保持高效运行。当采用设水泵、水箱的给水方式时，通常水泵直接向水箱输水，水泵的出水量与扬程几乎不变，选用离心式恒速水泵即可保持高效运行。对于无水量调节设备的给水系统，在电源可靠的条件下，可选用装有自动调速装置的离心式水泵，调节水泵的转速可改变水泵的流量、扬程和功率，使水泵变流量供水，保持高效运行。

离心泵的工作原理，是靠叶轮在泵壳内旋转，使水靠离心力甩出，从而得到压力，将水送到需要的地方。离心泵主要由泵壳、泵轴、叶轮、吸水管、压力管等部分组成，如图 2.43 所示。

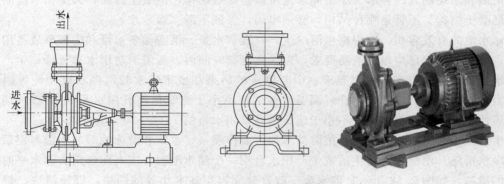

图 2.43　卧式离心泵

2.4.3.1　水泵的选择

选择水泵除满足设计要求外，还应考虑节约能源，使水泵在大部分时间保持高效运行，要达到这个目的，正确地确定其流量、扬程至关重要。

1. 流量

在生活（生产）给水系统中，无水箱调节时，水泵出水量要满足系统高峰用水要求，故不论是恒速泵或调速水泵，其流量均应以系统的高峰用水量——"设计秒流量"确定。有水箱调节时，水泵流量可按最大时流量确定。若水箱容积较大，并且用水量均匀，则水泵流量可按平均小时流量确定。

消防水泵流量应以室内消防设计水量确定。生活、生产、消防共用调速水泵在消防时其流量除保证消防用水总量外，还应保证生活、生产用水量要求。

2. 扬程

根据水泵的用途与室外给水管网连接的方式不同，其扬程可按以下不同公式计算。

当水泵直接从室外给水管网抽水时有：

$$H_b \geqslant H_1 + H_2 + H_3 + H_4 - H_0 \tag{2.3}$$

式中　H_b——水泵扬程，kPa；

　　　H_1——引入管至配水最不利点所要求的静水压，kPa；

　　　H_2——水泵吸水管端至配水最不利点的总水头损失，kPa；

　　　H_3——水流通过水表时的水头损失，kPa；

　　　H_4——配水最不利点所需的流出水头，kPa；

　　　H_0——室外给水管网所能提供的最小压力，kPa。

　　根据以上计算选定水泵后，还应以室外给水管网的最大水压校核水泵的工作效率和超压情况。若室外给水管网出现最大压力时，水泵扬程过大，为避免管道、附件损坏，应采取相应的保护措施，如采用扬程不同的多台水泵并联工作，或设水泵回流管、管网泄压管等。

　　当水泵与室外给水管网间接连接，从储水池（或水箱）抽水时有：

$$H_b \geqslant H_1 + H_2 + H_4 \tag{2.4}$$

式中　H_1——储水池（或水箱）最低水位至配水最不利点所需要的静水压，kPa；

　　　其他符号意义同前。

2.4.3.2　水泵的设置

　　水泵应选择低噪声、节能型水泵，为保证安全供水，生活和消防水泵应设备用泵，生产用水泵可根据生产工艺要求设置备用泵。水泵机组一般设置在水泵房内，泵房应远离有防振或有安静要求的房间，泵房内有良好的通风、采光、防冻和排水的条件；泵房的条件和水泵的布置要便于起吊设备的操作，其间距要保证检修时能拆卸、放置泵体和电机，并能进行维修操作。与水泵连接的管道力求短、直。为操作安全，防止操作人员误触快速运转中的泵轴，水泵机组必须设高出地面不小于 0.1m 的基础。当水泵基础需在基坑时，则基坑四周应有高出地面不小于 0.1m 的防水栏。水泵启闭尽可能采用自动控制，间接抽水时，应优先采用自吸充水方式，以便水泵及时启动。

　　水泵宜采用自灌式充水。当因条件所限，不能采用自灌式启泵而采用吸上式时，应有抽气或灌水装置（如真空泵、底阀、水射器等）。引水时间不超过下列规定：小于 4kW 的为 3min，不小于 4kW 的为 5min。每台水泵一般应设独立的吸水管，以免相邻水泵抽水时相互影响；多台水泵共用吸水管时，吸水总管伸入水池的引水管不宜少于两条，每条引水管上均应设闸阀，当一条引水管发生故障时，其余引水管应满足全部设计流量。每台水泵吸水管上要设阀门，出水管上要设阀门、止回阀和压力表，并设有防水锤措施，如采用缓闭止回阀、气囊式水锤消除器等。为减小水泵运行时振动产生的噪声，在水泵基座下安装橡胶、弹簧减振器或橡胶隔振器（垫），在吸水管、出水管上装设可曲挠橡胶接头，以及其他新型的隔振技术措施等，如图 2.44 和图 2.45 所示。当有条件和必要时，建筑上还可采取隔振和吸声措施。

2.4.4　气压给水设备

　　某些建筑，使用水泵、水箱供水不方便时，可以采用气压给水设备进行供水，它利用密闭罐中压缩空气的压力变化，调节和压送水量，在给水系统中主要起增压和水量调节作用，相当于高位水箱或水塔。

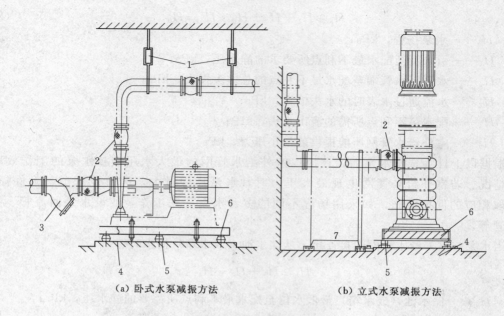

（a）卧式水泵减振方法　　　　　　　（b）立式水泵减振方法

图 2.44　水泵减振方法

1—吊架减振器管道托架减振器；2—橡胶挠性接管；3—Y 形过滤器；4—混凝土基础；
5—弹簧减振器或橡胶减振垫；6—隔振基座；7—管道托架减振器

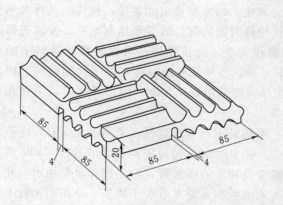

图 2.45　SD 型橡胶隔振垫

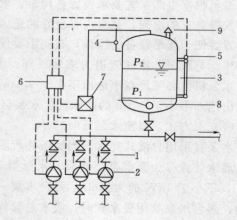

图 2.46　单罐变压式气压给水设备图

1—止回阀；2—水泵；3—气压水罐；4—压力
信号器；5—液位信号器；6—控制器；7—补气
装置；8—排气阀；9—安全阀

2.4.4.1　气压给水设备分类

气压给水设备按照输水压力稳定性不同，可分为变压式和定压式两类，如图 2.46 和图 2.47 所示。变压式气压给水设备在向给水系统输水过程中，水压处于变化状态；定压式气压给水设备在向给水系统输水过程中，水压相对稳定。

2.4.4.2　气压给水设备优缺点

气压给水设备的优缺点如下。

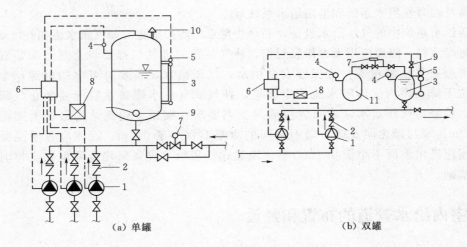

图 2.47　定压式气压给水设备图

1—水泵；2—止回阀；3—气压水罐；4—压力信号器；5—液位信号器；6—控制器；

7—压力调节阀；8—补气装置；9—排气阀；10—安全阀；11—储气罐

（1）气压给水设备与高位水箱或水塔相比，有以下优点。

1）灵活性大。气压水罐可设在任何高度，施工安装简便，便于扩建、改建和拆迁。给水压力可在一定范围内进行调节，给水装置可设置在地震区、临时性有隐蔽要求等建筑内。水在密闭罐之中。

2）水质不易被污染。隔膜式气压给水装置为密闭系统，故水质不会受外界污染。补气式装置可能受补充空气和压缩机润滑油的污染，然而与高位水箱和水塔相比，被污染机会较少。

3）投资省、工期短。气压给水装置可在工厂加工或成套购置，且施工安装简便、施工周期短、土建费用低。

4）实现自动化控制便于集中管理。气压给水装置可利用简单的压力和液位继电器等实现水泵的自动化控制；气压水罐可设在水泵房内，且设备紧凑、占地较小，便于与水泵等集中管理。

（2）气压给水设备也存在以下明显的缺点。

1）给水压力不稳。供水压力变化大，影响给水配件的使用寿命；因此对压力要求稳定的用户不适用。

2）调节容积小。一般调节水量仅占总容积的 20%～30%，与其容积相对照，钢材消耗量较大。

3）供水安全性差。由于有效容积较小，一旦因故停电或自控失灵，断水的概率较大。

4）运行费用高。耗电较多，水泵启动频繁，启动电流大；水泵不是都在高效区工作，平均效率低；水泵扬程要额外增加的电耗，这部分是无用功但又是必需的，一般增加15%～25%的电耗。

2.4.4.3　气压给水设备适用范围和设置要求

根据气压给水设备的特点，它适用于有升压要求，但又不适宜设置水塔或高位水箱的小区或建筑内的给水系统，如地震区、人防工程或屋顶立面有特殊要求等建筑的给水系统；小型、简易及临时性给水系统和消防给水系统等。

生活给水系统中的气压给水设备，必须注意水质防护措施。如气压水罐和补气罐内壁应涂无毒防腐涂料，隔膜应用无毒橡胶制作，补气装置的进气口都要设空气过滤装置，采用无油润滑型空气压缩机等。为保证安全供水，气压给水设备要有可靠的电源，为防止停电时水位下降，罐内气体随水流管道流失，补气式气压水罐进水管上要装止气阀。为利于维护、检修，气压给水罐的布置应满足下列要求：罐顶至建筑结构最低梁底距离不宜小于 1.0m；罐与罐之间及罐与墙面之间的净距不宜小于 0.7m；罐体应置于混凝土底座上，底座应高出地面不小于 0.1m，整体组装式气压给水设备采用金属框架支撑时，可不设设备基础。

2.5　室内给水管道的布置和敷设

给水管道的布置与敷设，必须与该建筑物的建筑和结构的设计情况、使用功能、用水要求、配水点和室外给水管道的位置及其他建筑设备（电气、采暖、空调、通风、燃气和通信等）的设计方案相配合，兼顾消防给水、热水供应、建筑中水、建筑排水等系统，进行综合考虑，处理和协调好各种管线的相互关系。

2.5.1　给水管道的布置

2.5.1.1　布置形式

室内给水管道布置按供水可靠程度要求可分为枝状和环状两种形式。枝状管网单向供水，供水安全可靠性差，但节省管材，造价低；环状管网管道相互连通，双向供水，安全可靠，但管线长，造价高。一般建筑内给水管网宜采用枝状布置。高层建筑宜采用环状布置。

按水平干管的布置位置又可分为上行下给，下行上给和中分式 3 种形式。干管设在顶层天花板下、吊顶内或技术夹层中，由上向下供水的为上行下给式，适用于设置高位水箱的居住与公共建筑和地下管线较多的工业厂房；干管埋地、设在底层或地下室中，由下向上供水的为下行上给式，适用于利用室外给水管网直接供水的工业与民用建筑；水平干管设在中间技术层内或中间某层吊顶内，由中间向上、下两个方向供水的为中分式，适用于屋顶用作露天茶座、舞厅或设有中间技术层的高层建筑。同一幢建筑的给水管网也可同时兼有以上两种形式。

2.5.1.2　布置要求

给水管道的布置要求如下：

（1）满足良好的水力条件，确保供水的可靠性，力求经济合理。引入管、给水干管宜布置在用水量最大处或尽量靠近不允许间断供水处；给水管道的布置应力求短而直，尽可能与墙、梁、柱、桁架平行；不允许间断供水的建筑，应从室外环状管网不同管段接出 2 条或 2 条以上引入管，在室内将管道连成环状或贯通枝状双向供水，也可采取设储水池（箱）或增设第二水源等安全供水措施。

（2）保证建筑物使用功能和生产安全。给水管道不能妨碍生产操作、生产安全、交通运输和建筑物的使用。管道不能穿过配电间，以免因渗漏造成电气设备故障或短路；不能布置在遇水易引起燃烧、爆炸、损坏的设备、产品和原料的上方，还应避免在生产设备上面布置管道。消防管道的布置应符合《建筑设计防火规范》（GB 50016—2014）要求。

（3）保证给水管道的正常使用。生活给水引入管与污水排出管管道外壁的水平净距不宜小于 1.0m，室内给水管与排水管之间的最小净距，平行埋设时，应为 0.5m；交叉埋设时，应为 0.15m，且给水管应在排水管的上面。埋地给水管道应避免布置在可能被重物压坏处；为防止振动，管道一般不得穿越生产设备基础，如必须穿越时，应与有关专业人员协商处理；管道不宜穿过伸缩缝、沉降缝，如必须穿过，应采取保护措施，如软接头法（使用橡胶管或波纹管）、丝扣弯头法、活动支架法等；为防止管道腐蚀，管道不得设在烟道、风道和排水沟内，不得穿过大小便槽，当给水立管距小便槽端部不大于 0.5m 时，应采取建筑隔断措施。

塑料给水管应远离热源，立管距灶边不得小于 0.4m，与供暖管道的净距不得小于 0.2m，且不得因热辐射使管外壁温度大于 40℃；塑料管与其他管道交叉敷设时，应采取保护措施或用金属套管保护，建筑物内塑料立管穿越楼板和屋面处应为固定支承点；塑料给水管直线长度大于 20m 时，应采取补偿管道胀缩的措施。

（4）便于管道的安装与维修。布置管道时，其周围要留有一定的空间，在管道井中布置管道要排列有序，以满足安装维修的要求。需进入检修的管道井，其通道不宜小于 0.6m。管道井每层应设检修设施，每两层应有横向隔断。检修门宜开向走廊。给水管道与其他管道和建筑结构之间的最小净距见表 2.3。

表 2.3　　　　　　　　给水管道与其他管道和建筑结构之间的最小净距

给水管道名称		室内墙面 /mm	地沟壁和其他管道 /mm	梁、柱设备 /mm	排 水 管		备 注
					水平净距 /mm	垂直净距 /mm	
引入管					≥1000	≥150	在排水管上方
横干管		≥100	≥100	≥50 且此处无接头	≥500	≥150	在排水管上方
立管	管径/mm						
	<32	≥25					
	32～50	≥35					
	75～100	≥50					
	125～150	≥60					

2.5.2　给水管道的敷设

2.5.2.1　敷设形式

根据建筑的性质和要求，给水管道的敷设有明装、暗装两种形式。明装即管道外露，其优点是安装维修方便，造价低，缺点是外露的管道影响美观，表面易结露、积尘。一般用于对卫生、美观没有特殊要求的建筑。暗装即管道隐蔽，如敷设在管道井、技术层、管沟、墙槽、顶棚或夹壁墙中，直接埋地或埋在楼板的垫层里，其优点是管道不影响室内的美观、整洁，缺点是施工复杂，维修困难，造价高。适用于对卫生、美观要求较高的建筑，如宾馆、高级公寓和要求无尘、洁净的车间、实验室、无菌室等。

2.5.2.2　敷设要求

引入管进入建筑内有两种情形，一种是从建筑物的浅基础下通过，另一种是穿越承重墙或基础，如图 2.48 所示。在地下水位高的地区，引入管穿地下室外墙或基础时，应采取防水措施，如设防水套管等。

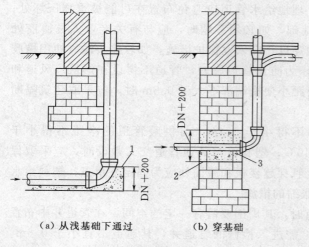

（a）从浅基础下通过   （b）穿基础

图 2.48   引入管进入建筑物
1—混凝土支座；2—黏土；3—水泥砂浆

室外埋地引入管要注意地面动荷载和冰冻的影响，其管顶覆土厚度不宜小于 0.7m，并且管顶埋深应在冻土线 0.2m 以下。建筑内埋地管在无动荷载和冰冻影响时，其管顶埋深不宜小于 0.3m。

给水横管穿承重墙或基础、立管穿楼板时均应预留孔洞。暗装管道在墙中敷设时，也应预留墙槽，以免临时打洞、凿槽影响建筑结构的强度。管道预留孔洞和墙槽的尺寸。横管穿过预留洞时，管顶上部净空不得小于建筑物的沉降量，以保护管道不致因建筑沉降而损坏，其净空一般不小于 0.10m。

给水横干管宜敷设在地下室、技术层、吊顶或管沟内，宜有 0.2%～0.5% 的纵坡坡向泄水装置；立管可敷设在管道井内；给水管道与其他管道同沟或共架敷设时，宜敷设在排水管、冷冻管的上面或热水管、蒸汽管的下面；给水管不宜与输送易燃、可燃或有害的液体或气体的管道同沟敷设；通过铁路或地下构筑物下面的给水管道，必须有保护套管。

管道在空间敷设时，必须采取固定措施，保证施工方便与安全供水。固定管道常用的支架如图 2.49 所示。给水钢质立管一般每层需安装 1 个管卡，当层高大于 5.0m 时，每层需安装 2 个。

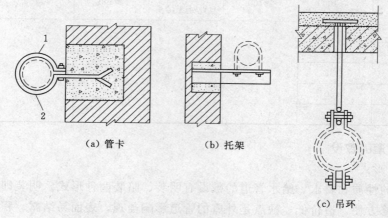

（a）管卡   （b）托架   （c）吊环

图 2.49   支、托架
1—卡板 1；2—卡板 2

2.5.3   给水管道的防护

2.5.3.1   防腐

金属管道的外壁容易氧化锈蚀，明装和暗装都必须采取防护措施，以延长管道的使用寿命。通常的防腐做法是管道除锈后，在外壁涂刷防腐涂料进行防腐处理。

铸铁管及大口径钢管管内可采用水泥砂浆衬里防腐。

埋地铸铁管宜在管外壁刷冷底子油一遍、石油沥青两道；埋地钢管（包括热镀锌钢管）宜在外壁刷冷底子油一道、石油沥青两道外加保护层（当土壤腐蚀性能较强时可采用加强级或特加强防腐）；钢塑复合管就是钢管加强内壁防腐性能的一种形式，钢塑复合管埋地敷设时，其外壁防腐同普通钢管；薄壁不锈钢管埋地敷设，宜采用管沟或外壁采取防腐措施（管外加防腐套管或外缚防腐胶带）；薄壁铜管埋地敷设时应在管外加防护套管。

明装的热镀锌钢管应刷银粉漆两道（卫生间）或调和漆两道；明装铜管应刷防护漆。

管道敷设在有腐蚀性的环境中，管外壁应刷防腐漆或缠绕防腐材料。

2.5.3.2 防冻与防结露

当管道及其配件设置在温度低于 0℃ 以下的环境时，为保证使用安全，应当采取保温措施。保温的一般做法是采用一定厚度的岩棉、玻璃棉、硬聚氨酯和橡塑泡沫等材料包裹管道，特殊情况下可采用电伴热等保温方式。

在湿热环境下的管道，由于管道内的水温较低，空气中的水分会凝结成水附着在管道表面，严重时还会产生滴水，这种管道结露现象，不但会加速管道的腐蚀，还会影响建筑的使用，如使墙面受潮、粉刷层脱落，影响墙体质量和建筑美观。防结露一般也采用包裹保温材料的保温方法。

2.5.3.3 防漏

如果管道布置不当，或者是管材质量和敷设施工质量低劣，都可能导致管道漏水，这不仅浪费水量、影响正常供水，严重时还会损坏建筑，特别是湿陷性黄土地区，埋地管漏水将会造成土壤湿陷，影响建筑基础的稳固性，可能造成建筑物的局部乃至整体破坏。防漏的措施如下：

（1）避免将管道布置在易受外力损坏的位置，或采取必要且有效的保护措施，使其免于直接承受外力。

（2）要健全管理制度，加强管材质量和施工质量的检查监督。

（3）在湿陷性黄土地区，可将埋地管道设在防水性能良好的检漏管沟内，一旦漏水，水可沿沟排至检漏井内，便于及时发现和检修。

（4）管径较小的管道，可敷设在检漏套管内。

2.5.3.4 防振和防噪声

当管道中水流速度过大，关闭水龙头、阀门时，易出现水击现象，从而引起管道、附件的振动，不仅会损坏管道及附件，造成漏水，还会产生噪声。为防止管道的损坏和噪声污染，在设计时应控制管道的水流速度，尽量减少使用电磁阀或速闭型阀门、龙头。住宅建筑进户支管阀门后，应装设一个家用可曲挠橡胶接头进行隔振，如图 2.50

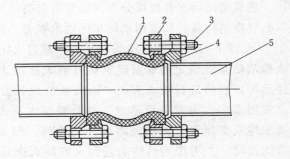

图 2.50 可曲挠橡胶接头
1—可曲挠橡胶接头；2—特制法兰；3—螺杆；
4—普通法兰；5—管道

所示。并可在管道支架、吊架内衬垫减振材料，以减小噪声的扩散，如图 2.51 所示。

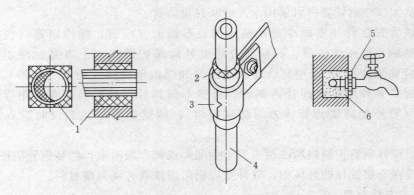

图 2.51 各种管道的防振和防噪声措施

1—矿渣棉；2—橡胶或毛毡；3—管卡；4—管子；5—胶皮；6—吸声材料

2.6 建筑消防给水系统

工业与民用建筑物，都存在一定程度的火灾险情，为此，应按有关规范配备消防设备，减少火灾损失，保障人民生命财产安全。

建筑消防系统根据使用灭火剂的种类和灭火方式可分为下列 3 种灭火系统：

（1）消火栓灭火系统。

（2）自动喷水灭火系统。

（3）其他使用非水灭火剂的固定灭火系统，如二氧化碳灭火系统、干粉灭火系统、卤代烷灭火系统、泡沫灭火系统等。

在水、二氧化碳、干粉、卤代烷、泡沫等灭火剂中，水具有使用方便、灭火效果好、来源广泛、价格便宜、器材简单等优点，是目前建筑消防的主要灭火剂。

火灾统计资料表明，设有室内消防设备的建筑物内，初期火灾主要是用室内消防设备扑灭的。绝大多数的火灾是用水扑灭的，是否有完善的消防给水设施是能够有效扑灭火灾的主要因素之一，提高消防给水系统的可靠性和完备功能是十分必要的。

建筑消防给水系统可分为低层建筑与高层建筑消防给水系统，两者的划分主要根据消防队的登高消防器材和常用消防车的供水能力。我国将 9 层及 9 层以下的住宅建筑、高度小于 24m 以下的其他民用建筑和高度不超过 24m 的厂房、车库以及单层公共建筑的室内消火栓消防系统确定为低层建筑室内消火栓给水系统，这种建筑物的火灾，一般消防车增援后可以直接进行喷水灭火，因此系统设计立足于扑灭建筑物初期火灾。高层建筑引发火灾因素多、火灾蔓延迅速、扑救难度大、人员物资不易疏散，必须立足于自救，因此高层建筑必须设置更加完善的消防系统，使其具有扑灭建筑物大火的能力。另外，为了节约投资，并考虑到消防队赶到火场扑灭火灾的可能性，并不要求任何建筑物都设置室内消防给水系统。

2.6.1 建筑消火栓给水系统

建筑消火栓给水系统是把室外给水系统提供的水量，经过加压（外网压力不满足需要时）、输送到用于扑灭建筑物内的火灾而设置的固定灭火设备，是建筑物中最基本的灭火设施。

（1）按照我国现行的《建筑设计防火规范》（GB 50016—2014）及《消防给水及消火栓系统技术规范》（GB 50974—2014）的规定，下列建筑或场所应设置消火栓给水系统：

1）建筑占地面积大于 $300m^2$ 的厂房和仓库。

2）高层公共建筑和建筑高度大于 21m 的住宅建筑。

注：建筑高度不大于 27m 的住宅建筑，设置室内消火栓系统确有困难时，可只设置干式消防竖管和不带消火栓箱的 DN65 的室内消火栓。

3）体积大于 $5000m^3$ 的车站、码头、机场的候车（船、机）建筑、展览建筑、商店建筑、旅馆建筑、医疗建筑和图书馆建筑等单、多层建筑。

4）特等、甲等剧场，超过 800 个座位的其他等级的剧场和电影院等以及超过 1200 个座位的礼堂、体育馆等单、多层建筑。

5）建筑高度大于 15m 或体积大于 $10000m^3$ 的办公建筑、教学建筑和其他单、多层民用建筑。

（2）上述条款未规定的建筑或场所和下列建筑或场所，可不设置室内消火栓系统，但宜设置消防软管卷盘或轻便消防水龙：

1）耐火等级为一级、二级且可燃物较少的单、多层丁、戊类厂房（仓库）。

2）耐火等级为三级、四级且建筑体积不大于 $3000m^3$ 的丁类厂房，耐火等级为三级、四级且建筑体积不大于 $5000m^3$ 的戊类厂房（仓库）。

3）粮食仓库、金库、远离城镇且无人值班的独立建筑。

4）存有与水接触能引起燃烧爆炸的物品的建筑。

5）室内无生产、生活给水管道，室外消防用水取自储水池且建筑体积不大于 $5000m^3$ 的其他建筑。

国家级文物保护单位的重点砖木或木结构的古建筑，宜设置室内消火栓系统。

人员密集的公共建筑、建筑高度大于 100m 的建筑和建筑面积大于 $200m^2$ 的商业服务网点内应设置消防软管卷盘或轻便消防水龙。高层住宅建筑的户内宜配置轻便消防水龙。

2.6.1.1　消火栓系统给水方式

按照室外给水管网可提供室内消防所需水量和水压情况，建筑室内消火栓给水方式有以下 3 种方式。

（1）无水箱、水泵的室内消火栓给水方式：如图 2.52 所示，当室外给水管网所提供的水量、水压，在任何时候均能满足室内消火栓给水系统所需水量、水压，可以优先采用这种方式。当选用这种方式且

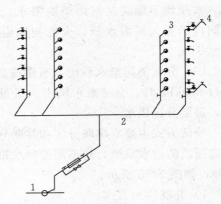

图 2.52　无水箱、水泵的室内消火栓给水方式
1—室外给水管网；2—室内管网；3—消火栓及竖管；4—给水立管及支管

与室内生活（或生产）合用管网时，进水管上如设有水表，则所选水表应考虑通过消防水量能力。

（2）仅设水箱不设水泵的消火栓给水方式：如图 2.53 所示，这种方式适用于室外给水

管网一天之内压力变化较大，但水量能满足室内消防需求，由水箱储存 10min 的消防用水量，灭火初期由水箱供水。

（3）设水泵、水箱的消火栓给水方式：如图 2.54 所示，这种方式适用于室外给水管网的水压不能满足室内消防需求，但水量满足要求时。水箱由生活水泵补水，储存 10min 的消防水量，火灾初期由水箱供水，消防水泵启动后，由消防水泵从管网抽水灭火。

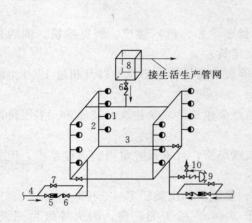

图 2.53　反设水箱不设水泵的消火栓给水方式
1—室内消火栓；2—消防竖管；3—干管；4—进户管；
5—水表；6—止回阀；7—旁通管及阀门；8—水箱；
9—水泵接合器；10—安全阀

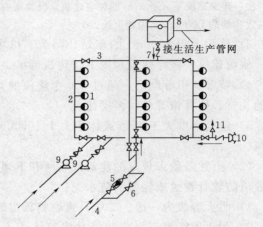

图 2.54　设水泵、水箱消防给水方式
1—室内消火栓；2—消防竖管；3—干管；4—进户管；
5—水表；6—旁通管及阀门；7—止回阀；8—水箱；
9—消防水泵；10—水泵接合器；11—安全阀

（4）设消防泵、水箱及水池的消火栓给水方式：这种方式适用于室外给水管网的水量、水压均不能满足室内消防需求。水箱储存 10min 的消防水量，水池内储存火灾延续时间内的灭火所需水量。火灾初期由水箱供水，消防水泵启动后，由消防水泵从水池内抽水灭火。

（5）分区消防给水系统：当建筑高度超过 50m 或消火栓给水系统中消火栓栓口处压力超过 800kPa 时，会带来水枪出水量过大、消防管道易漏水、消防设备及附件易损坏等问题，需要分区供水。

分区方式主要有串联分区和并联分区两大类。不论是分区或不分区的消防给水系统，若为高压消防给水系统，均不需设置水箱，由室外高压管网直接供水。常见的分区给水方式有 3 种，如图 2.55 所示。

　1）并联供水方式。

　2）串联供水方式。

　3）设置减压阀供水方式。

2.6.1.2　消火栓给水系统的组成

建筑消火栓给水系统一般由水枪、水带、消火栓、消防管道、消防水池、高位水箱、水泵接合器及增压水泵等组成。

（1）消火栓设备。消水栓设备是由水枪、水带和消火栓组成，均安装于消火栓箱内，常用消火栓箱的规格有 800mm×650mm×200（320）mm，用木材、钢板或铝合金制作而成，

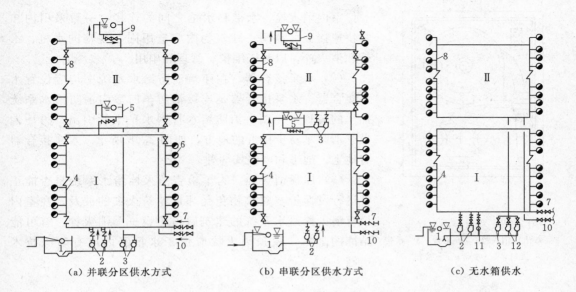

图 2.55　分区供水的室内消火栓给水方式

1—水池；2—Ⅰ区消防泵；3—Ⅱ区消防泵；4—Ⅰ区管网；5—Ⅰ区水箱；6—消火栓；7—接Ⅰ区水泵接合器；

8—Ⅱ区管网；9—Ⅱ区水箱；10—接Ⅱ区水泵接合器；11—Ⅰ区补压泵；12—Ⅱ区补压泵

外装玻璃门，门上应有明显的标志，如图 2.56 所示。

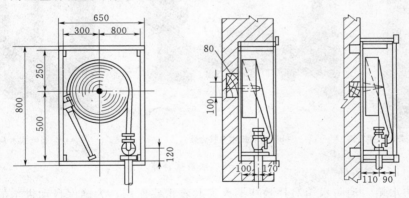

图 2.56　单出口消火栓箱（单位：mm）

　　水枪一般为直流式，喷嘴口径有 13mm、16mm、19mm 共 3 种。水带口径有 50mm、65mm 两种。喷嘴口径 13mm 水枪配置口径 50mm 的水带，16mm 水枪可配置 50mm 或 65mm 的水带，19mm 水枪配置 65mm 的水带。低层建筑室内消火栓可选用 13mm 或 16mm 喷嘴口径水枪，但必须根据消防流量和充实水柱长度经计算后确定。

　　水带长度一般为 15m、20m、25m、30m 共 4 种，水带材质有麻织和化纤两种，有衬橡胶与不衬橡胶之分，衬胶水带阻力较小。水带的长度应根据水力计算选定。

　　消火栓均为内扣式接口的球形阀式龙头，有单出口和双出口之分，栓口中心距地高度 1.1m，允许误差±20mm。双出口消火栓直径为 65mm，如图 2.57 所示。单出口消火栓直径有 50mm 和 65mm 两种。当每支水枪最小流量不大于 2.5L/s 时选用直径 50mm 消火栓；最小流量不小于 5L/s 时选用直径 65mm 消火栓。

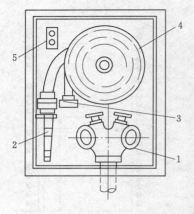

图 2.57 双出口消火栓箱

1—双出口消火栓；2—水枪；3—水带
接口；4—水带；5—按钮

室内消火栓、水带和水枪之间的连接，一般采用内扣式快速接头。在同一建筑物内应选用同一规格的水枪、水带和消火栓，以利于维护、管理和串用。

（2）水泵接合器。在建筑消防给水系统中均应设置水泵接合器。水泵接合器是连接消防车向室内消防给水系统加压的装置，一端由消防给水管网水平干管引出，另一端设于消防车易于接近的地方，如图2.58所示。水泵接合器有地上、地下和墙壁式3种。

（3）屋顶消火栓。为了检查消火栓给水系统是否能正常运行及保护本建筑物免受邻近建筑火灾的波及，在室内设有消火栓给水系统的建筑屋顶应设一个消火栓。有可能结冻的地区，屋顶消火栓应设于水箱间内或有防冻技术措施。

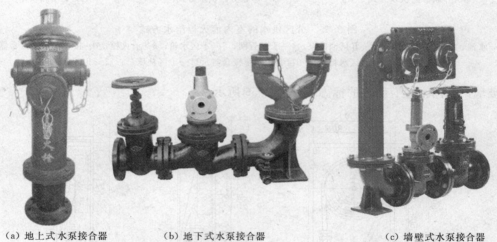

（a）地上式水泵接合器　　（b）地下式水泵接合器　　（c）墙壁式水泵接合器

图 2.58 水泵接合器

（4）消防水箱。消防水箱对扑救初期火灾起着重要作用，为确保自动供水的可靠性，应采用重力自流供水方式。消防水箱常与生活（或生产）高位水箱合用，以保持箱内储水经常流动，防止水质变坏。水箱的安装高度应满足室内最不利点消火栓所需的水压要求，且应储存有室内 10min 的消防储水量。

（5）消防水池。消防水池用于无室外消防水源情况下，储存火灾延续时间内的室内消防用水量。消防水池可设于室外地下或地面上，也可设在室内地下室，或与室内游泳池、水景水池兼用。

2.6.1.3 室内消火栓给水系统的布置

设置消火栓给水系统的建筑物，其任何部位均应处于消火栓的保护半径内。消火栓的保护半径是指某种规格的消火栓、水枪和一定长度的水带配套后，并考虑消防人员使用该设备时有一定安全保障（为此水枪的上倾角不宜超过 45°，否则最不利着火物下落时会伤及灭火人员）的条件下，以消火栓为圆心，消火栓能充分发挥起作用的半径。

消火栓的保护半径可按式（2.5）计算，即：

$$R = L_d + L_s \qquad\qquad (2-5)$$

式中　　R——消火栓保护半径，m；

L_d——水带的敷设长度，m；每根水带的长度不应超过 25m，并应乘以水带的弯转曲折系数 0.8；

L_s——水枪的充实水柱 H_m 在平面的投影长度，m，$L_s = H_m \cos 45°$。

1. 消火栓的布置

（1）设有消防给水的建筑物，其各层（无可燃物的设备层除外）均应设置消火栓。室内消火栓的布置，应保证有两支水枪的充实水柱可同时达到室内任何部位（建筑高度不大于 24m，且体积不大于 5000m³ 的库房可采用一支水枪的充实水柱射到室内任何部位）。

（2）室内消火栓栓口距楼地面安装高度为 1.1m，栓口方向宜向下或与墙面垂直。

（3）消火栓应设在使用方便的走道内，宜靠近疏散方便的通道口处、楼梯间内。

（4）为保证及时灭火，每个消火栓处应设置直接启动消防水泵按钮或报警信号装置，并应有保护措施。

2. 消防给水管道的布置

（1）建筑物内的消火栓给水系统根据建筑物的性质和使用要求，可单独设置，也可与生活、生产给水系统合用。单独消防系统的给水管可采用非镀锌钢管或给水铸铁管；与生活、生产给水系统合用时，给水管一般采用热浸镀锌钢管或给水铸铁管。

（2）室内消火栓超过 10 个，且室外消防用水量大于 15L/s 时，室内消防给水管道应布置成环状，其进水管至少应布置两条。当环状管网的一条进水管发生事故时，其余的进水管应仍能供应全部用水量。对于 7～9 层的单元式住宅，进水管可采用一条。

（3）超过 6 层的塔式和通廊式住宅，超过 5 层或体积超过 10000m³ 的其他民用建筑，超过 4 层的厂房和库房，如室内消防立管为两条或两条以上时，应至少每两根立管相连组成环状管网。对于 7～9 层的单元式住宅的消防立管允许布置成枝状管网。

（4）阀门的设置应便于管网维修和使用安全，检修关闭阀门后，停止使用的消火栓在一层中不应超过 5 个。

（5）水泵结合器应设在消防车易于到达的地点，同时还应考虑在其附近 15～40m 内应设室外消火栓或消防水池。水泵接合器的数量应按室内消防用水量计算确定，每个水泵接合器的流量按 10～15L/s 计算。

（6）室内消火栓给水管网与自动喷水灭火设备的管网宜分开设置，如布置有困难，应在报警阀前分开设置。

2.6.2　自动喷水灭火系统

自动喷水灭火系统是一种在发生火灾时，能自动打开喷头喷水灭火，同时发出火警信号的消防灭火设施。据资料统计，自动喷水灭火系统扑救初期火灾的成功率在 97% 以上。因此，在国外很多发达国家的公共建筑都要求设置自动喷水灭火系统。鉴于我国的经济发展状况，仅要求对发生火灾频率高，火灾危险等级高的建筑物中一些部位设置自动喷水灭火系统。

2.6.2.1　自动喷水灭火系统主要组件

自动喷水灭火系统一般由水源、供水管网、喷头、报警阀、水流报警装置、延迟器、火灾探测器及末端检试装置等组成。

1. 喷头

自动喷水灭火系统的喷头分为开式和闭式两种。闭式喷头的喷口用热敏元件组成的释放机构封闭，当达到一定温度时能自动开启，如玻璃球爆炸、易熔合金脱离。其构造按溅水盘的形式和安装位置有直立型、下垂型、边墙、普通型、吊顶型和干式下垂型喷头之分（图2.59）。

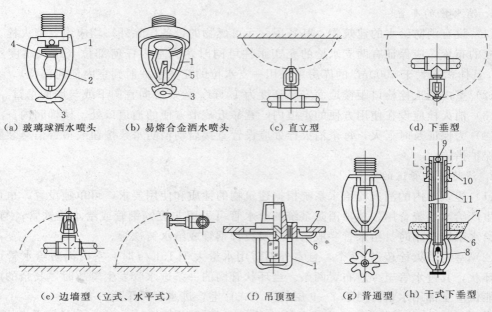

图2.59　闭式喷头构造示意图

1—支架；2—玻璃球；3—溅水盘；4—喷水口；5—合金锁片；6—装饰罩；
7—吊顶；8—热敏元件；9—钢球；10—铜球密封圈；11—套筒

开式洒水喷头与闭式喷头的区别仅在于喷头敞开，缺少有热敏感元件组成的释放机构。它是由本体、支架、溅水盘等组成。这种喷头无感温元件也无密封组件，喷水动作由阀门控制。工程上常用的开式喷头有开启式、水幕式及喷雾式3种，如图2.60所示。

选择喷头时应严格按照环境温度来选用喷头温度。为了正确有效地使喷头发挥喷水作用，在不同环境温度场所内设置喷头时，喷头的公称动作温度要比环境温度高30℃左右。

2. 报警阀

报警阀的作用是开启和关闭管网的水流，传递控制信号至控制系统并启动水力警铃直接报警。报警阀又分为湿式报警阀、干式报警阀、干湿式报警阀和雨淋阀4种类型，如图2.61所示。湿式报警阀用于湿式自动喷水灭火系统；干式报警阀用于干式自动喷水灭火系统；干湿式报警阀用于干、湿交替式喷水灭火系统，它是由湿式报警阀与干式报警阀依次连接而成，在温暖季节用湿式装置，在寒冷季节则用干式装置。雨淋阀用于雨淋、预作用、水幕、水喷雾自动喷水灭火系统。

报警阀宜设在明显地点，且便于操作，距地面高度为0.8～1.5m，一般取1.2m，报警阀设置处的地面应有排水措施。

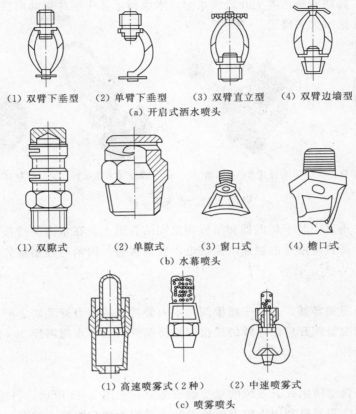

(1) 双臂下垂型　(2) 单臂下垂型　(3) 双臂直立型　(4) 双臂边墙型

(a) 开启式洒水喷头

(1) 双隙式　　(2) 单隙式　　(3) 窗口式　　(4) 檐口式

(b) 水幕喷头

(1) 高速喷雾式（2种）　　(2) 中速喷雾式

(c) 喷雾喷头

图 2.60　开式喷头构造示意图

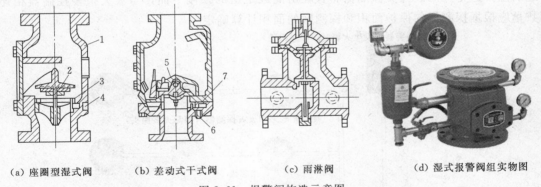

(a) 座圈型湿式阀　(b) 差动式干式阀　　(c) 雨淋阀　　(d) 湿式报警阀组实物图

图 2.61　报警阀构造示意图

1—阀体；2—阀瓣；3—沟槽；4—水力警铃接口；5—阀瓣；6—水力警铃接口；7—弹性隔膜

3. 水流报警装置

水流报警装置主要有水力警铃、水流指示器和压力开关。

(1) 水力警铃主要用于湿式自动喷水灭火系统，宜装在报警阀附近（其连接管不宜超过6m）。当报警阀打开消防水源后，具有一定压力的水流冲动叶轮打铃报警。水力警铃不得由电动报警装置取代。

(2) 水流指示器用于湿式自动喷水灭火系统中，如图 2.62 所示。通常安装在各楼层配水干管或支管上，其功能是当喷头开启喷水时，水流指示器中桨片摆动而接通电信号送至报警控制器报警，并指示火灾楼层。

（a）法兰式水流指示器　　（b）焊接式水流指示器　　（c）马鞍式水流指示器　　（d）丝口式水流指示器

图2.62　水流指示器

（3）压力开关垂直安装于延迟器和报警阀之间的管道上。在水力警铃报警的同时，依靠警铃管内水压的升高自动接通电触点，完成电动警铃报警，向消防控制室传送电信号或启动消防水泵。

4. 延迟器

延迟器是一个罐式容器，安装于报警阀与水力警铃（或压力开关）之间。用于防止由于水压波动原因引起报警阀开启而导致的误报。报警阀开启后，水流需经30s左右充满延迟器后方可冲打水力警铃。

5. 火灾探测器

火灾探测器是自动喷水灭火系统的重要组成部分，如图2.63所示。目前常用的有感烟、感温探测器。感烟探测器是利用火灾发生地点的烟雾浓度进行探测，感温探测器是通过火灾引起的温升进行探测。火灾探测器布置在房间或走道的顶棚下面，与火灾报警控制器相连，其数量应根据探测器的保护面积和探测区的面积计算确定。

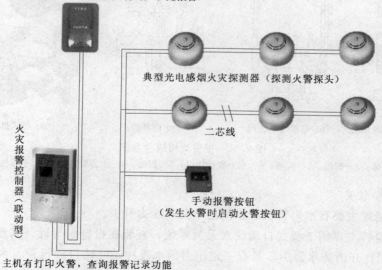

图2.63　火灾探测器系统

6. 末端检试装置

末端检试装置是指在自动喷水灭火系统中，每个水流指示器作用范围内供水最不利处，设置一个水压、水流指示器以及报警阀和自动喷水灭火系统的消防水泵联动装置可靠性的检测装置，如图 2.64 所示。该装置由控制阀、压力表及排水管组成，排水管可单独设置，也可利用雨水管，但必须间接排水。

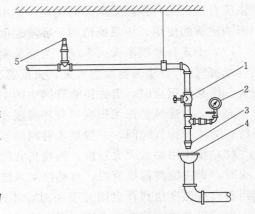

图 2.64 末端试水装置示意图
1—截止阀；2—压力表；3—试水接头；
4—排水漏斗；5—最不利点处喷头

2.6.2.2 自动喷水灭火系统的类型

根据喷头的不同，自动喷水灭火系统可分为闭式和开式两种系统。

1. 闭式自动喷水灭火系统

闭式自动喷水灭火系统是指在自动喷水灭火系统中采用闭式喷头，平时系统为封闭系统，火灾发生时喷头打开，使得系统为敞开式系统喷水。根据其作用机理又可分为湿式、干式和预作用式 3 种。

（1）湿式自动喷水灭火系统：为喷头常闭的灭火系统，如图 2.65 所示，管网中充满有压水，当建筑物发生火灾，火点温度达到开启闭式喷头时，喷头出水灭火。此时管网中有压水流动，水流指示器感应送出电信号，在报警控制器上指示，某一区域已在喷水。持续喷水造成报警阀的上部水压低于下部水压，其压力差值达到一定值时，原来处于关闭的报警阀就会自动开启。同时，消防水流通过湿式报警阀，流向自动喷洒管网供水灭火。另一部分水进入延迟器、压力开关及水力警铃等设施发出火警信号。另外，根据水流指示器和压力开关的信号或消防水箱的水位信号，控制箱内控制器能自动开启消防泵，以达到持续供水的目的。

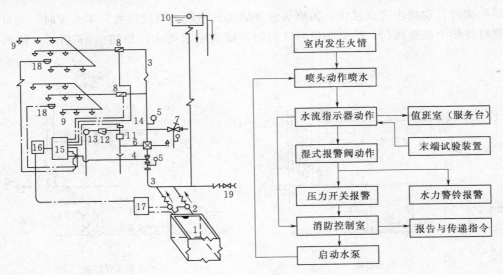

图 2.65 湿式自动喷水灭火系统图式
1—消防水池；2—消防泵；3—管网；4—控制蝶阀；5—压力表；6—湿式报警阀；7—泄放试验阀；8—水流指示器；
9—喷头；10—高位水箱、稳压泵或气压给水设备；11—延时器；12—过滤器；13—水力警铃；14—压力开关；
15—报警控制器；16—非标控制箱；17—水泵启动箱；18—探测器；19—水泵接合器

该系统有灭火及时扑救效率高的优点，但由于管网中存在有压水，当渗漏时会损坏建筑装饰和影响建筑的使用。该系统适用于环境温度在 4～70℃ 之间的建筑物。

（2）干式自动喷水灭火系统：为喷头常闭的灭火系统，管网中平时不充水，而是有压空气（或氮气）。当建筑物发生火灾，火点温度达到开启闭式喷头时，喷头开启、排气、充水、灭火。该系统灭火时，需先排除管网中的空气，故喷头出水不如湿式系统及时。但管网中平时不充水，对建筑装饰无影响，对环境温度也无要求，适用于采暖期长而建筑物内无采暖的场所。为减少排气时间，一般要求管网的容积不大于 2000L。

（3）预作用喷水灭火系统：为喷头常闭的灭火系统，管网中平时不充水（无压），发生火灾时，火灾探测器报警后，自动控制系统控制阀门排气、充水，由干式变为湿式系统。只有当着火点温度达到开启闭式喷头时，才开始喷水灭火。该系统弥补了上述两种系统的缺点，适用于对建筑装饰要求高，灭火及时的建筑物。

重复启闭预作用系统是预作用系统的升级产品，能够在扑灭火灾后自动关闭，复燃时再次开启阀门喷水。与普通预作用式相比，探测器与报警阀均有所改进，其感温探测器既可输出火警信号，又可在环境恢复常温时输出灭火信号，报警阀可按指令信号关闭和再次开启，可有效降低不必要的水渍污染。

2. 开式自动喷水灭火系统

开式自动喷水灭火系统是指在自动喷水灭火系统中采用开式喷头，平时系统为敞开状，报警阀处于关闭状态，管网中无水，火灾发生时报警阀开启，管网充水，喷头布水灭火。

开式自动喷水灭火系统中分为 3 种形式，即雨淋自动喷水灭火系统、水幕自动喷水灭火系统和水喷雾自动喷水灭火系统。

开式自动喷水灭火系统由开式喷头、管道系统、雨淋阀、火灾探测器、报警控制装置、控制组件和供水设备等组成。

（1）雨淋自动喷水灭火系统。为喷头常开的灭火系统，当建筑物发生火灾时，由自动控制装置打开集中控制阀门，使整个保护区域所有喷头喷水灭火，如图 2.66 所示。该系统具

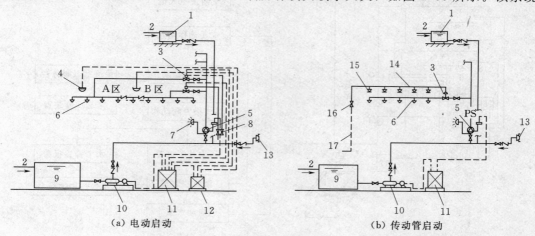

图 2.66　雨淋喷水自动灭火系统图

1—高位水箱；2—进水管；3—雨淋阀；4—探测器；5—湿式报警阀；6—开式喷头；7—水力警铃；
8—手动开阀装置；9—水池；10—消防泵；11—控制箱；12—报警器；13—水泵接合器；
14—传动管；15—闭式喷头；16—手动阀；17—排水管

有出水量大，灭火及时的优点。本系统适用于火灾蔓延快、危险性大的建筑或部位。

平时，雨淋阀后的管网无水，雨淋阀由于传动系统中的水压作用而紧紧关闭着。火灾发生时，火灾探测器感受到火灾因素，便立即向控制器送出火灾信号，控制器将信号作声光显示并相应输出控制信号，打开传动管网上的传动阀门，自动地释放掉传动管网中有压水，使雨淋阀上传动水压骤然降低，雨淋阀启动，消防水便立即充满管网经过开式喷头同时喷水。该系统提供了一种整体保护作用，实现对保护区的整体灭火或控火。同时，压力开关和水力警铃以声光报警作反馈指示，消防人员在控制中心便可确认系统是否及时开启。

（2）水幕自动喷水灭火系统。该系统工作原理与雨淋系统不同的是：雨淋系统中使用开式喷头，将水喷洒成锥体状扩散射流，而水幕系统中使用开式水幕喷头，将水喷洒成水帘幕状，如图2.67所示，因此，它不能直接用来扑灭火灾，而是与防火卷帘、防火幕配合使用，对它们进行冷却和提高它们的耐火性能，阻止火势扩大和蔓延。它也可单独使用，用来保护建筑物的门、窗、洞口或在大空间造成防火水帘起防火分隔作用。

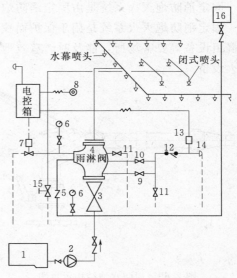

图 2.67 水幕系统示意图

1—水池；2—水泵；3—供水闸阀；4—雨淋阀；
5—止回阀；6—压力表；7—电磁阀；8—按钮；
9—试警铃阀；10—警铃管阀；11—放水阀；
12—滤网；13—压力开关；14—警铃；
15—手动快开阀；16—水箱

（3）水喷雾自动喷水灭火系统。水喷雾自动喷水灭火系统用喷雾喷头把水粉碎成细小的水雾滴之后喷射到正在燃烧的物质表面，通过表面冷却、窒息以及乳化同时作用实现灭火。由于水喷雾具有多种灭火机理，使其具有适用范围广的优点，不仅可以提高扑灭固体火灾的灭火效果，同时由于水雾具有不会造成液体火飞溅、电气绝缘性好的特点，在扑灭可燃液体火灾、电气火灾中均得到了广泛的应用，如飞机发动机实验台、各类电气设备、石油加工场所等。如图2.68所示为变压器水喷雾灭火系统布置示意。

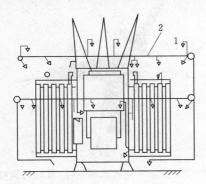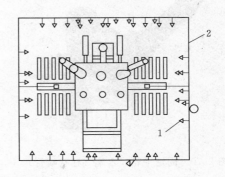

图 2.68 保护变压器时喷头布置示意图

1—水喷雾喷头；2—管路

2.6.3 其他类型灭火系统简介

2.6.3.1 固定消防炮灭火系统

固定消防炮灭火系统是由固定消防炮和配置的系统组件组成的固定灭火系统。

固定消防炮灭火系统是用于保护面积较大、火灾危险性较高而且价值较昂贵的重点工程的群组设备等要害场所，能及时、有效地扑灭较大规模的区域性火灾，灭火威力较大的固定灭火设备。

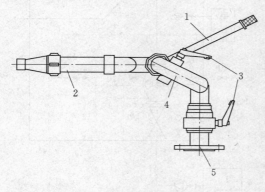

图 2.69　消防水炮结构示意图
1—操作手柄；2—炮管；3—定位锁紧把手；
4—炮体；5—入口法兰

1. 按喷射介质分类

消防炮系统按喷射介质可分为水炮系统、泡沫炮系统和干粉炮系统。

（1）水炮系统。喷射水灭火剂的固定消防炮系统，喷射介质为水，系统主要由水源、消防泵组、管道、阀门、水炮、动力源和控制装置等组成，如图 2.69 所示。水炮系统适用于一般固体可燃物火灾。

（2）泡沫炮系统。喷射泡沫灭火剂的固定消防炮系统，喷射介质为泡沫灭火剂，系统主要由水源、泡沫液罐、消防泵组、泡沫比例混合装置、管道、阀门、泡沫炮、动力源和控制装置等组成。适用于甲、乙、丙类液体火灾、固体可燃物火灾。

（3）干粉炮系统。喷射干粉灭火剂的固定消防炮系统，喷射介质为干粉灭火剂，系统主要由干粉罐、氮气瓶组、管道、阀门、干粉炮、动力源和控制装置等组成。干粉炮系统适用于液化石油气、天然气等可燃气体火灾场所。

2. 按安装形式分类

固定消防炮灭火系统有固定手轮式水炮和固定手柄式水炮两种，如图 2.70 和图 2.71 所示。

图 2.70　固定手轮式水炮（柱状喷管）

图 2.71　固定手柄式水炮（柱/雾状可调喷管）

3. 按控制方式分类

（1）远控消防炮系统。远距离控制的消防炮灭火系统，可分为有线遥控和无线遥控两种方式。适用爆炸危险性高，产生大量有毒气体及强烈热辐射，火灾蔓延面积较大且损失严重的，高度超过 8m 且火灾危险性较大的室内灭火人员难以及时接近或撤离固定消防炮位的场所。

（2）手动消防炮灭火系统。现场手动操作的消防炮灭火系统。由手动消防炮、灭火剂供给装置、管路及阀门、塌架等部件组成。适用热辐射不大，人员便于靠近的场所。

2.6.3.2 泡沫灭火系统

泡沫灭火系统的工作原理是应用泡沫灭火剂，使其与水混溶后产生一种可漂浮、黏附在可燃、易燃液体或固体表面，或者充满某一着火场所的空间，起到隔绝、冷却作用，使燃烧熄灭。

泡沫灭火剂按其成分可分为化学泡沫灭火剂、蛋白质泡沫灭火剂和合成型泡沫灭火剂 3 种类型。

泡沫灭火系统广泛应用于油田、炼油厂、油库、发电厂、汽车库、飞机库和矿井坑道等场所。泡沫灭火系统按其使用方式可分为固定式（图 2.72）、半固定式和移动式 3 种方式。按泡沫喷射方式又可分为液上喷射、液下喷射和喷淋 3 种方式。按泡沫发泡倍数还可分为低倍、中倍和高倍 3 种。

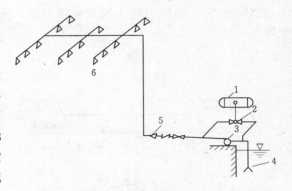

图 2.72 固定式泡沫喷淋灭火系统
1—泡沫液储罐；2—比例混合器；3—消防泵；
4—水池；5—泡沫产生器；6—喷头

2.6.3.3 卤代烷灭火系统

卤代烷灭火系统是将具有灭火功能的卤代烷碳氢化合物作为灭火剂的消防系统。目前这类灭火剂主要有一氯一溴甲烷（CH_2ClBr，简称 1011）、二氟二溴甲烷（CF_2Br_2，简称 1202）、二氟一氯一溴甲烷（CF_2ClBr，简称 1211）、三氟一溴甲烷（CF_3Br，简称 1301）、四氟二溴乙烷（$C_2F_4Br_2$，简称 2402）。

卤代烷灭火系统主要适用于不能用水灭火的场所，如图书档案库、文件资料珍藏室、计算机房、发电机房以及电视发射塔等建筑物。其特点是灭火速度快，对保护物体不产生损坏和污染。

2.6.3.4 CO_2 灭火系统

CO_2 灭火系统是一种纯物理的气体灭火系统。这种灭火系统具有不污损保护物、灭火快、空间淹没效果好等优点。

由于 CO_2 灭火系统可用于扑灭某些气体、固体表面，液体和电器火灾。一般可以使用卤代烷灭火系统场合均可以采用 CO_2 灭火系统，加之卤代烷灭火剂因氟氯施放可破坏地球的臭氧层，为了保护地球环境，CO_2 灭火系统日益被重视，但这种灭火系统造价高，灭火时对人体有害。CO_2 灭火系统不适用于扑灭含氧化剂的化学制品和硝酸纤维、赛璐珞、火药等物质燃烧，不适用于扑灭活泼金属如锂、钠、钾、镁、铝、锑、钛、镉、铀以及钚火灾，也不适用于金属氢化物类物质的火灾。

CO_2 灭火剂是液化气体型；以液相 CO_2 储存于高压（$P \geqslant 6MPa$）容器内。当 CO_2 以气体喷向某些燃烧物时，可产生对燃烧物窒息和冷却作用。

如图 2.73 所示为 CO_2 灭火系统组成部件图。CO_2 灭火系统的组件一般由以下 3 个部分组成：储存装置（一般由储存容器、容器阀、单向阀和集流管以及称重检漏装置等组成）、管道及其附件、CO_2 喷头及选择阀组成。

CO_2 灭火系统按灭火方式有全淹没系统、半固定系统、局部应用系统和移动系统。全淹没系统应用于扑救封闭空间内的火灾；局部应用系统适用于经常有人的较大防护区内，扑救个别易燃设备火灾或室外设备。半固定系统常用于增援固定 CO_2 灭火系统。

2.6.3.5　干粉灭火系统

以干粉作为灭火剂的灭火系统称为干粉灭火系统。如图 2.74 所示，干粉灭火剂是一种干燥的、易于流动的细微粉末，平时储存于干粉灭火器或干粉灭火设备中，灭火时靠加压气体（CO_2 或 N_2）的压力将干粉从喷嘴射出，形成一股携夹着加压气体的雾状粉流射向燃烧物。

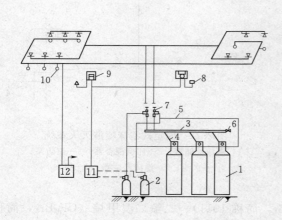

图 2.73　CO_2 灭火系统的组成

1—CO_2 储存容器；2—启动用气容器；3—总管；
4—连接管；5—操作管；6—安全阀；7—选择阀；
8—报警器；9—手动启动装置；10—探测器；
11—控制盘；12—检测盘

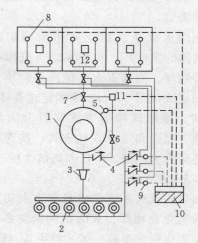

图 2.74　干粉灭火系统的组成

1—干粉储罐；2—N_2 瓶和集气管；3—压力控制器；
4—单向阀；5—压力传感器；6—减压阀；7—球阀；
8—喷嘴；9—启动电瓶；10—消防控制中心；
11—电磁阀；12—火灾探测器

干粉灭火剂主要是对燃烧物质起到化学抑制和烧爆作用，使燃烧物熄灭。干粉灭火剂又分普通型干粉（BC 型）、多用途干粉（ABC 类）和金属专用灭火剂（D 类火灾专用干粉）。灭火剂的选择应根据燃烧物的性质确定。干粉灭火具有历时短、效率高、绝缘好、灭火后损失小、不怕冻、不用水、可长期储存等优点。

干粉灭火系统按其安装方式可分为固定式和半固定式。按其控制启动方法又可分为自动控制、手动控制。按其喷射干粉方式还可分为全淹没和局部应用系统。

设置干粉灭火系统，其干粉灭火剂的储存装置应靠近其保护区，但不能对干粉储存器有形成着火的危险，干粉还应避免潮湿和高温。

2.6.3.6　蒸汽灭火系统

蒸汽灭火工作原理是在火场燃烧区内，向其施放一定量的蒸汽时，可产生阻止空气进入燃烧区效应而使燃烧窒息。这种灭火系统只有在经常具备充足蒸汽源的条件下才能设置。蒸汽灭火系统适用于石油化工、炼油、火力发电等厂房，也适用于燃油锅炉房、重油油品等库房或扑灭高温设备。蒸汽灭火系统具有设备简单、造价低和淹没性好等优点，但不适用于体积大、面积大的火灾区，更不适用于扑灭电器设备、贵重仪表及文物档案等火灾。蒸汽灭火系统组成如图 2.75 所示。

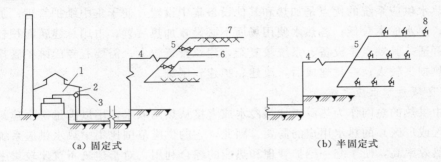

（a）固定式　　　　　　　　　（b）半固定式

图 2.75　固定和半固定式蒸汽灭火系统

1—蒸汽锅炉房；2—生活蒸汽管网；3—生产蒸汽管网；4—输汽干管；
5—配气支管；6—配气管；7—蒸汽幕；8—接蒸汽喷枪短管

　　蒸汽灭火系统也有固定式和半固体式两种类型。固定式蒸汽灭火系统为全淹没式灭火系统，保护空间的容积不大于 500m³ 效果好。半固定式蒸汽灭火系统多用于扑救局部火灾。

　　蒸汽灭火系统宜采用高压饱和蒸汽（$P \leq 0.49 \times 10^6 Pa$），不宜采用过热蒸汽。汽源与被保护区距离一般不大于 60m 为好，蒸汽喷射时间不大于 3min。配气管可沿保护区一侧四周墙面布置，距离宜短不宜太长。管线距地面高度宜在 200～300mm 范围。管线干管上应设总控制阀，配管段上根据情况可设置选择阀，接口短管上应设短管手阀。

　　除以上介绍的消防系统外，还有烟雾灭火系统和 N_2 灭火系统等。建筑物的使用功能不同，其内的可燃物质性质各异，应根据可燃物的物理、化学性质，采取不同的灭火方法和手段，才能达到预期目的。

2.7　建筑热水供应系统

2.7.1　热水供应系统的分类

　　建筑内部热水供应系统按热水供应范围，可分为局部热水供应系统、集中热水供应系统和区域热水供应系统

2.7.1.1　局部热水供应系统

　　在建筑物内各用水点设小型加热设备就地加热，供局部范围内的一个或几个用水点使用的热水系统。例如，采用小型燃气热水器、电热水器、太阳能等，供给单个厨房、浴室、生活间等用水。其热源为电力、煤气、蒸汽等。适用于用水点少、用水量小的建筑。

　　局部热水供应系统的优点是热水输送管路短，热损失小；设备、系统简单，造价低；维护管理方便、灵活；改建、增设较容易。缺点是小型加热器热效率低，制水成本较高；使用不够方便舒适；每个用水场所均需设置加热装置，占用建筑总面积较大。

2.7.1.2　集中热水供应系统

　　在锅炉房和热交换间设加热设备，将冷水集中加热，向一栋或几栋建筑物各配水点供应热水。冷水一般由高位水箱提供，以保证各配水点压力恒定。集中热水供应系统一般适用于热水用量较大，用水点较集中的建筑，如标准较高的居住建筑、旅馆、医院等公共建筑。

　　集中热水供应系统的优点是加热和其他设备集中设置，便于集中维护管理；加热设备热效率较高，热水成本较低；各热水使用场所不必设置加热装置，占用总建筑面积较少；使用较为方便舒适。其缺点是设备、系统较复杂，建筑投资较大；需要有专门维护管理人员；管网较长，热损失较大；一旦建成后，改建、扩建较困难。

2.7.1.3　区域热水供应系统

　　以集中供热的热网作为热源来加热冷水或直接从热网取水，用以满足一个建筑群或一个区域（小区或厂区）的热水用户的需要。因此，它的供应范围比集中热水供应系统还要大得多，而且热效率高，便于统一维护管理和热能的综合利用。对于建筑布置比较集中、热水用水量较大的城市和工业企业，有条件时应优先采用。

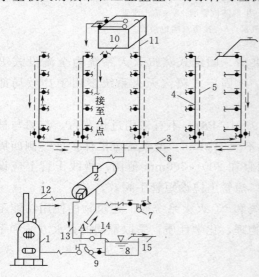

　　区域热水供应系统的优点是便于集中统一维护管理和热能的综合利用；有利于减少环境污染；设备热效率和自动化程度较高；热水成本低，设备总容量小，占用面积少；使用方便舒适，保证率高。缺点是设备、系统复杂，建设投资高；需要较高的维护管理水平；改建、扩建困难。

2.7.2　热水供应系统的组成

　　热水供应系统的组成因建筑类型、规模、热源情况、用水要求、加热和储存设备的情况、建筑对美观和安静的要求等不同情况而异。一个比较完善的热水供应系统，通常由热源、加热设备、热水管网及其他设备和附件组成。

2.7.2.1　热媒系统（第一循环系统）

　　热媒系统由热源、水加热器和热媒管网组成。如图 2.76 所示的热源是蒸汽，加热设备是容积式水加热器。热源可以是高温由锅炉生产的蒸汽通过热媒管网送到水加热器加热冷水，

图 2.76　热媒为蒸汽的集中热水系统的组成
1—锅炉；2—水加热器；3—配水干管；4—配水立管；5—回水立管；6—回水干管；7—循环泵；8—凝结水池；9—冷凝水泵；10—给水水箱；11—透气管；12—热媒蒸汽管；13—凝水管；14—疏水器；15—冷水补水管

经过热交换蒸汽变成冷凝水，靠余压经疏水器流到冷凝水池，冷凝水和新补充的软化水经冷凝水循环泵再送回锅炉加热为蒸汽，如此循环完成热的传递作用。对于区域性热水系统不需设置锅炉，水加热器的热媒管道和冷凝水管道直接与热力网连接。

2.7.2.2　热水管网（第二循环系统）

　　热水管网的作用是将加热设备的热水送至用水设备，热水管网和上部储水箱、冷水管、循环管及水泵等构成第二循环系统。为了保证热水管网中的热水随时保持设计的温度，在某些热水管网中，除设置配水管道外，还需设置热水回水管道，以使管网中的水始终保持一定

的循环流量，补偿管道的热损失。

如图 2.76 所示，热水管网是由配水管道（其中包括配水干管、配水立管和配水支管）及回水管道组成的。虚线所示管道为循环管。

2.7.2.3　附件

附件包括蒸汽、热水的控制附件及管道的连接附件，如温度自动调节器、膨胀罐、管道伸缩器、闸阀、水嘴、疏水器、减压阀、安全阀、循环水泵、各种器材和仪表、管道伸缩器等。

2.7.3　热水供水方式

根据加热冷水的方法，可分为直接加热和间接加热，如图 2.77 所示。

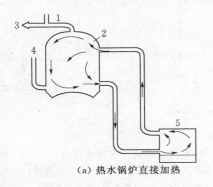
（a）热水锅炉直接加热

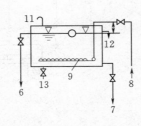
（b）蒸汽多孔管直接加热

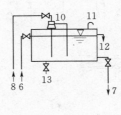
（c）蒸汽喷射器混合直接加热

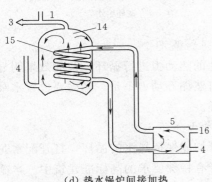
（d）热水锅炉间接加热

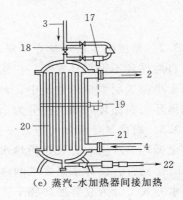
（e）蒸汽-水加热器间接加热

图 2.77　加热方式

1—膨胀管；2—储水罐；3—供热水；4—冷水；5—锅炉；6—给水；7—热水；8—蒸汽；9—多孔管；10—喷射器；
11—通气管；12—溢水管；13—泄水管；14—加热水罐；15—盘管；16—接膨胀管；17—温度自动控制阀；
18—阀门；19—温度控制器；20—排管；21—排管快速式水加热器；22—冷凝水

直接加热也称一次换热，是以燃气、燃油、燃煤为燃料的热水锅炉，把冷水直接加热到所需温度，或者是将蒸汽或高温水通过穿孔管或喷射器直接通入冷水混合制备热水。

间接加热也称二次换热，是将热媒通过水加热器把热量传递给冷水达到加热冷水的目的，在加热过程中热媒（如蒸汽）与被加热水不直接接触。间接加热供水安全、稳定、噪声小、卫生、运行费用低等优点，适用于旅馆、住宅、医院、办公楼等建筑。

2.7.3.1　根据管网压力工况，分为开式系统和闭式系统

开式系统中不需设置安全阀或闭式膨胀水箱，只需设置高位冷水箱和膨胀管或高位开式

加热水箱等附件，管网与大气相通，如图 2.78 所示，适用于要求水压稳定，且允许设高位水箱的热水用户。

闭式系统中管网不与大气相通，冷水直接进入水加热器。系统中需设安全阀、隔膜式压力膨胀罐或膨胀管、自动排气阀等附件，以确保系统安全运行。该系统的优点是管路简单，水质不易受外界污染。但由于系统供水水压稳定性较差，安全可靠性差，一般适用于不设屋顶水箱的热水供应系统，如图 2.79 所示。

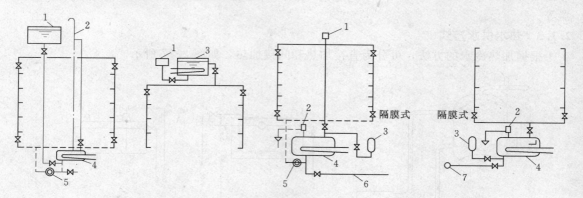

图 2.78　开式热水供水方式图
1—冷水箱；2—膨胀排气管；3—加热水箱；
4—水加热器；5—循环水泵

图 2.79　闭式热水供水方式
1—自动排气阀；2—安全阀；3—压力膨胀罐；
4—水加热器；5—循环水泵；6—给水管；
7—室外给水管

2.7.3.2　根据热水循环动力不同，分为自然循环和强制循环

自然循环不设循环水泵，仅靠冷热水密度差产生的热动力进行循环，节能效果明显，一般用于小型或层数少的建筑中。对于大型建筑物，自然循环动力不足，则需要设置水泵进行强制循环，在循环时间上还分为全日循环和定时循环。

2.7.3.3　根据循环管网的不同分为全循环、半循环和无循环 3 种方式

全循环热水供水方式是指热水干管、立管及支管均能保持热水的循环，打开配水龙头均能及时得到符合设计水温要求的热水，该方式适用于有特殊要求的高标准建筑中。半循环热水供水方式又分为立管循环和干管循环的供水方式。立管循环是指热水干管和立管内均保持有循环热水，打开配水龙头只需放掉支管中少量的存水，就能获得规定水温的热水，该方式多用于设有全日供应热水的建筑和设有定时供应热水的高层建筑中；干管循环是指仅保持热水干管内水的循环，使用前先用循环水泵把干管中已冷却的存水加热，打开配水龙头时只需放掉立管和支管内的冷水就可获得符合要求的热水，多用于采用定时供应热水的建筑中。无循环热水供水方式是指管网中不设任何循环管道，适用于热水供应系统较小，使用要求不高的定时供应系统，如公共浴室、洗衣房等，如图 2.80 所示。

2.7.3.4　按其配水干管位置，可分为上行下给式和下行上给式

配水干管敷设在热水系统的下部，自下而上供应热水，称为下行上给式；配水干管敷设在热水系统的上部，自上而下的供应热水，称为上行下给式。

2.7.3.5　分区热水供应方式

对于高层建筑一般采用分区热水供应方式，其竖向分区原则与冷水供应相同。根据水加

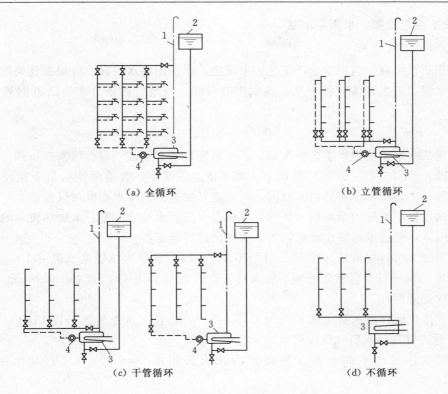

（a）全循环　　　　　　　　　　　（b）立管循环

（c）干管循环　　　　　　　　　　（d）不循环

图 2.80　管网的循环方式

1—膨胀排气管；2—冷水箱；3—水加热器；4—循环水泵

热器设置位置不同可分为集中设置的分区热水供应系统和分散设置的分区热水供应系统。集中设置的分区热水供应系统，各区水加热器、热水循环泵统一布置在地下室、底层辅助建筑或专用设备间内，集中管理，维护方便，对上区噪声影响较小。但由于该系统高区的配水立管、回水管及膨胀管较长，高区水加热器承压较高，一般适用于高度不大于 100m 的高层建筑中。分散设置的分区热水供应系统，各区的水加热器、循环水泵分区设置，因而不需耐高压的水加热器和热水管道等附件，热水立管及回水管较短。但是由于设备分散布置，具有维护管理不便，防噪声要求高，

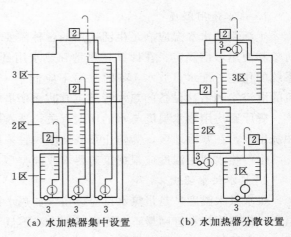

（a）水加热器集中设置　（b）水加热器分散设置

图 2.81　高层建筑分区热水供应方式

1—水加热器；2—冷水箱；3—循环水泵

热媒管道长等缺点，一般适用于高度在 100m 以上的超高层建筑，高层建筑分区热水供应方式如图 2.81 所示。

　　建筑物内热水供水方式的选择应根据热水供应系统的选用条件、建筑物的用途、使用要求、热水用水量、耗热量和用水点分布情况，进行技术和经济比较后确定。

2.7.4 热水用水定额、水质与水温

2.7.4.1 热水用水定额

生产用热水定额，应根据生产工艺要求确定。生活用热水定额，应根据建筑物的使用性质、热水水温、卫生设备完善程度、热水供应时间、当地气候条件和生活习惯等因素合理确定。

2.7.4.2 热水水质

生产用热水水质按生产工艺要求而定，生活用热水水质必须符合国家颁布的《生活饮用水卫生标准》（GB 5749—2006）的规定。热水供应系统中，管道的结垢是个比较普遍的问题，而水的硬度是引起结垢的根本原因，因而应对加热前的冷水硬度加以控制。

集中热水供应系统的原水的水处理，应根据水质、水量、水温、水加热设备的构造、使用要求等因素，经技术经济比较后，按下列规定进行确定：

（1）当洗衣房日用水量（按 60℃ 计）不小于 10m³ 且原水总硬度（以 $CaCO_3$ 计）大于 300mg/L 时，应进行水质软化处理；原水总硬度（以 $CaCO_3$ 计）为 150～300mg/L 时，宜进行水质软化处理；

（2）其他生活日用水量（按 60℃ 计）不小于 10m³ 且原水总硬度（以 $CaCO_3$ 计）大于 300mg/L 时，宜进行水质软化或阻垢缓蚀处理；

（3）经软化处理后的水质总硬度宜为洗衣房用水 50～100mg/L；其他用水 75～150mg/L。

（4）当系统对溶解氧控制要求较高时，宜采取除氧措施。

2.7.4.3 热水水温

1. 热水使用温度

生活用热水水温应满足生活使用的各种需要。淋浴器使用水温，应根据气候条件、使用对象和使用习惯确定。在计算耗热量和热水用量时，一般按 40℃ 计算。设有集中热水供应系统的住宅、配水点放水 15s 的水温不应低于 45℃。对养老院、精神病医院和幼儿园等建筑的淋浴室和浴盆设备的热水管道应有防烫伤措施。

餐厅厨房用热水温度与水的用途有关，洗衣机用热水温度与洗涤衣物的材质有关，汽车冲洗用水，在寒冷地区，为防止车身结冰，宜采用 20～25℃ 的热水。

生产热水使用温度应根据工艺要求或同类型生产实践数据确定。

2. 热水供水温度

热水供水温度，是指热水供应设备（如热水锅炉和水加热器等）的出口温度。最低供水温度，应保证热水管网最不利配水点的水温不低于使用水温要求。最高供水温度，应便于使用，过高的供水温度虽可增加蓄热量，减少热水供应量，但也会增大加热设备和管道的热损失，增加管道腐蚀和结垢的可能性，并易引发烫伤事故。

2.7.5 热水系统的热源、加热设备与储热设备

2.7.5.1 热水系统热源的选择

热水系统热源的选择，应根据使用要求、耗热量及用水点分布情况，结合热源条件确定。目前在热水供应系统中采用的热源，主要是由燃气、燃油和燃煤，通过锅炉产出的蒸汽或热水，有条件时应充分采用地热、太阳能、工业余热和废热。

2.7.5.2　热水系统的加热和储热设备

1. 加热水箱

在热水箱内设多孔管（图 2.82）和汽-水喷射器（图 2.83），用蒸汽直接加热冷水。与间接加热系统相比，由于蒸汽直接与冷水接触，故加热迅速，加热设备亦较简单。但噪声较大，凝结水不能回收，常需较大的锅炉及水处理设备，故运行管理费用增加。

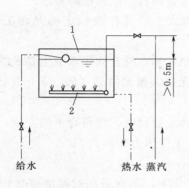
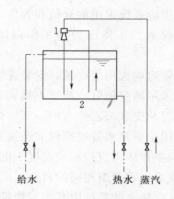

图 2.82　多孔管加热方式　　　　　图 2.83　汽-水喷射器加热方式
　　　1—水箱；2—多孔管　　　　　　　1—喷射器；2—加热水箱

2. 热水锅炉

某些小型热水供应系统，可以用热水锅炉直接制备热水供使用，这也是一种直接加热式系统，锅炉的能源有燃煤、燃气、燃油和电能等。

3. 太阳能热水器

太阳能热水器也是一种把太阳光的辐射能转为热能来加热冷水的直接加热热水装置。它的构造简单，加工制造容易，成本低，便于推广应用。可以提供 40～60℃ 的低温热水，适用于住宅、浴室、饮食店、理发馆等小型局部热水供应。

4. 容积式水加热器

容积式水加热器是一种既能把冷水加热，又能储存一定量热水的换热设备，有立式与卧式两种，如图 2.84 所示。它主要由外壳、加热盘管和冷热流体进出口等部分构成。同时还装有压力表、温度计和安全阀等仪表、阀件。高压蒸汽（或高温水）从上部进入排管，在流动过程中，即可把水加热，然后变成凝结水（或回水）从下部流出排管。

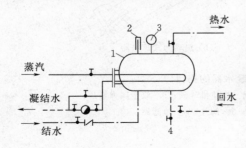

图 2.84　容积式水加热器
1—容积式水加热器；2—温度计；3—压力表；4—泄水阀

5. 热水储水箱（罐）

热水储水箱（罐）是一种专门调节热水量的容器，可在用水不均匀的热水供应系统中使用，以调节水量，稳定出水温度。

2.7.6 热水供应系统的管材和附件

2.7.6.1 热水供应系统的管材

（1）热水供应系统采用的管材和管件，应符合现行产品标准的要求。

（2）热水管道的工作压力和工作温度不得大于产品标准标定的允许工作压力和工作温度。

（3）热水管道应选用耐腐蚀，安装连接方便可靠，符合饮用水卫生要求的管材及相应的配件。一般可采用薄壁铜管、薄壁不锈钢管、无规共聚聚丙烯（PP‑R）管、聚丁烯（PB）管、铝塑复合管及交联聚乙烯（PE‑X）管等。

（4）当选用塑料热水管或塑料和金属复合热水管材时，应符合下列要求：

1）管道的工作压力应按相应温度下的允许工作压力选择。

2）管件宜采用和管道相同的材质。

3）定时供应热水的系统因其水温周期性变化大，不宜采用对温度变化较敏感的塑料热水管。

4）设备机房内的管道不应采用塑料热水管。

2.7.6.2 热水供应系统的附件

1. 疏水器

热水供应系统以蒸汽作热媒间接加热的水加热器、开水器时，为保证热凝结水及时排放，同时又防止蒸汽漏失，在用汽设备（如水加热器和开水器等）的凝结水回水管上应设疏水器。当水加热器的换热能确保凝结水回水温度不大于 80℃ 时，可不装疏水器。蒸汽立管最低处，蒸汽管下凹处的下部宜设疏水器。疏水器的构造如图 2.85 所示。

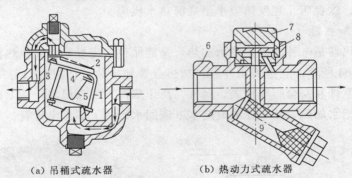

（a）吊桶式疏水器　　　　（b）热动力式疏水器

图 2.85　疏水器的构造

1—吊桶；2—杠杆；3—珠阀；4—快速排气阀；5—双金属弹簧片；
6—阀体；7—阀盖；8—阀片；9—过滤器

2. 自动温度调节器

热水系统中热水温度的控制，主要是加热器出口温度的控制，一般大型热水供应系统中采用直接式自动温度调节器或间接式自动温度调节器。

如图 2.86 所示为直接式自动温度调节器构造图，由温包、感温元件和调压阀组成，温包安装在加热器出口处，内部装有沸点较低的液体，当温包内水温变化时，温包感受温度的变化，并产生压力升降，传导到装设在蒸汽管上的调压阀，自动调节进入水加热器的蒸汽量，达到控制温度的目的。

　　如图 2.87 （a）所示为直接式自动温度调节器安装图。如图 2.87 （b）所示为间接式自动温度调节器，由温包、电触点温度计、电动调压阀组成，若加热器出口水温高于设计要求，电动阀门关小减少热媒进量，若加热器出口水温低于设计要求，电动阀门开大，增加热媒进量，达到自动调节加热器出口水温的目的。

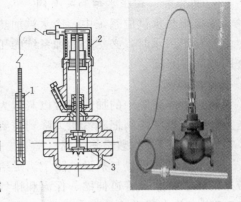

图 2.86　直接式自动温度调节器构造
1—温包；2—感温元件；3—调压阀门

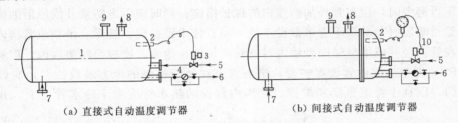

（a）直接式自动温度调节器　　　　　（b）间接式自动温度调节器

图 2.87　温度调节器安装示意图
1—加热设备；2—温包；3—自动调节器；4—疏水器；5—蒸汽；
6—凝结水；7—冷水；8—热水；9—安全阀；10—电动调节阀

3. 自动排气阀

排除管网中热水汽化产生的气体以保证管网内热水畅通。从热水中分离出来的气体，聚集在管网的顶端，若系统为下行上给式，则气体可通过最高处配水龙头直接排出；若系统为上行下给式，则应在配水干管的最高部位设置排气阀，以免聚集的气体影响热水的流动。

4. 自然补偿管道和伸缩器

热水供应系统中管道因受热膨胀而伸长，为保证管网使用安全，在热水管网上应采取补偿管道温度伸缩的措施，以避免管道因为承受了超过自身所许可的内应力而导致弯曲甚至破裂。

补偿管道热伸长技术措施有两种：自然补偿和设置伸缩器补偿。自然补偿即利用管道敷设自然形成的 L 形或 Z 形弯曲管段来补偿管道的温度变形。通常的做法是在转弯前后的直线段上设置固定支架，让其伸缩在弯头处补偿。

在直线管段较长，不能依靠管路弯曲的自然补偿作用时，每隔一定的距离应设置不锈钢波纹管、方型伸缩器、套管伸缩器、球形伸缩器、多球橡胶软管等伸缩器来补偿管道伸缩量。热水管道系统中使用最方便、效果最佳的是波形伸缩器，即由不锈钢制成的波纹管，用法兰或螺纹连接，具有安装方便、节省面积、外形美观及耐高温、耐腐蚀及寿命长等优点。

另外，近年来也有在热水管中安装可曲挠橡胶接头代替伸缩器的做法，但必须注意采用耐热橡胶。

5. 膨胀管、膨胀水罐和安全阀

在集中热水供应系统中，冷水被加热后，水的体积要膨胀，如果热水系统是密闭的，在卫生器具不用水时，必然会增加系统的压力，有胀裂管道的危险，因此需要设置膨胀管、安全阀或膨胀水罐。

6. 减压阀

热水供应系统中的加热器常以蒸汽为热媒，若蒸汽管道供应的压力大于水加热器的需求压力，则应设减压阀把蒸汽压力降到需要值，才能保证设备使用安全。

2.7.7 热水系统的敷设与保温

热水管网的布置与敷设，除了满足给（冷）水管网敷设的要求外，还应注意由于水温高带来的体积膨胀、管道伸缩、保温和排气等问题。

2.7.7.1 热水管网的敷设

热水管网同给（冷）水管网，有明装和暗装两种敷设方式。铜管、薄壁不锈钢管、衬塑钢管等可根据建筑、工艺要求暗装或明装。塑料热水管宜暗装；明装的立管宜布置在不受撞击处，如不可避免时，应在管外加防撞击的保护措施；同时应考虑防紫外线照射的措施。

热水管道暗装时，其横干管可敷设于地下室、技术设备层、管廊、吊顶或管沟内，其立管可敷设在管道竖井或墙壁竖向管槽内，支管可预埋在地面、楼板面的垫层内，但铜管和聚丁烯管（PB）埋于垫层内宜设保护套，暗装管道在便于检修的地方装设法兰，装设阀门处应留检修门，以利于管道更换和维修。管沟内敷设的热水管应置于冷水管之上，并且进行保温。

热水管道穿过建筑物的楼板、墙壁和基础处应加套管，穿越屋面及地下室外墙时，应加防水套管，以免管道膨胀时损坏建筑结构和管道设备。当穿过有可能发生积水的房间地面和楼板面时，套管应高出地面 50～100mm。热水管道在吊顶内穿墙时，可预留孔洞。

上行下给式系统配水干管最高点应设排气装置（自动排气阀，带手动放气阀的集气罐和膨胀水箱）；下行上给式配水系统，可利用最高配水点放气，系统最低点应设泄水装置，有可能时也可利用最低配水点泄水。

下行上给式热水系统设有循环管道时，循环立管应在最高配水点以下 0.5m 处与配水立管连接。上行下给式热水系统只需将循环管道与各立管连接。

热水管应有不小于 0.003 的坡度，配水横干管应沿水流方向上升，利于管道中的气体向高点聚集，便于排放；回水横管应沿水流方向下降，便于检修时泄水和排除管内污物。

室外热水管道一般为管沟内敷设，当不可能时，也可直埋敷设，其保温材料为聚氨酯硬质泡沫塑料，外做玻璃钢管壳，并做伸缩补偿处理。直埋管道的安装与敷设还应符合有关直埋供热管道工程技术规程的规定。

热水立管与横管连接时，为避免管道伸缩应力破坏管网，应设乙字弯管，如图 2.88 所示。

为了调节水量、水压、水温及检修的需要，在配水或回水管道的分干管处，配水立管和回水立管的端点，以及居住建筑和公共建筑中从立管接出的支管上，均应设阀门。热水管道中水加热器或储水器的冷水供水管上，机械循环第二循环回水管上以及冷热水混合器的冷、热水供水管上，应设止回阀，以防止加热设备内水倒流被泄空，或防止冷水进入热水系统影响配水点的供水温度，或防止冷热水相互串水，如图 2.89 所示。

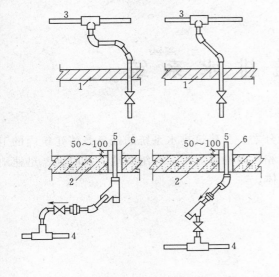

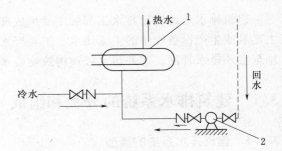

图 2.88　热水立管与水平干管的连接方式
1—吊顶；2—地板或沟盖板；3—配水横管；
4—回水管；5—立管；6—套管

图 2.89　热水管道上止回阀的位置
1—水加热器；2—循环水泵

2.7.7.2　热水供应系统的保温

热水系统中，对管道和设备进行保温的主要目的是减少介质在输送过程中的热散失，使得蒸汽和热水管道保温后外表面温度不致过高，以避免大量的热散失、烫伤或积尘等，为人们创造良好的工作和生活条件。

保温材料的选择的原则：导热系数低、具有较高的耐热性、不腐蚀金属、材料密度小并具有一定的孔隙率、低吸水率并具有一定的机械强度、易于施工、就地取材、成本低等。

热水配、回水管、热媒水管常用的保温材料为岩棉、超细玻璃棉、橡胶泡沫等。水加热器、开水器等设备采用岩棉制品、硬聚氨酯发泡塑料等保温时，保温层厚度可为 35mm。

不论采用何种保温材料，在施工保温前，均应将金属管道和设备进行防腐处理，将表面清除干净，刷防锈漆两遍。同时为增加保温结构的机械强度和防水能力，应视采用的保温材料在保温层外设保护层。

复 习 思 考 题

1. 建筑给水系统按用途可分为哪几类？
2. 建筑给水系统由哪几部分组成？
3. 如何计算建筑给水系统所需水压？
4. 低层建筑给水方式如何选用？
5. 常用高层建筑内部给水方式有哪几种？其主要特点是什么？
6. 简述消火栓灭火系统和自动喷水灭火系统的组成。
7. 简述集中热水供应系统的组成。
8. 热水的加热方式有哪些？

第3章 建筑排水系统

建筑排水是建筑给排水工程的主要组成部分之一。建筑排水系统的任务是将建筑内的卫生器具或生产设备收集的生活污水、工业废水和屋面的雨雪水，有组织地、及时地、迅速地排至室外排水管网、室外污水处理构筑物或水体。

3.1 建筑排水系统的分类和组成

3.1.1 建筑排水系统的类型

根据所排除污水的性质，建筑内部排水系统可分为三类。

3.1.1.1 生活污水排水系统

排除人们日常生活过程中产生的污（废）水的管道系统，包括粪便污水排水管道及生活废水排水管道。

（1）粪便污水排水管道。排除从大小便器（槽）及用途与此相似的卫生设备排出的污水，其中含有粪便、便纸等较多的固体物质，污染严重。

（2）生活废水排水管道。排除从洗脸盆、浴盆、洗涤盆、淋浴器、洗衣机等卫生设施排出的废水，其中含有一些洗涤下来的细小悬浮杂质，比粪便污水干净一些。

3.1.1.2 工业废水排水系统

排除生产过程中产生的污（废）水的管道系统，包括生产废水排水管道及生产污水排水管道。

（1）生产废水排水管道：排除使用后未受污染或轻微污染以及水温稍有升高，经过简单处理即可循环或重复使用的工业废水，如冷却废水、洗涤废水等。

（2）生产污水排水管道：排除在生产过程受到各种较严重污染的工业废水。如酸、碱废水，含酚、氰废水等，也包括水温过高，排放后造成热污染的工业废水。

3.1.1.3 屋面雨水排水系统

排除降落在屋面的雨水、冰雪融化水的管道系统。

3.1.2 建筑排水体制的选择

与城市排水管网相同，建筑物内部的各种污水、废水，如果分别设置管道排出建筑物外，称为建筑分流制排水；如果将其中两类或者三类污水、废水用同一条管道排出，则称建筑合流制排水。建筑内部排水分流或合流体制的确定，应根据污水性质，污染程度，结合建筑物外部的排水体制，综合考虑经济技术情况、中水系统的开发、污水的处理要求、有利于综合利用等方面因素。

1. 建筑内下列情况下，应采用分流制，建筑物内设置单独管道将污、废水排出

（1）生活污水需经化粪池处理后才能排入市政排水管道。

（2）生活废水需回收利用。

（3）建筑物的使用性质对室内卫生标准要求较高。

2. 下列情况下，建筑排水应单独排至水处理或回收构筑物

（1）含有大量油脂的餐饮业和厨房洗涤水。

（2）含有大量致病菌或含有放射性元素超过排放标准规定浓度的医院污水。

（3）含有大量机油类的汽车修理间排出废水。

（4）水温度超过 40℃ 的锅炉、水加热器等设备排水。

（5）用作中水源的生活排水。

3. 下列情况下，可采用合流制

（1）城镇有污水处理厂时，生活废水不考虑回用，生活污水和生活废水宜采用统一管道排出。

（2）工业建筑中生产废水与生活污水性质相似时。

4. 此种情况下，可设置雨水储存池

建筑雨水管道一般单独设置，在水源紧缺地区，可设置雨水储存池。

3.1.3　建筑排水系统的组成

建筑排水系统的任务是安全、迅速地将污废水排除到室外，并能维持系统气压稳定，同时将管道系统内有毒有害气体排到一定空间以防止对室内环境产生污染。

建筑内部排水系统一般由卫生器具或生产设备受水器、排水管系、通气管系、

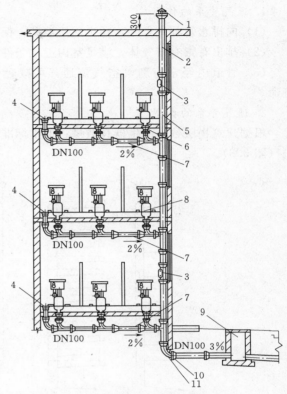

图 3.1　建筑内部排水系统的组成

1—风帽；2—通气管；3—检查口；4—清扫口；5—排水立管；6—器具排水管；7—排水横支管；8—大便器；9—检查井；10—排出管；11—出户大弯管

清通设备、污水抽升设备、室外排水管道及污水局部处理设施等部分组成（图 3.1）。

3.1.3.1　卫生器具或生产设备受水器

卫生器具是建筑内部排水系统的起点，接纳各种污、废水后经过存水弯和器具排出管流进排水横支管。建筑内的卫生器具应具备内表面光滑、不渗水、耐腐蚀、耐冷热、耐磨损、便于清洁卫生、有一定强度等特性。

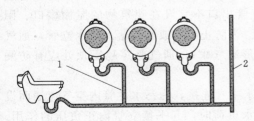

图 3.2　器具排水管

1—器具排水管；2—排水立管

3.1.3.2　排水管系

由器具排水管（连接卫生器具和横支管之间的一段短管，除坐式大便器外，其中包括存水弯，如图 3.2 所示）、有一定坡度的横支管、立管、敷设在地下的总干管和排出到室外的排出管等组成。其作用是将污、废水能迅速安全地排除到室外。

3.1.3.3　通气管系

建筑内的污水、废水一般是以重力流的方式

排至室外的。为了保证排水管系良好的工作状态，排水管系应和大气相通，以维持管系内气压恒定，实现重力流状态。通气管系是与排水管系相连通的一个系统，但是其内部只通气、不通水，主要功能为加强排水管系内部气流循环流动，控制排水管系内压力的变化。

1. 通气管系的作用

（1）向排水管补充空气，减少气压波动，保护水封。

（2）排出有毒有害气体，满足室内卫生条件。

（3）管道内经常有新鲜空气流通，可减轻管道内废气对管道的腐蚀，延长管道使用寿命。

2. 通气管系的类型

根据建筑物层数、卫生器具数量、卫生标准等情况的不同，通气管系可分为以下几种类型（图 3.3）。

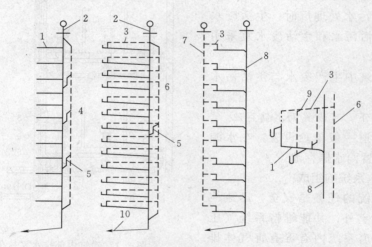

图 3.3　几种典型通气管型式

1—污水横支管；2—伸顶通气管；3—环形通气管；4—专用通用管；5—结合通气管；
6—主通气立管；7—副通气立管；8—污水立管；9—器具通气管；10—排出管

（1）伸顶通气管。对于建筑层数不高、卫生器具不多的建筑物。一般将排水立管上端延伸出屋面，用来通气及排除排水管系内的臭气。污水立管顶端延伸出屋面的管段（自立管最高层检查口向上算起）称为伸顶通气管，为排水管系最简单，最基本的通气方式。

伸顶通气管应高出屋面 0.30m 以上，并应大于当地最大积雪厚度。对于平屋顶，若经常有人逗留活动，则通气管应高出屋面 2m。在通气管出口 4m 以内有门、窗时，通气管应高出门、窗顶 0.60m 或引向无门、窗的一侧。通气管出口不宜设在建筑物的屋檐檐口、阳台、雨篷等的下面，以免影响周围空气的卫生条件。为防止雨雪或脏物落入排水立管，通气管顶端应装网形或伞形通气帽（寒冷地区应采用伞形通气帽），通气管穿越屋顶处应有防漏措施。

（2）专用通气立管。专用通气立管是指仅与排水主管连接，为污水主管内空气流通而设置的垂直通气管道。适用于立管总负荷超过允许排水负荷时，起平衡立管内正负压的作用。实践证明，这种做法对于高层民用建筑的排水支管承接少量卫生器具时，能起保护水封的作用，采用专用通气立管后，污水立管排水能力可增加一倍。专用通气管应每隔两层设结合通气管与排水立管连接，其上端可在最高层卫生器具上边缘或检查口以上与污水立管通气部分以斜三通连接，下端应在最低污水横支管以下与污水立管以斜三通连接。

（3）主通气立管。主通气立管是指为连接环形通气管和排水立管，并为排水支管和排水主管内空气流通而设置的垂直管道。当主通气管通过环形通气管，每层都已和污水横管相连时，就不必按专用通气立管和污水立管的连接要求，而可以每隔8～10层设结合通气管与污水立管相连。

（4）副通气立管。副通气立管是指仅与环形通气管连接，为使排水横支管内空气流通而设置的通气管道。其作用同专用通气管，设在污水立管对侧。

（5）器具通气管。器具通气管是指一端与卫生器具存水弯出口相连，另一端在卫生顶缘以上至通气立管的那一段通气管，可以防止卫生器具产生自虹吸现象和噪声。器具通气管适用于对卫生标准和控制噪声要求较高的排水系统，如高级宾馆等建筑。具体做法是，在卫生器具存水弯出口端，按不小于0.01的坡度向上与通气立管相连，器具通气管应在卫生器具上边缘以上不少于0.15m处和主通气主管连接。

（6）环形通气管。环形通气管指在多个卫生器具的排水横支管上，从开始端卫生器具的下游端接至通气立管的那一段通气管段，如图3.4所示。它适用于横支管上所负担的卫生用具数量超过允许负荷的情况，公共建筑中的集中卫生间或盥洗间，其污水支管上的卫生用具往往在4个或4个以上，且污水管长度与主管的距离大于12m，或同一污水支管所连接的大便器在6个或6个以上。

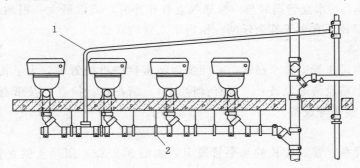

图3.4　环形通气管
1—环形通气管；2—支吊架

该管应在卫生器具上边缘以上不小于0.15m处，按不小于0.01的上升坡度与主通气立管相连。

（7）结合通气管。结合通气管是指排水立管与通气立管的连接管段，又称共轭管，如图3.5所示。其作用是当上部横支管排水，水流沿立管向下流动时，水流前方空气被压缩，通过它释放被压缩的空气至通气立管。结合通气管下端宜在排水横支管以下与排水立管以斜三通连接，上端可在卫生器具上边缘以上不小于0.15m处与主通气立管以斜三通连接。10层以上的建筑，应在自顶层以下每隔6～8层处设置结合通气管，连接排水立管与通气立管，加强通气能力。

3.通气管的管径

通气管管径应根据排水管排水能力、管道长度决定，一般不小于排水管管径的1/2。

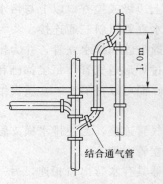
（a）结合通气管示意图

（b）结合通气管实物图

图 3.5　结合通气管

伸顶通气管的管径一般与排水立管的管径相同或比排水管管径小一级。但是在最冷月平均气温低于－13℃的地区，应从室内平顶或吊顶下 0.30m 处开始安装，通气管径应较排水立管管径大一级，以免管中结霜而缩小或阻塞管道断面。

专用通气立管管径应比最底层污水立管管径小一级。结合通气管管径不得小于所连接的较小一根立管的管径。

污水立管与通气立管之间的连接管管径不宜小于通气立管管径。

2 个及 2 个以上污水立管同时与一根通气立管相连时，应以最大一根污水立管确定通气立管管径，且其管径不宜小于其余任何一根污水立管的管径。

3.1.3.4　清通设备

为了保持室内排水管道排水畅通，必须加强经常性的维护管理，为了检查和疏通管道，在排水管道系统上需设清通设备。一般有：检查口、清扫口、检查井及带有清通门（盖板）的 90°弯头或三通接头等设备。

1. 检查口

检查口一般设在立管及较长的水平管段上，如图 3.6（a）所示。供立管或立管与横支管连接处有异物堵塞时清掏用，多层或高层建筑的排水立管上，每隔两层设一个，检查口间距不大于 10m。但在立管的最低层和设有卫生器具的两层以上，坡顶建筑物的最高层必须设置检查口，平顶建筑可用通气口代替检查口。检查口设置高度一般距地面 1m，并应高于卫生器具上边缘 0.15m。

2. 清扫口

清扫口一般设于横支管，如图 3.6（b）所示。当污水横管连接 2 个及 2 个以上的大便器或 3 个及 3 个以上的卫生器具时，应在横管的起端设置清扫口，也可采用带螺栓盖板的弯头、带堵头的三通配件作清扫口。清扫口安装不应高出地面，必须与地面持平，为了便于清掏，应与墙面应保持一定距离，一般不宜小于 0.15m。

3. 检查井

对于不散发有害气体或大量蒸汽的工业排水管道，在管道转弯、变径处和坡度改变及连接支管处，可在建筑物内设检查井，如图 3.6（c）所示。在直线管段上，排除生产废水时，检查井的距离不宜大于 30m；排除生产污水时，检查井的距离不宜大于 20m。对生活污水管道，在建筑物内不宜设检查井。

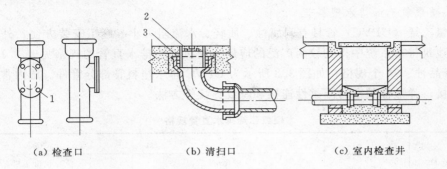

（a）检查口　　　　　　　　（b）清扫口　　　　　　　　（c）室内检查井

图 3.6　清通设备
1—螺钉；2—铜清扫口盖；3—铸铁清扫口身

3.1.3.5　污水抽升设备

当建筑物内的污、废水不能自流排至室外时，要设置污水抽升设备。

3.1.3.6　室外排水管道

自排出管接出的第一检查井后至城市排水管网或工业企业排水主干管间的排水管段为室外排水管道，其任务是将室内的污、废水排至市政或工厂的排水管道中去。

3.1.3.7　污水局部处理设备

当室内污水未经处理不允许直接排入城市排水系统或水体时，而设置的局部水处理构筑物。另外，当室外没有无排水管网或有排水管网而无污水处理厂时，室内污水也要经过局部处理后才能就近排入水体、渗入地下或排至室外排水管网。主要类型有：化粪池（图 3.7）、隔油池、降温池及沉淀池等。

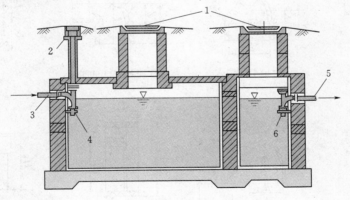

图 3.7　化粪池
1—进盖及盖座；2—清扫口；3—进水管；4—支管；5—出水管；6—支架

3.2　建筑排水管材、附件及卫生器具

建筑内部的排水管道通常采用硬聚氯乙烯（UPVC）排水管，对于高层建筑一般采用柔性接口排水铸铁管，室外埋地排水管常采用埋地 UPVC 排水管和混凝土管。

3.2.1 建筑排水管材

3.2.1.1 硬聚氯乙烯排水塑料管

硬聚氯乙烯（UPVC）管具有耐腐蚀、质轻、水流阻力小、施工安装方便、外表美观等优点，在建筑排水系统中得到较为广泛的应用。硬氯乙烯排水直管的规格见表 3.1，管件共有 20 多个品种、76 个规格，如图 3.8 所示为 UPVC 排水塑料管部分管件。国内常用的连接方式有黏接、弹性橡胶密封圈柔性连接和螺纹连接等方法。

表 3.1　　　　　　　　　　　　　　硬氯乙烯排水直管规格

公称外径 D	平均外径极限偏差	直　管			
		壁厚 e		长度 L	
		基本尺寸	极限偏差	基本尺寸	极限偏差
40	+0.30	20	+0.40		
50	+0.30	20	+0.40		
75	+0.30	23	+0.40		
90	+0.30	32	+0.40	4000 或 6000	−10
110	+0.30	32	+0.60		
125	+0.40	32	+0.60		
160	+0.50	40	+0.60		

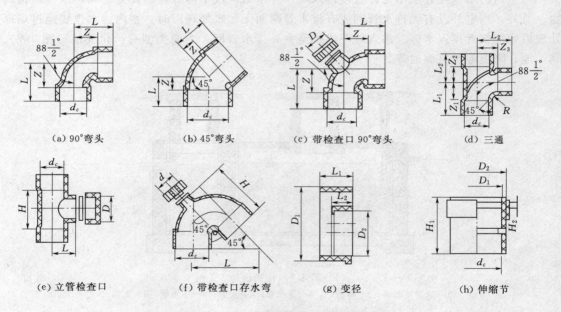

图 3.8　UPVC 排水塑料管部分管件示意图

3.2.1.2 排水铸铁管

1. 普通排水铸铁管

普通铸铁管是建筑内部排水系统的主要管材，有排水铸铁承插口直管、排水铸铁双承插直管，具有管箍、弯头、三通、四通、存水弯和检查口等管件（图 3.9）。

（a）承插 45°弯头

（b）承插 90°弯头

（c）承插 22.5°弯头

（d）双承 90°弯头

（e）双盘 90°弯头

（f）承盘短管

（g）插盘短管

（h）套管

（i）承插三通

（j）承插盘三通

（k）三盘三通

（l）承插内丝三通

图 3.9　常用铸铁排水管件

2. 柔性接口排水铸铁管

高层建筑以及地震区建筑排水管宜采用柔性接口，让其在内水压下具有良好的曲挠性和伸缩性，以适应建筑楼层间变位导致的轴向位移和横向曲挠变形，防止管道裂缝、折断。目前国际上通用的柔性接口铸铁管直管和管件，按其接口型式分为 A 形柔性接口（法兰压盖连接）和 W 形柔性接口（管箍连接）两种，简称 A 形和 W 形。A 形柔性接口如图 3.10（a）所示，W 形柔性接口如图 3.10（b）所示。

（a）A 形柔性接口

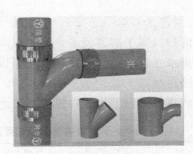
（b）W 形柔性接口

图 3.10　柔性接口排水铸铁管

3.2.2　排水附件

排水附件一般是指存水弯、检查口、清扫口、地漏和通气帽等。

3.2.2.1　存水弯

存水弯的作用是在其内形成一定高度的水封，通常为 50～100mm，以阻止排水系统中的有毒有害气体或虫类进入室内，保证室内的环境卫生，如图 3.11 所示。存水弯的类型主要有S形、P形和U形，如图3.12所示。

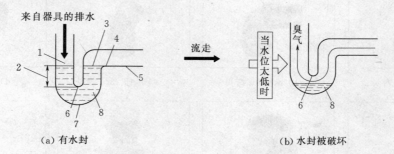

（a）有水封　　　　　　　　　　　　　（b）水封被破坏

图 3.11　存水弯原理图

1—流入面；2—水封深度；3—流出面；4—溢出口；5—器具排水管；
6—弯管内顶部；7—水底面；8—存储的水

　　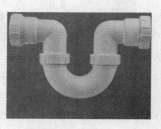

（a）P形存水弯　　　　　　（b）S形存水弯　　　　　　（c）U形存水弯

图 3.12　存水弯型式

S形存水弯常用在排水支管与排水横管垂直连接的部位；P形存水弯常用在排水支管与排水横管和排水立管不在同一平面位置而需连接的部位；U形存水弯常用在横交管处。如需把存水弯设在地面以上时，为满足美观要求，存水弯还有瓶式存水弯、存水盒等不同类型。

3.2.2.2　检查口与清扫口

检查口和清扫口属于清通设备，为了保障室内排水管道排水畅通，如遇堵塞应能方便疏通。因此，在排水立管和横管上都应设清通设备。

具体内容已在第3.1.2.4小节详细说明，此处不再赘述。

污水横管的直线管段上检查口或清扫口之间的最大距离，按表3.2确定。

表 3.2　　　　　　　　污水横管直线管段上检查口或清扫口之间的最大距离

管径/mm	生产废水/m	生活污水或与生活污水成分接近的生产污水/m	含有大量悬浮物和沉淀物的生产污水/m	清扫设备的种类
50～75	15	12	10	检查口
50～75	10	8	6	清扫口
100～150	20	15	12	检查口
100～150	15	10	8	清扫口
200	25	20	15	检查口

3.2.2.3 地漏

地漏一般设置在经常有水溅落的地面、有水需要排除的地面和经常需要清洗的地面，如盥洗室、淋浴间、厕所、卫生间等，设置洗浴器和洗衣机的部位应设置地漏，并要求布置洗衣机的部位宜采用防止溢流和干涸的专用地漏。地漏应设置在易溅水的卫生器具附近的最低处，其地漏箅子应低于地面5～10mm，带有水封的地漏，其水封深度不得小于50mm。直通式地漏下必须设置存水弯。禁用钟罩（扣碗）式地漏。常用地漏如图3.13所示。

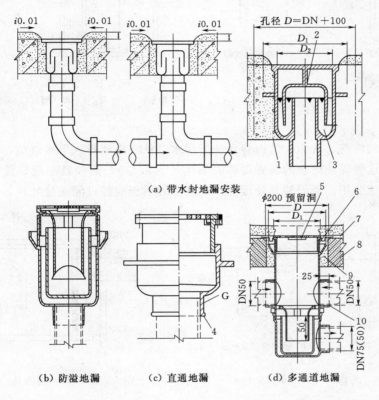

图 3.13　常用地漏示意图

1—细石混凝土；2—活动钟罩；3—水封；4—螺纹连接；5—洗衣机插口；
6—调节段；7—面层；8—楼板；9—C20细石混凝土
分层嵌实；10—粘接

3.2.2.4 通气帽

在通气管顶端应设通气帽，以防止杂物进入管内。其型式一般有球形、伞形两种，如图3.14所示。球形通气帽采用20号铁丝编绕成螺旋形网罩，适用于气候较暖和的地区；伞形通气帽采用镀锌铁皮制成，适用于冬季室外温度低于−12℃的地区，可避免因潮气结霜封闭网罩而堵塞通气口。

3.2.2.5 其他附件

1. 滤毛器和集污器

滤毛器和集污器常设在理发室、游泳池和浴室内，挟带着毛发或絮状物等的污水先通过滤毛器或集污器后排入管道，以防管道堵塞，如图3.15和图3.16所示。

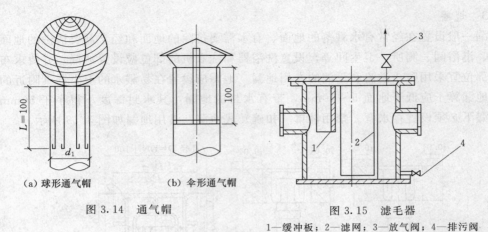

（a）球形通气帽　　　　　（b）伞形通气帽

图 3.14　通气帽

图 3.15　滤毛器

1—缓冲板；2—滤网；3—放气阀；4—排污阀

2. 隔油具

厨房或配餐间的洗碗、洗鱼、洗肉等含油脂污水，从洗涤池排入下水道前，必须先进行初步的隔油处理。这种隔油处理的装置简称隔油具（图 3.17），隔油具一般装设在洗涤池下面，可供几个洗涤池公用。经隔油具处理的水排至室外后仍应经过隔油池处理。

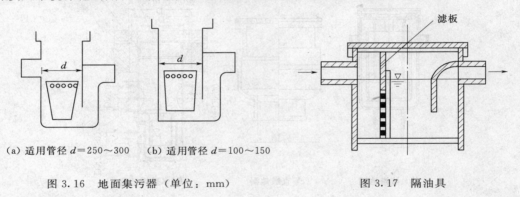

（a）适用管径 $d=250\sim300$　　（b）适用管径 $d=100\sim150$

图 3.16　地面集污器（单位：mm）

图 3.17　隔油具

3.2.3　卫生器具

卫生器具是建筑内部排水系统的重要组成部分，是用来满足生活和生产过程中的卫生要求，收集和排除生活及生产中产生的污、废水的设备。卫生器具一般采用不透水、无气孔、表面光滑、耐腐蚀、耐磨损、耐冷热、便于清扫、有一定强度的材料制造，如陶瓷、塑料、复合材料等，卫生器具正向着冲洗功能强、节水消声、设备配套、便于控制、使用方便、造型新颖、色彩协调等方面发展。

3.2.3.1　便溺器具

便溺器具设置在卫生间和公共厕所，用来收集粪便污水。便溺器具包括便器和冲洗设备。

1. 大便器和大便槽

我国常用的大便器有蹲式、坐式和大便槽式 3 种类型。

（1）蹲式大便器。如图 3.18 所示，一般用于普通住宅、集体宿舍和公共建筑物的公共场所或防止接触传染的医院厕所内。蹲式大便器的压力冲洗水流经大便器周边的配水孔，将大便器冲洗干净。蹲式大便器本身一般不带存水弯，接管时需另外配置存水弯。

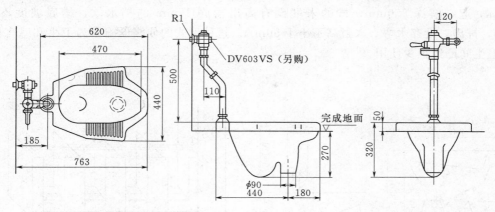

图 3.18 蹲式大便器（单位：mm）

（2）坐式大便器。按冲洗水力原理可分为冲洗式和虹吸式，如图 3.19 所示。

1）冲洗式坐便器。环绕便器上口是一圈开有很多小孔口的冲水槽，冲洗开始时，水进入冲洗槽，经小孔沿便器内表面冲下，便器内水面涌高，将粪便冲出存水弯边缘。冲洗式便器的缺点是受污面积大，水面面积小，每次冲洗不一定能保证将污物冲洗干净。

2）虹吸式坐便器。虹吸式坐便器是靠虹吸作用，把粪便全部吸出。在冲洗槽进水口处有一个冲水缺口，部分水从缺口处冲射下来，加快虹吸作用的开始。虹吸式会因冲洗时流速过大而产生较大噪声。为改变这些问题，出现了喷射虹吸式和旋涡虹吸式两种新类型。

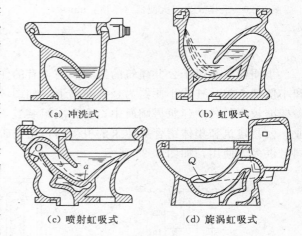

图 3.19 坐式大便器

a. 喷射虹吸式坐便器除了一部分水从空心边缘孔口流下外，另一部分水则从大便器边部的通道 O 处冲下来，由 a 口中向上喷射，这样很快造成强有力的虹吸作用，把大便器中的粪便全部吸出，从而加大排污能力。等水面下降到水封下限，空气进入，虹吸停止。其特点是冲洗过程短，噪声较小，便器存水面大，干燥面小，如图 3.19（c）所示。

a. 旋涡虹吸式坐便器。上圈下来的水量很小，其旋转已不起作用，因此在水道冲水出口 Q 处，形成弧形水流呈切线冲出，产生强大旋涡，将漂浮的污物借助于旋涡向下旋转的作用，迅速下到水管入口处，接着在入口底受反作用力的影响下，迅速进入排水管道的前段，从而大大加强了虹吸能力，有效降低了噪声，如图 3.19（d）所示。

坐式大便器都自带存水弯，但后排式坐便器与其他坐式大便器不同之处在于排水口设在背后，便于排水横支管敷设在本层楼板时选用（墙排式同层排水），如图 3.20 所示。

（3）大便槽。一般用于学校、汽车站、火车站、游乐场所及其他公共厕所，常以大便槽代替成排的蹲式大便器，如图 3.21 所示为光电数控冲洗装置大便槽。大便槽一般宽 200～300mm，起端槽深 350mm，槽的末端设有高出槽底 15mm 的挡水坎，槽底坡度不小于 0.015，排出口设存水弯，水封高不小于 50mm。这种形式的便溺设施因为卫生和感官原因，新建卫生间已经很少使用。

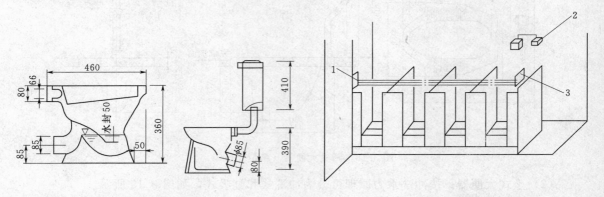

图 3.20　后排式坐式大便器（单位：mm）

图 3.21　光电数控冲洗装置大便槽
1—发光器；2—接收器；3—控制箱

2. 小便器

小便器一般设于公共建筑的男厕所内，有的住宅卫生间内也需设置。一般有挂式、立式和小便槽 3 类。挂式小便器为悬挂在墙上，如图 3.22 所示。立式小便器一般装置在卫生设备标准较高的公共建筑男厕所中，多为成组装置，如图 3.23 所示。小便槽一般用于工业企业、公共建筑和集体宿舍等建筑的卫生间，用瓷砖沿墙砌筑的浅槽，其建造简单、经济、可同时供多人使用，如图 3.24 所示。

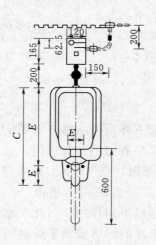

图 3.22　光控自动冲洗壁挂式
小便器安装（单位：mm）

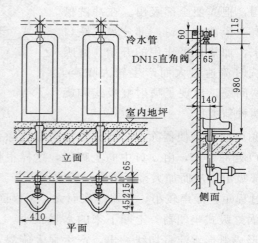

图 3.23　立式小便器安装

3.2.3.2　盥洗、淋浴用卫生器具

1. 洗脸盆

洗脸盆一般设置在盥洗室、浴室和卫生间中，可用于洗脸、洗手和洗头，也可用于公共

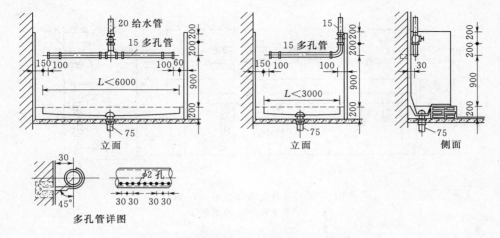

图 3.24 小便槽安装示意图（单位：mm）

洗手间或厕所内洗手、理发室内洗头、医院各治疗间洗器皿和医生洗手等。洗脸盆的高度及深度适宜，盥洗不用弯腰且较省力，脸盆前沿设有防溅沿，使用时不溅水，可用流动水盥洗比较卫生，也可作为不流动水盥洗，有较大的灵活性。洗脸盆有长方形、椭圆形和三角型，安装方式有柱式（图 3.25）、台式和墙架式（图 3.26）。

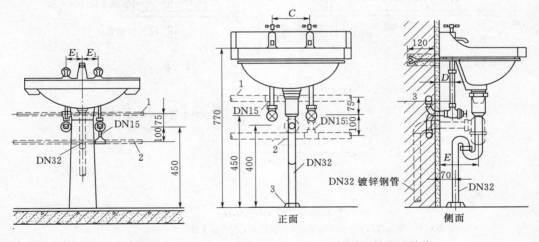

图 3.25 柱式洗脸盆（单位：mm） 图 3.26 墙架式洗脸盆（单位：mm）
　　1—热水管；2—冷水管　　　　　1—热水管；2—冷水管；3—护口盘

2. 盥洗台

盥洗台有单面和双面之分，常设置在同时有多人使用的地方，如集体宿舍、教学楼、车站、码头、工厂生活间。通常采用砖砌抹面、水磨石或瓷砖贴面现场建造而成，如图 3.27 所示为单面盥洗台。

3. 浴盆

浴盆设在住宅、宾馆、医院等卫生间或公共浴室，供人们清洁身体。浴盆配有冷热水或混合龙头，并配有淋浴设备，如图 3.28 所示。浴盆的形式一般为长方形、方形和斜边形。材质有陶瓷、搪瓷钢板、塑料、复合材料等，材质为亚克力的浴盆与肌肤接触的感觉很舒

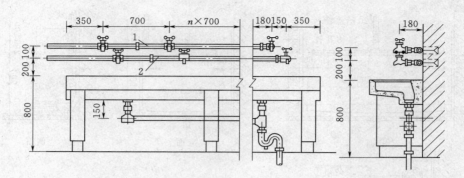

图 3.27 单面盥洗台（单位：mm）

1—热水管；2—冷水管

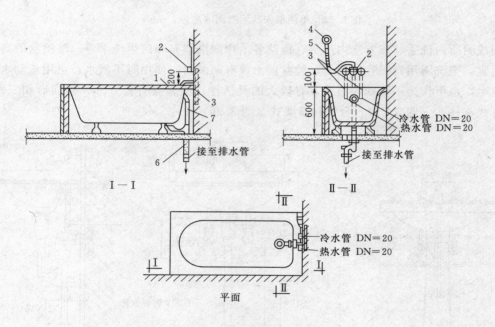

图 3.28 浴盆安装

1—浴盆；2—混合阀门；3—给水管；4—莲蓬头；5—蛇皮管；6—存水弯；7—排水管

适。根据不同的功能要求分为裙板式浴盆、扶手式浴盆、防滑式浴盆、坐浴式浴盆及普通式浴盆等类型。浴盆的色彩种类很丰富，主要为满足卫生间装饰色调的需求。

4. 淋浴器

淋浴器多用于工厂、学校、机关、部队等单位的公共浴室和体育场馆内，也可安装在卫生间的浴盆上。淋浴器占地面积小，清洁卫生，避免疾病传染，耗水量小，设备费用低。有成品淋浴器，也可现场制作安装。如图 3.29 所示为现场制作安装的淋浴器。

在建筑标准较高的建筑内的淋浴间内，也可采用光电式淋浴器，利用光电打出光束，使用时人体挡住光束，淋浴器即出水、人体离开时即停水，如图 3.30（a）所示。在医院或疗养院为防止疾病传染可采用脚踏式淋浴器，如图 3.30（b）所示。

现代家居对卫浴设施的要求越来越高，许多家庭都希望有一个独立的洗浴空间，但由于

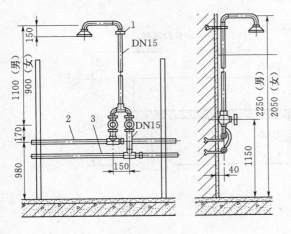

图 3.29 淋浴器安装（单位：mm）
1—单管卡；2—热水管；3—冷水管

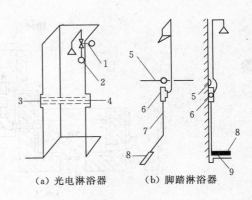

图 3.30 淋浴器
1—电磁阀；2—恒温水管；3—光源；4—接收器；
5—恒温水管；6—脚踏水管；7—拉杆；
8—脚踏板；9—排水沟

居室卫生空间有限，只能把洗浴设施与卫生洁具置于一室。淋浴房充分利用室内一角，用围栏将淋浴范围清晰地划分出来，形成相对独立的洗浴空间，如图 3.31 所示。

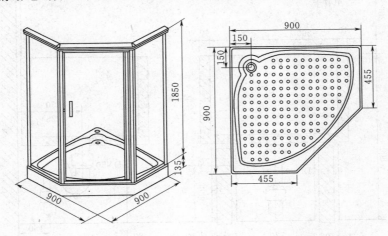

图 3.31 淋浴房（单位：mm）

3.2.3.3 洗涤用卫生器具

1. 洗涤盆

洗涤盆常设置在厨房或公共食堂内，用作洗涤碗碟、蔬菜等。医院的诊室、治疗室等处也需设置。洗涤盆有单格或双格之分，双格洗涤盆一般为一格洗涤，另一格泄水，如图3.32 所示。洗涤盆规格尺寸有大小之分，材质多为陶瓷或砖砌后瓷砖贴面，质量较高的为不锈钢制品。

2. 污水盆

污水盆又称污水池，常设置在公共建筑的厕所、盥洗室内，供洗涤拖把、打扫卫生或倾倒污水等。多为砖砌贴瓷砖现场制作安装，如图 3.33 所示。

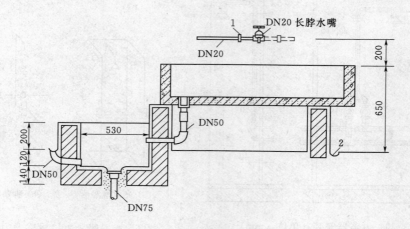

图 3.32 双格洗涤盆的安装（单位：mm）
1—单管卡；2—明沟

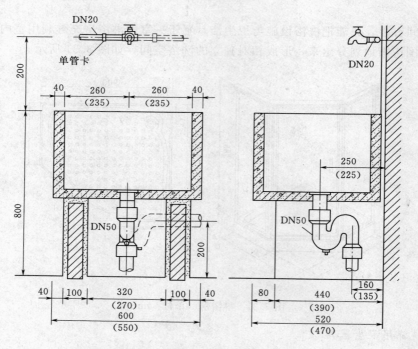

图 3.33 污水盆安装（单位：mm）

3. 化验盆

化验盆一般设置在工厂、科研机关和学校的化验室或实验室内，根据需要，可安装单联、双联或三联鹅颈水嘴，如图 3.34 所示。

3.2.4 冲洗设备

便溺用卫生器具必须设置具有足够的冲洗水压的冲洗设备，并且在构造上具有防止回流污染给水管道的功能。主要包括冲洗水箱和冲洗阀。

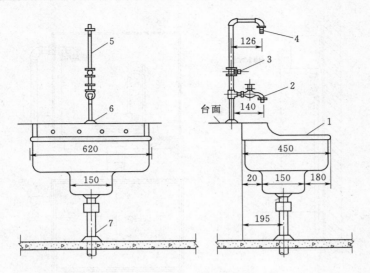

图 3.34 化验盆安装（单位：mm）

1—化验盆；2—DN15 化验水嘴；3—DN15 截止阀；4—螺纹接口；
5—DN15 出水管；6—压盖；7—DN50 排水管

3.2.4.1 冲洗水箱

多采用虹吸原理，有冲洗能力强，构造简单，工作可靠且可控制，自动作用等优点，并且由于储备了一定水量，可减少给水管直径。冲洗水箱按操作方式可分为手动式和自动式；按冲洗原理分为虹吸式和冲洗式，如图 3.35 所示；按水箱高度分为高水箱和低水箱。高水箱多用于蹲式大便器、大便槽、小便槽；低水箱也叫低位冲洗水箱，用于坐式大便器，一般为手动式。常用的有自动虹吸冲洗水箱（利用虹吸原理进行定时冲洗）、套筒式手动虹吸冲洗高水箱（拉杆大便器用）、提拉盘式手动虹吸冲洗低水箱（座式）、手动水力冲洗低水箱（座式）以及光电数控冲洗水箱。

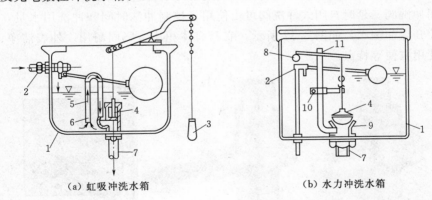

（a）虹吸冲洗水箱　　　　　　　（b）水力冲洗水箱

图 3.35 手动冲洗水箱

1—水箱；2—浮球阀；3—拉链；4—橡胶球阀；5—虹吸管；6—虹吸孔；7—冲洗管；
8—扳手；9—阀座；10—导向装置；11—溢流管

公共厕所的大便槽、小便槽和成组的小便器常用自动冲洗水箱，如图 3.36 所示。它不需人工操作，依靠流入水箱的水量自动作用，当水箱内的水位达到一定高度时，形成虹吸造

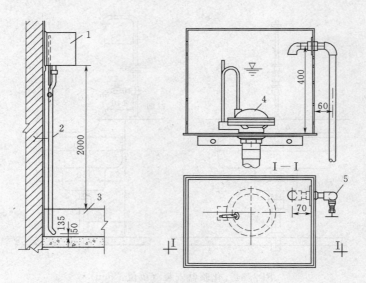

图 3.36 自动冲洗水箱（单位：mm）

1—自动冲洗水箱；2—单管卡；3—便槽；4—自动冲洗阀；5—上水阀

成压差，使自动冲洗阀开启，将水箱内存水迅速排除进行冲洗。因在无人使用或极少人使用时自动冲洗水箱也定时用整箱储水冲洗，所以耗水量大。

光电数控冲洗水箱可根据使用人数自动冲洗，在便器或便槽的入口附近布置一道光线，有人进出时便遮挡光线，每中断光线 2 次电控装置记录下 1 次人数，当人数达到预定数目时，水箱即放水冲洗，人数达不到时延时 20～30min 自动冲洗 1 次，无人使用时则不放水，可节水 50％～60％。

3.2.4.2 冲洗阀

一般均直接安装在大便器的冲洗管上，利用强力水流进行冲洗。冲洗阀分为一般冲洗阀和延时自闭冲洗阀。延时自闭式冲洗阀可由使用者控制冲洗时间和冲洗用水量，可以用手、脚或者光控开启冲洗阀，如图 3.37 所示，它具有体积小、坚固耐用、外表洁净、美现、安装简单、使用方便等特点。

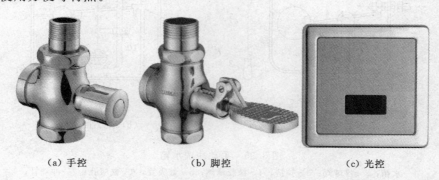

（a）手控　　　　　　　（b）脚控　　　　　　　（c）光控

图 3.37 延时自闭式冲洗阀

冲洗阀常用的有手动启闭截止阀（大便器和大便槽）和延时自闭式冲洗阀（大便器，直接安装在冲洗管上，具有节约用水和防止回流污染功能），如图 3.38 所示。

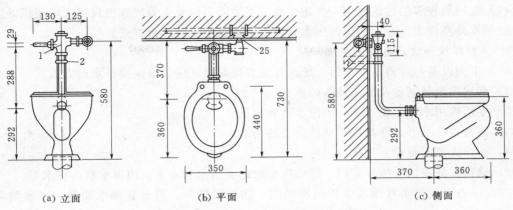

(a) 立面　　　　　　　　(b) 平面　　　　　　　　(c) 侧面

图 3.38　自闭式冲洗阀坐式大便器安装图（单位：mm）

1—自闭式冲洗阀；2—管卡

3.3　建筑排水管网的布置和敷设

3.3.1　排水管道的布置

　　建筑内部排水系统的布置与敷设是影响人们日常生活和生产环境的因素之一，为创造一个良好的生活、生产环境，建筑内排水管道布置和敷设应遵循以下原则：

　　1. 满足良好的水力条件与美观条件

　　(1) 排水横支管是接受各卫生器具的排水支管来水的，所以一般在楼板下或本层地面上布置。若考虑其建筑美观的影响，可暗设于吊顶内。

　　(2) 排水立管应设置在靠近杂质最多及排水量最大的排水点处，以便尽快地接纳横支管的污水而减少管道堵塞的机会，排水立管常设在大便器附近。排水立管不得穿过卧室、病房，并避免靠近与卧室相邻的内墙。对高层建筑和要求较高的宾馆等，排水立管一般暗设在专门的管道井内。

　　(3) 污水管的布置应尽量减少不必要的转角及曲折，尽量作直线连接，以减少堵塞的机会。一根横支管连接的卫生器具不宜太多，排出管应以最短距离通至室外。

　　2. 避免对生活、生产的不良影响以及便于管道维护的要求

　　(1) 排水架空管道不得布置在生产工艺或卫生有特殊要求的生产厂房内，以及食品和贵重商品仓库与配电室内。

　　(2) 排水管道不得布置在遇水易引起燃烧、爆炸或损坏的原料、产品的设备上方。

　　(3) 管道应尽量避免穿过伸缩缝、沉降缝、风道、烟道等，当受限制必须穿越时应采取相应的技术措施，以防止管道因建筑物的沉降或伸缩而受到破坏。

　　(4) 埋地排水管道应避免布置在有可能受设备震动影响或重物压坏处，因此管道不得穿越生产设备基础；若必须穿越时，应作技术上的特殊处理。

　　(5) 排水管道不得布置在食堂、饮食业的主副食操作烹调的上方。如果受到条件限制难以避免时，需采取防护措施。

　　(6) 为了避免排水管冷壁面的结露，应采用相应的防结露措施，另外还应注意防腐、防冻。

（7）在层数较多的建筑物内，为防止底层卫生器具因受立管底部出现过大的正压等原因而造成污水外溢现象，底层的生活污水管道可考虑采取单独排出方式。

3. 保护环境和防止污染的要求

（1）下列设备与容器不得与污、废水管道直接相连，应采取间接排水的方式。

1）厨房内食品制备及洗涤设备的排水。

2）生活饮用水储水箱（池）的泄水管和溢流管。

3）蒸发式冷凝器、冷却塔等空调设备的排水。

4）医疗灭菌消毒设备的排水。

5）储存食品或饮料的冷藏间、冷藏库房的地面排水和冷水机溶霜水盘的排水等。

（2）设备间接排水宜排入邻近的洗涤盆，如不可能时，可设置排水明沟、排水漏斗或容器。

3.3.2　排水管道的敷设要求

建筑内排水管道的敷设有明装和暗装两种方式。对室内美观程度要求较高的建筑物或管道种类较多时，可采用暗装方式。明装方式的优点是造价低，缺点是不美观、积灰结露不卫生。明装的排水管道应尽量沿墙、梁、柱作平行设置，保持室内的美观，如建筑或工艺有特殊要求时，可在管槽、管道井、管沟或吊顶内暗设，但应便于安装和检修。

1. 排水管的敷设应处理好与建筑结构的关系

（1）排水立管管壁与墙壁、柱等表面的净距为 25～35mm。排水管与其他管道共同敷设时的最小距离，水平方向净距为 1.0～1.3m，垂直方向净距为 0.15～0.20m。若排水管平行设在给水管之上并高出净距 0.5m 以上时，其水平净距不得小于 5m。交叉埋设时，垂直净距不得小于 0.4m，且给水管应有套管。

（2）为防止埋设在地下的排水管道受机械破坏，应规定各种材料管道的最小埋深为 0.4～1.0m。

（3）排水立管需要穿楼层时，预留孔洞尺寸应大于通过管径约 50～100mm，并且应在通过的立管外加套一段套管，现浇楼板孔预先镶入套管。

（4）埋地管穿越承重墙或基础处，应预留孔洞，且管顶上部净空不得小于建筑物的沉降量，一般不宜小于 0.15m。排出管与室外排水管连接处应设检查井，检查井中心到建筑物外墙的距离不宜小于 3m。

（5）排水管道的固定措施比较简单，排水立管用管卡固定，其间距最大不得超过 3m。在承插管接头处必须设管卡。横管一般用吊箍设在楼板下，间距视具体情况不得大于 1m。

2. 最低横支管单独排出

根据国内外的科研测试证明，污水立管的水流流速大，而污水排出管的水流流速小，在立管底部管道内产生正压值，这个正压区能使靠近立管底部的卫生器具内的水封遭受破坏，卫生器具内发生冒泡、满溢现象，在许多工程中都出现上述情况，严重影响使用。立管底部的正压值与立管的高度、排水立管通气状况和排出管的阻力有关。为此，连接于立管的最低横支管或连接在排出管、排水横干管上的排水支管应与立管底部保持一定的距离。

根据《建筑给排水设计规范》（GB 50015—2010）规定，下列情况下底层排水支管应单独排至室外检查井或采取有效的防反压措施：

（1）排水立管最低排水横支管与立管连接处距排水立管管底的最小垂直距离见表 3.3。

表 3.3　　排水立管最低排水横支管与立管连接处距排水立管管底的最小垂直距离

立管连接卫生器具的层数	垂直距离/m	
	仅设伸顶通气	设通气立管
≤4	0.45	按配件最小安装尺寸确定
5~6	0.75	
7~12	1.20	
13~19	3.00	0.75
≥20	3.00	1.20

注　单根排水立管的排出管宜与排水立管相同管径。

（2）排水支管连接在排出管或排水横干管上时，连接点距立管底部下游水平距离小于1.5m。

（3）在距排水立管底部1.5m距离之内的排出管、排水横管有90°水平转弯管段时。

3.3.3　异层排水和同层排水

按照室内排水横支管所设位置，可将排水系统分为异层排水系统和同层排水系统。

3.3.3.1　异层排水

异层排水是指卫生器具坐落在卫生间的地面上，排水支管穿过所在层的地面，排水横管在下一层楼面顶部汇合，最后流入排水立管，也是排水横支管敷设的传统方式，如图3.39所示。其优点是排水通畅，安装方便，维修简单，土建造价低，配套管道和卫生器具市场成熟。主要缺点是对下层造成不利影响，譬如易在穿楼板处造成漏水，下层顶板处排水管道多、不美观、有噪声等。

3.3.3.2　同层排水

所谓的同层排水系统，是指排水器具的出水管不穿越所在楼层，采用后排水的方式，各卫生用具的排水汇合横管在与卫生器具同一楼层沿墙敷设，从而避免了异层排水的缺陷。

1. 同层排水的方式（图3.40）

（1）降板式同层排水。这种方法做的比较多，一般是卫生间楼板下沉350mm左右（根据需要），作为管道敷设空间。下沉楼板采用现浇混凝土并做好防水层，按设计标高和坡度沿下沉楼板面敷设给、排水管道，并用水泥焦渣、陶粒等轻质材料填实作为垫层，垫层上用水泥砂浆找平后再做防水层和面层。也可根据卫生器具的布置情况做卫生间局部楼板下沉。

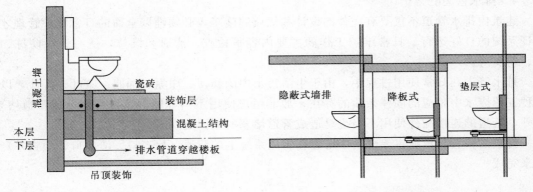

图3.39　异层排水　　　　　　　　　　　图3.40　同层排水

（2）墙排式同层排水。墙排式同层排水，即排水管敷设在卫生间地面或外墙，是指卫生间洁具后方砌一堵假墙，形成0.2m左右宽布置管道的专用空间，排水支管不穿越楼板在假墙内敷设、安装，在同一楼层内与主管相连接，如图 3.40 所示。此种方式要求卫生洁具选用悬挂式洗脸盆、后排水式坐便器。该方式达到了卫生、美观、整洁的要求。

（3）垫层式同层排水。垫层式是指垫高卫生间地面的垫层法，这种方式采用的不多，原因是容易产生"内水外溢"。在老房改造中不得已的情况下偶尔采用。新的工程由于其施工难度大，费工费料，影响美观，增加楼体的承载负荷，现已不再使用了。

2．同层排水的优点

（1）房屋产权明晰。卫生间排水管路系统布置在本层（套）业主家中，管道检修可在本层（家中）内进行，不干扰下层住户。

（2）卫生器具的布置不受限制。因为楼板上没有卫生器具的排水管道预留孔，用户可自由布置卫生器具的位置，满足卫生洁具个性化的要求，开发商可提供卫生间多样化的布置格局，提高了房屋的品位。

（3）排水噪声。排水管布置在楼板上，被回填垫层覆盖后有较好的隔音效果，从而使排水噪声大大减小。

（4）渗漏水概率小。卫生间楼板不被卫生器具管道穿越，减小了渗漏水的概率，也能有效地防止疾病的传播。

（5）不需要旧式 P 弯或 S 弯。由"座便接入器""多功能地漏"和"多功能顺水三通"接入，取代了传统下排水方式中各个卫生器具设置的 P 弯或 S 弯。由旧式 P 弯和 S 弯产生而其自身无法克服的弊端，同层安装排水方式可以全部解决。

3．墙排式同层排水的局限性

（1）造价略有提升。①采用的管材质量好的同时价格也相应有所提升；②安装费用相对复杂造成造价的提升。根据卫生间的布置和选型情况以及一些工程实例的统计数据来看，造价提高在 10％～30％之间。

（2）和土建、装修工程施工配合更加紧密。因大量管道在墙体内布置，和土建、装修工程的施工配合更加紧密，施工工种之间配合协调工作量加大，现场成品保护的意识需要多加宣传。

（3）可供选择的专业厂家较少。墙排水方式是我国建设部的推广技术之一，但目前比较成熟的专业厂家较少，这也为该项技术的推广应用起到了制约作用。

3.3.4 排水管道的维护

建筑内排水管道不仅要有完善的设计和优质的施工，必须辅以全面的日常维护管理才能保证系统的良好运行。日常维护工作的主要内容是检查、清通和维修，适时进行防冻、防漏、防腐等。

排水管道在日常使用过程中，由于生活污水中的粪便、尿垢、油脂、菜叶、泥沙，以及各种工业废水中相应的固体杂质的存在，加上用户使用不当等原因，常常会造成管道堵塞。此外，管道的连接配件使用不当也是造成管道堵塞的原因之一。

管道的检查、清通主要借助于设置在管道系统上的清通（检查口、清扫口、检查井）设备来完成。

3.4 屋面雨水排水

降落在屋面上的雨水和融化的雪水，如果不能及时排除，会对房屋的完好性和结构造成不同程度的损坏，并影响人们的生活和生产活动。因此需设置专门的雨水排水系统，系统地、有组织地将屋面雨雪水及时排除。

屋面雨水排水系统的设置，应根据建筑结构形式、生产使用要求及气候条件来确定。按雨水管道布置的位置分为外排水系统、内排水系统和混合排水系统。

3.4.1 外排水系统

在技术经济合理的情况下，屋面雨水排水系统应尽量采用外排水。根据设置的形式不同可分为檐沟外排水和天沟外排水。

3.4.1.1 檐沟外排水

檐沟外排水也称水落管外排水，由檐沟和水落管组成，如图 3.41 所示。适用于一般性的居住建筑、屋面面积较小的公共建筑和单跨工业建筑。雨水常采用屋面檐沟汇集，然后沿外墙设置的水落管流入地下管沟或地面。

水落管多由铸铁、白铁皮、玻璃钢或 UPVC 材料制作，现在多采用 UPVC 管，管径多为 75～100mm。根据设计地区的降雨量以及管道的通水能力确定一根水落管服务的屋面面积，再根据屋面面积和形状确定水落管设置间距。一般民用建筑水落管间距为 8～16m，工业建筑为 18～24m。阳台上一般要求设置直径为 50mm 的排水管。

该系统敷设于室外，室内不会因雨水系统的设置而产生屋面渗漏、地面冒水而产生水患。其缺点是排水较分散，不便于有组织排水。

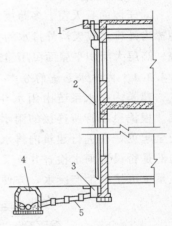

图 3.41 檐沟外排水
1—檐沟；2—水落管；3—雨水口；
4—检查井；5—连接管

3.4.1.2 天沟外排水

该系统是利用屋面天沟汇水，使雨雪水向建筑物两端（山墙、女儿墙方向）汇集，进入雨水斗，并经墙外立管排至地面或室外雨水管渠，进行有组织的排水。

天沟外排水系统由天沟、雨水斗和排水立管组成，如图3.42 所示。

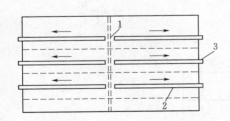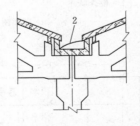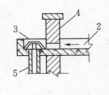

图 3.42 天沟外排水
1—伸缩缝；2—天沟；3—雨水头；4—外墙；5—立管

天沟的断面形式根据屋面结构情况确定，一般为矩形和梯形。为了在保证排水顺畅的同时又不过度增加屋面结构的负荷，天沟坡度一般为 0.003～0.006。天沟应以建筑物伸缩缝或沉降缝为分水线，防止天沟通过伸缩缝或沉降缝漏水，由于一般屋面的伸缩缝长度为 40～60mm，故天沟的长度一般不宜大于 50m。

雨水立管应设检查口，其中心距地面一般为 1.0m；立管直接排水到地面时，需采取防冲措施；为了防止天沟内过量积水，应在女儿墙、山墙上或天沟末端壁处设置溢流口。

天沟外排水一般用于大面积多跨度工业厂房，厂房内不允许进雨水而且又不允许在厂房内设置雨水管道的雨水排水设计。采用天沟外排水方式的优点是有效地避免内排水系统在使用过程中建筑内部检查井冒水的问题，而且节约投资、节省金属材料、施工简便（相对于内排水而言不需留洞、不需搭架安装悬吊管）、有利于合理地使用厂房空间和地面，可减小厂区雨水管道埋深等优点；其缺点是由于天沟长又有一定坡度，导致结构负荷增大；晴天屋面集灰多，雨天天沟排水不畅等。

对于某些厂房较长，如果全部采用天沟外排水，建筑结构设计有困难时，也可采用内外排水相结合的排水方式，两端为外排水，厂房中间部分为内排水。

3.4.2 内排水系统

对于屋面有天窗、多跨度、锯齿形屋面或壳形屋面等工业厂房，其屋面面积大或曲折，采用檐沟外排水或天沟外排水的方式排除屋面雨雪水有困难，因此必须在建筑内部设置内排水系统。高层大面积平屋面民用建筑，特别是处于寒冷地区的建筑物，均应采取建筑内排水系统。

3.4.2.1 内排水系统的分类

建筑内排水系统由雨水斗、连接管、悬吊管、排出管、埋地管和附属构筑物等部分组成。根据悬吊管所连接的雨水斗的数量不同，建筑内排水系统可分为单斗和多斗两种。为了安全起见，在进行建筑内排水系统的设计时应采用单斗系统，如图 3.43 所示。根据建筑物内部是否设置雨水检查井，又可分为敞开和密闭系统。敞开系统的建筑物内部设置检查井，该系统可接纳生产废水，方便清通和维修，但有可能出现检查井冒水的现象，雨水漫流室内

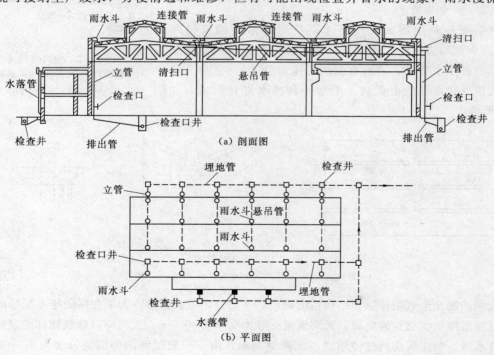

图 3.43 内排水系统

地面，造成危害。密闭系统是压力排水，埋地管在检查井内用密闭的三通连接，有检查和清通措施，不会出现建筑物内部冒水情况，但不能接纳生产废水。为了安全可靠，一般应采用密闭式内排水系统。

3.4.2.2 内排水系统的布置和敷设

1. 雨水斗

雨水斗设在雨水由天沟进入雨水管道的入口处。具有泄水、稳定天沟水位、减少掺气量及拦阻杂物的作用，它是管系的重要组成部分。常用的雨水斗有 79 型和 65 型等（图 3.44）。在阳台、花台、供人们活动的屋面及窗井处可采用平箅式雨水斗（图 3.45）。

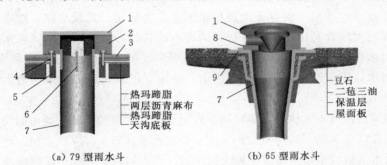

（a）79 型雨水斗　　　　（b）65 型雨水斗

图 3.44　雨水斗

1—顶盖；2—导流罩；3—压板；4—螺母；5—热沥青；6—定位销子；

7—短管；8—底座；9—环形筒

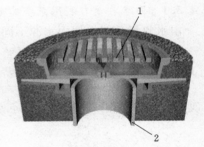

图 3.45　平箅雨水斗

1—铸铁箅；2—短管

雨水斗应满足最大限度地迅速排除屋面雨、雪水的要求。布置雨水斗时，应以伸缩缝、防火墙或沉降缝作为天沟排水分水线，各自自成排水系统。当分水线两侧两个雨水斗连接在同一根立管或悬吊管上时，才应用伸缩接头并保证密封不漏水。采用多斗排水系统时，为使泄流量均匀，雨水斗宜将立管对称布置，一根悬吊管上连接的雨水斗不得多于 4 个，雨水斗不能设在立管顶端。

2. 连接管

连接管是接纳雨水斗流来的雨水，并将其引入悬吊管中的一段短竖管。连接管径不得小于雨水斗短管的直径，且不小于 100mm，并应牢固地固定在建筑物的承重结构上，下端用斜三通与悬吊管连接。

3. 悬吊管

悬吊管是架空布置的、连接雨水斗和排水立管的横敷管段，悬吊管可承纳一个或几个雨水斗，也可直接将雨水排放至室外而不设立管。为满足水力条件和便于清通，悬吊管应设不小于 0.005 的坡度。悬吊管宜布置在靠近柱、墙处，其间距不得大于 20m。悬吊管一般采用钢管或铸铁管。

4. 立管及排出管

立管的作用是接纳雨水斗或悬吊管中的水流。排出管则是与立管相连将雨水引到埋地横管中去的一段埋地横管。一根立管连接的悬吊管不多于 2 根，立管管径不小于悬吊管管径。

为便于清通，立管距地面约 1m 处应设检查口。排出管与下游埋地管在检查井中宜采用管顶平接。排出管虽为埋地管，但因该管段属压力流，故排出管应采用铸铁管。

5. 埋地横管与附属构筑物

埋地横管是敷设于室内地下的横管，接纳立管排来的雨水，并将其送至室外雨水管道。埋地横管应满足最小敷设坡度的要求。埋地横管一般可用非金属管材，为便于清通，埋地横管的直径不宜小于 200mm，最大不超过 600mm。

3.4.3 雨水收集与利用系统

雨水收集与利用系统，是指收集、利用建筑物屋顶及道路、广场等硬化地表汇集的降雨径流，经收集—输水—净水—储存等渠道积蓄雨水，为绿化、景观水体、洗涤及地下水源提供雨水补给，以达到综合利用雨水资源和节约用水的目的，具有减缓城区雨水洪涝和地下水位下降，控制雨水径流污染，改善城市生态环境等广泛的意义。雨水收集利用建筑、道路、湖泊等，收集雨水，用于绿地灌溉、景观用水，或建立可渗式路面、采用透水材料铺装，直接增加雨水的渗入量。

很多城市和地区的自来水供应已难以同步跟上城市化发展的步伐。城市的浇灌绿化、冲洗马路等公益用水及洗车等新兴的用水行业又进一步加重了自来水供应的负担。可是每年的暴雨季节，泛滥的雨水又给城市排水造成了极大的困难。雨水的收集和利用正好解决了这一给城市建设带来的两大难题，我们可以把收集来的雨水用于日常生活，如洗衣洗车、冲洗厕所，当然浇灌绿化、冲洗马路、消防灭火等更是雨水利用的大户。雨水的收集和利用还可以减少城市街道雨水径流量，减轻城市排水的压力，同时有效降低雨污合流，减轻污水处理的压力。

3.4.3.1 雨水收集与利用系统的分类

雨水收集系统根据雨水源不同，可粗略分为两类：

（1）屋面雨水收集与利用系统。屋顶雨水相对干净，杂质、泥沙及其他污染物少，可通过弃流和简单过滤后，直接排入蓄水系统，进行处理后使用，如图 3.46 所示。

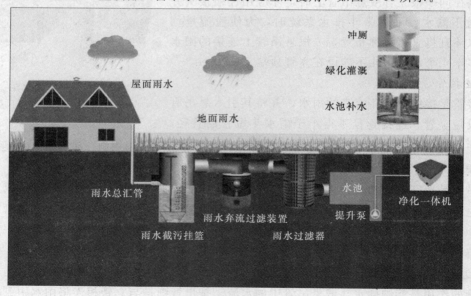

图 3.46 屋面雨水收集与利用系统

（2）地面雨水收集与利用系统。地面的雨水杂质多，污染物源复杂。在弃流和粗略过滤后，还必须进行沉淀才能排入蓄水系统，如图 3.47 所示。

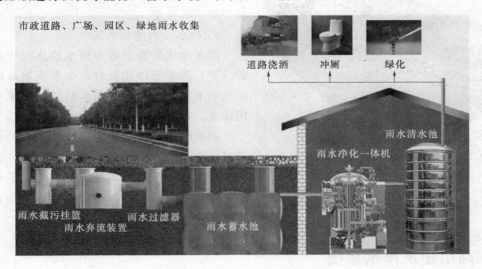

图 3.47　地面雨水收集与利用系统

3.4.3.2　雨水收集与利用系统的组成

1. 雨水截污初滤装置

雨水截污初过滤装置是专为防止汇流雨水中携带的部分固体杂物，进入后续净化工段而设计的一款雨水利用前处理产品。该装置结构简单、可靠，内置的杂物过滤装置能有效收集杂物，又易于清理，起到一个初期过滤的效果，从而使后期的水处理和收集过程变得更加简单有效。

2. 雨水初期弃流装置

初期降雨时，前 2～5mm 的雨水一般污染严重，这部分雨水如直接流入雨水井、储水箱，不仅会加大过滤器的工作强度，且过滤后的水质不能保证达到回用标准，还会造成过滤器堵塞，而且长时间以后，杂质沉积在池底，给后期的清理工作带来非常大的麻烦，致使整个系统瘫痪，所以对初期降雨尽量做弃流处理。初期雨水在流经弃流过滤装置时，将首先通过低位敞口的排污管排放掉。雨量增大后，雨水将通过水平的过滤网进行过滤后流向出水口，从而达到收集后期较洁净雨水的作用。

3. 雨水过滤器

雨水过滤器，能够有效减少后端蓄水池内的沉积物，减少后续工序的清理工作。其出水澄清度较高，消毒后能够提供低等级中水用途，如绿化浇灌、道路喷洒、景观湖补水等。

4. 雨水蓄水池

蓄水池起到储存雨水的作用。传统的雨水蓄水池有混凝土蓄水池、玻璃钢蓄水池和不锈钢蓄水池。早期使用混凝土蓄水池收集利用雨水，它具有结构稳定、承载力强的优点，但是混凝土蓄水池成本较高且后期难以维护，一旦出现渗漏难以修补。玻璃钢、不锈钢蓄水池防渗做得较好，但同样造价较高，后期清洗维护费用高。因此现在广泛采用由雨水收集塑料模

图 3.48　模块式雨水蓄水池

块组装而成的蓄水池，如图 3.48 所示。塑料模块蓄水池具有施工快速方便、结构稳定、后期易于维护的优点。

5. 雨水后期净化装置

雨水净化装置主要为雨水收集池中的雨水做沉淀、消毒等净化处理，一般安装在雨水收集池的下游，净化后的雨水可达到国家中水回用标准。

雨水收集对保持水土和改善生态环境发挥了重要作用。推广建设雨水收集系统，不但可以减少地下水开采，而且还可以减轻整个自然界水循环系统的压力。对建设生态城市，保护环境都具有十分重大的意义。

3.5　高层建筑排水系统

3.5.1　高层建筑排水系统的特点

高层建筑与低层建筑所产生的生活污水按照性质可分为：冲厕污水、洗涤污水和盥洗污水，排出污水的方式有分流排水系统和合流排水系统。近年来由于水源日趋紧张，在一些缺水城市，规定建筑面积不小于 20000m² 的建筑或建筑群，需建立中水系统。建筑排水一般就需采用分流排水系统，将分流排出盥洗污水与洗涤污水收集处理后再供冲厕和浇洒使用，以提高城市用水的利用率。故高层建筑一般采用污水分流排水系统。

高层建筑中卫生器具多、排水立管长、排水量大，且排水立管连接横支管多，多根横管同时排水，由于水舌的影响和横干管起端产生的强烈冲击流使得水跃高度增加，造成管道中的压力波动较大，导致水封破坏，影响了室内环境卫生。为了保护水封，高层建筑排水系统必须解决好通气问题，稳定管道内气压，以保持系统运行的工况。

3.5.2　高层建筑排水系统的方式

高层建筑中由于管道、设备数量多，管线长，相互之间关系复杂，装饰标准要求高。高层建筑中常将立管管道设于管井中，管井上下贯穿各层，其面积要保证管道的间距和检修时所需的空间。

建筑内部污废水排水管道系统按排水立管和通气立管的设置情况分为 3 种。

3.5.2.1　单立管排水系统

1. 无通气立管的单立管排水系统

这种型式的立管顶部不与大气连通，适用于立管短，卫生器具少，排水量少，立管顶端不便伸出屋面的情况。

2. 有通气立管的单立管排水系统

排水立管向上延伸，穿出屋顶与大气连通，一般适用于多层建筑。

3. 设有特殊配件的单立管排水系统

高层建筑排水系统常采用特殊单立管排水系统，常用的几种新型单立管排水系统有：苏维托排水系统、旋流排水系统、芯型排水系统和 UPVC 螺旋排水系统等。他们共同的特点是：在排水系统中安装特殊的配件，当水流通过时，可降低流速和避免水舌的干扰，不设专用通气管，既可保持管内气流畅通，控制管内压力波动，有效地防止了水封破坏，提高了排水能力，节约了管材，方便了施工。采用新型单立管排水系统，也是解决排水管道通气问题的有效途径。

下列情况建筑内部排水系统适宜设置特殊单立管排水系统：排水流量超过了普通单立管排水系统排水立管最大排水能力时；横管与立管连接点较多时；同层接入排水立管的横支管数量较多时；卫生间或管道井面积较小，难以设置专用通气管的建筑时。

(1) 苏维托排水系统。1961 年瑞士人索摩 (Fritz Sommer) 研究发明了一种新型排水立管配件——苏维托排水系统 (Sover System)，这种系统是采用一种气水混合或分离的配件来代替一般零件的单立管排水系统，它包括气水混合器和气水分离器两个基本配件，如图 3.49 所示。

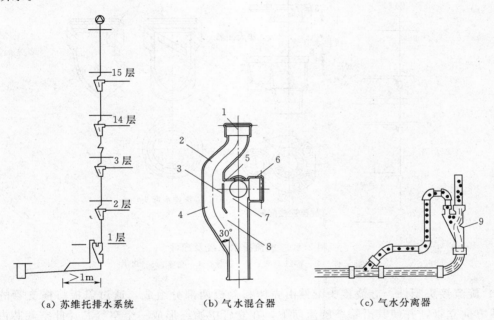

(a) 苏维托排水系统　　(b) 气水混合器　　(c) 气水分离器

图 3.49　苏维托排水系统及配件

1—立管中心线；2—乙字管；3—分离装置（挡板）；4—立管水流区；5—缝隙；
6—横管；7—横管水流区；8—混合区；9—突块

1) 气水混合器。气水混合器由乙字弯、隔板、隔板上部小孔、混合室、上流入口、横支管流入口和排出口等构成。从立管上部流来的废水经乙字弯时，流速减小，动能转化为压能，既起减速作用，又改善了立管内常处负压的状态；同时水流形成紊流状态，部分破碎成小水滴与空气混合，在下降过程中通过隔板上的小孔抽吸横支管和混合室内的空气，变成密度轻、呈水沫状的气水混合物，使下流的速度降低，减少了空气的吸入量，避免造成过大的抽吸负压，只需伸顶通气管就能满足要求。

从横支管进入立管的水流，由于受到隔板的阻挡只能从隔板右侧流出，不会形成水塞隔断立管上下通气而造成负压。同时，水流下落时可通过隔板上的小孔抽吸立管的空气补气。

2）气水分离器。沿立管流下的气水混合物遇到内部的突块溅散，从而把气体（70%）从污水中分离出来，由此减少了污水的体积，降低了流速，并使立管和横干管的泄流能力平衡，气流不致在转弯处被阻塞；另外，将释放出的气体用一根跑气管引到干管的下游（或返向上接至立管中去），这就达到了防止立管底部产生过大反（正）压力的目的。

国外对 10 层建筑采用苏维脱排水系统和普通单立管排水系统进行对比实验，从中了解到苏维脱排水系统的通水能力。一根 $d=100$mm 立管的苏维托排水系统，当流量约 6.7L/s 时，管中最大负压不超过 40mm 水压；而 $d=100$mm 普通单立管排水系统，在相同流量时最大负压达 160mm 水压。

（2）旋流排水系统。旋流排水系统（Sextia System）是法国人勒格（Roger Legg）、理查（Georges Richard）、鲁夫（M. Luve）于 1967 年共同研究发明的。这种排水系统每层的横支管和立管采用旋流接头配件连接，立管底部采用旋流排水弯头连接，如图 3.50 所示。

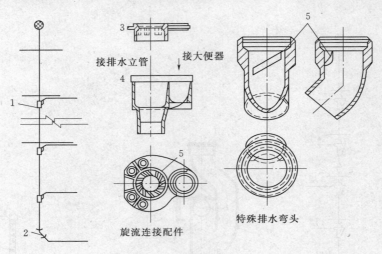

图 3.50　旋流排水系统及配件
1—旋流体；2—特殊弯头；3—盖板；4—底座；5—叶片

1）旋流接头配件。旋流接头配件由壳体和盖板两部分组成，通过盖板将横支管的排水沿切线方向立管，并使其沿管壁旋流而下，在立管中始终形成一个空气芯，此空气芯占管道断面的 80% 左右，保持立管内空气畅通，使压力变化很小，从而防止水封被破坏，提高排水立管的通水能力。旋流接头配件中的旋流叶片，可使立管上部下落水流所减弱的旋流能力及时得到增强，同时也可破坏已形成的水塞，并使其变成旋流以保持空气芯。

2）旋流排水弯头。旋流排水弯头与普通铸铁弯头形状相同，但在内部设置有 45°旋转导叶片，使立管内在凸岸流下的水膜被旋转导叶片旋向对壁，沿弯头底部流下，避免了在横干管内形成水跃，封闭气流而造成过大的正压。

（3）UPVC 螺旋排水系统。UPVC 螺旋排水系统是韩国在 20 世纪 90 年代开发研制的，由如图 3.51 所示的专用的 DRF/X 型三通和如图 3.52 所示的内壁有 6 条间距 50mm 呈三角形突起的导流螺旋线的管道所组成。

由排水横管排出的污水经 DRF/X 型三通从圆周切线方向进入立管，旋流下落，经立管中的导流螺旋线的导流，管内壁形成较稳定的水膜旋流，立管中形成一个畅通的空气芯，提高了排水能力，降低了管道中的压力波动。

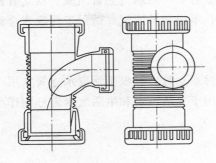
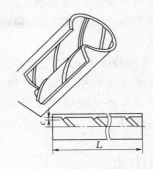

图 3.51　DRF/X 型三通　　　图 3.52　有突起螺旋线的 UPVC 立管

另外，设计有专用的 DRF/X 型三通，这种三通与排水立管的相接不对正，DN100 的管子错位 54mm，从横支管流出的活水沿圆的切线方向进入立管，可以起到削弱支管进水水舌的作用并避免形成水塞，同时由于减少了水流的碰撞，UPVC 管减少噪声的效果良好。

（4）芯形排水系统。

1）环流器。环流器的外形呈倒圆锥形，平面上有 2～4 个可接入横支管的接入口（不接入横支管时也可作为清通用）的特殊配件，如图 3.53 所示。

立管向下延伸一段内管，插入内部的内管起隔板作用，防止横支管出水形成水舌，立管污水经环流器进入倒锥体后形成扩散，气水混合成水沫，比重减轻、下落速度减缓，立管中心气流通畅，气压稳定。

2）角笛弯头（图 3.54）。角笛弯头的外形似犀牛角，大口径承接立管，小口径连接横干管。由于大口径以下有足够的空间，既可对立管下落水流起减速作用，又可将污水中所携带的空气集聚、释放。又由于角笛弯头的小口径方向与横干管断面上部也连通，可减小管中正压强度。这种配件的曲率半径较大，水流能量损失比普通配件小，从而增加了横干管的排水能力。

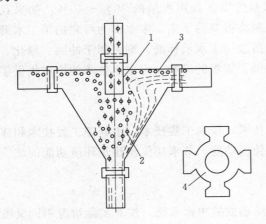
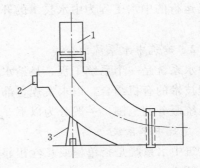

图 3.53　环流器　　　　　　　　　图 3.54　角笛弯头
1—内管；2—气水混合物；3—空气；4—环形通路　　1—立管；2—检查口；3—支墩

3.5.2.2　双立管排水系统

双立管排水系统也叫两管制，由一根排水立管和一根通气立管组成。双立管排水系统是利用排水立管与另一根立管之间进行气流交换，所以叫外通气。适用于污废水合流的各类多层和高层建筑。

3.5.2.3　三立管排水系统

三立管排水系统也叫三管制，由一根生活污水立管，一根生活废水立管共用一根通气立管组成。三立管排水系统也属外通气系统，适用于生活污水和生活废水需分别排出室外的各类多层、高层建筑。

3.6　建筑中水

3.6.1　建筑中水系统的分类与组成

随着国民经济的发展，城市用水量大幅度上升，给水量和排水量日益增大，使给水系统、排水系统的扩建费用、动力费用和管理费用不断增加，同时给水资源的保护也带来了一定的困难。因此，中水技术得到了越来越多的应用。

3.6.1.1　建筑中水系统的意义

所谓中水，是相对于"上水"（给水）和"下水"（排水）而言的。建筑中水系统是将建筑或建筑小区使用后的生活污废水经适当处理后再用于建筑或建筑小区作为杂用水的供水系统。中水水质主要指标低于生活饮用水水质标准，但高于污水允许排入地面水体的排放标准。

建筑中水技术开发利用的意义：

（1）不但可以为缺水地区就近开辟了新水源、使本地区污、废水资源化。

（2）有效地利用和节约有限的淡水资源。

（3）可以缓解城市下水道的超负荷运行现象、减轻对水体的污染。

近年来，我国各地纷纷开展了污废水回用的实验、研究，中水工程的应用日益增多。根据不同民用建筑物用水量统计，一般杂用水量为生活总用水量的30%～40%，如果我国缺水地区广泛开展中水利用，则大量的淡水资源将被节约下来。中水作为可靠的第二水源，通过对其水质的抽测，保证其出水水质符合生活杂用水水质标准，则可用于冲厕、绿化、洗车等。已运行的中水工程为中水技术的开发提供了宝贵的经验，为中水技术的推广提供了可靠的依据。

3.6.1.2　建筑中水系统的分类

中水系统是一个系统工程，是给水工程技术、排水工程技术、水处理工程技术和建筑环境工程技术的有机结合，以求实现各部分的使用功能、节水功能及建筑环境功能的统一。按中水系统服务的范围，一般分为以下3类。

1. 建筑中水系统

建筑中水系统是指单幢或几幢相邻建筑所形成的中水系统，按其实际情况不同又可再分为两种型式：

（1）具有完善排水设施的建筑中水系统。该型式的中水系统（图3.55）是指建筑物排水管系为分流制，且具有城市二级水处理设施。中水的水源为本系统内的优质杂排水和杂排水（不含粪便污水），这种杂排水经集流处理后，仍供应本建筑内冲洗厕所、绿化、扫除、洗车、水景、空调冷却等用水。其水处理设施可设于建筑地下室或临近建筑的室外。这种系统的给水和排水都应该是双管系统，即室内饮用给水和中水供水采用不同的管网（也叫双管系统）分质供水，室内杂排水和污水采用不同的管网分别排除。

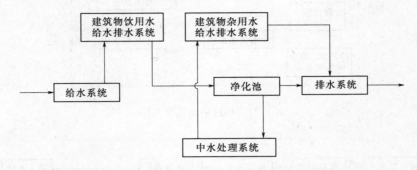

图 3.55　排水设施完善地区的单幢建筑中水系统

（2）排水设施不完善的建筑中水系统。该型式的中水系统（图 3.56）是指建筑物排水管系为合流制，且没有二级水处理设施或距二级水处理设施较远。中水水源取自该建筑的排水净化池（如沉砂池、沉淀池、除油池或化粪池等）。其中水处理构筑物根据建筑物有无地下室和气温冷暖期长短等条件设于室内和室外。这种系统室内饮用给水和中水供水也必须采用两种管系分质供水，而室内排水则不一定分流排放，应根据当地室外排水设施的现状和规划确定。

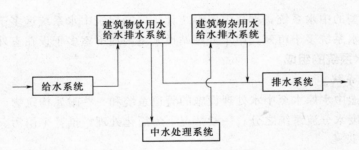

图 3.56　排水设施不完善地区的单幢建筑中水系统

2. 小区中水系统

小区中水系统（图 3.57）适用于城镇小区、机关大院、企业学校等建筑群。中水水源取自建筑小区内各建筑物排放的污废水。室内饮用给水和中水供水应采用双管系统分质供水。室内排水应与小区室外排水体制相对应，污水排放应按生活废水和生活污水分质、分流进行排放。

3. 城镇中水系统

城镇中水系统（图 3.58）以城镇二级污水处理厂的出水和部分雨水作为中水水源，经提升后送到中水处理站，处理达到生活杂用水水质标准后，供城镇杂用水使用。该系统不要求室内外排水系统必须采用分流制，但城镇应设有污水处理厂，城镇和室内供水管网应为双管系统。

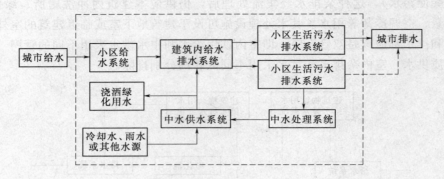

图 3.57　小区中水系统框图

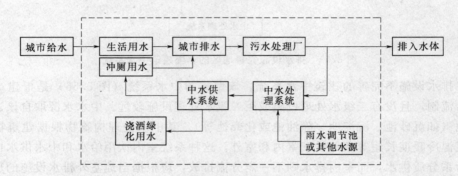

图 3.58　城镇中水系统框图

　　上述几种类型的中水系统，据有关资料统计，单幢建筑中水系统远多于建筑小区中水系统，市中心的中水系统多于市郊，中水处理站设于室内地下室多于设在室外。

3.6.2　建筑中水系统的组成

　　1. 中水原水系统

　　指收集、输送中水原水至中水处理设施的管道系统和一些附属构筑物。它具备污、废水合流系统和污、废水分流系统之分。一般情况下为简化处理，推荐采用污、废水分流系统。

　　2. 中水处理设施

　　(1) 预处理设施。主要包括化粪池、格栅和调节池等。以生活污水为原水的中水系统，必须在建筑物的粪便排水系统中设置化粪池，使污水得到初级处理。格栅的作用是截流中水原水中漂浮和悬浮的杂质，如毛发、布头和纸屑等。调节池的作用是对原水流量和水质起调节均衡作用，保证后续处理设备的稳定和高效运行。

　　(2) 中水主要处理设备包括沉淀池、气浮池、生物接触氧化池、生物转盘等。

　　1) 沉淀池。沉淀池通过自然沉淀或投加混凝剂，使污水中悬浮物借重力沉降作用从水中分离。

　　2) 气浮池。气浮池通过进入污水后的压缩空气在水中析出的微小气泡，将水中容重接近于水的微小颗粒黏附，并随气泡上升至水面，形成泡沫浮渣而去除。

　　3) 生物接触氧化池。在生物接触氧化池内设置填料，填料上长满生物膜，污水与生物膜相接触，在生物膜上微生物的作用下，分解流经其表面的污水中的有机物，使污水得到净化。

4）生物转盘。生物转盘的作用机理与生物接触氧化池基本相同，生物转盘每转动一周，即进行一次吸附—吸氧—氧化—分解过程，衰老的生物膜在沉淀池中被截留。

（3）后处理设施。当中水水质要求高于杂用水时，应根据需要增加深度处理，即中水再经过后处理设施处理，如过滤、消毒等。

滤池的作用是去除二级处理水中残留的悬浮物和胶体物质，对 BOD、COD、铁等也有一定的去除作用。

消毒设备主要有加氯设备和臭氧发生器。该种设备向污水中投放一定比例的液氯或通过臭氧发生器产生的臭氧输入污水中而杀灭细菌和病毒，达到消毒要求的指标。

3. 中水管道系统

（1）中水原水集水系统。中水原水集水系统是指建筑内部排水系统排放的污废水进入中水处理站，同时设有超越管线，以便出现事故时，可直接排放。

（2）中水供水系统。原水经中水处理设施处理后成为中水，首先流入中水储水池，再经水泵提升后与建筑内部的中水供水系统连接，建筑物内部的中水供水管网与给水系统相似，如图 3.59 所示。

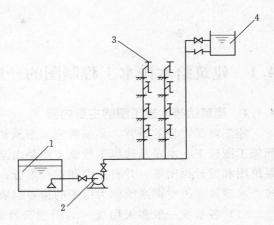

图 3.59　中水供水系统
1—储水池；2—水泵；3—中水用水器具；4—中水供水箱

复 习 思 考 题

1. 建筑内排水系统由哪几部分组成？各有什么作用？

2. 什么是排水体制？建筑内排水特征如何确定？

3. 建筑内排水系统常用的管材有哪些？各有什么特点？

4. 清通设备是什么？设置原则有哪些？

5. 建筑内排水管道布置和敷设的原则和要求。

6. 水封的作用是什么？如何保护其不受破坏？

7. 建筑内排水系统中通气管道的作用是什么？常用的通气方式有哪几种？各适用什么条件？

8. 为什么最低横支管要单独排出？

9. 屋面雨水排水系统主要方式有哪些？如何选择？

10. 建筑中水系统一般由哪些部分组成？

第4章　建筑给水排水施工图识读

4.1　建筑给水排水工程制图的一般要求

4.1.1　建筑给排水施工图的主要内容

施工图是工程的语言，是编制施工图预算和进行施工最重要的依据，施工单位应严格按照施工图施工。水暖及通风工程施工图是由基本图和详图组成的。基本图包括管线平面图、系统图和设计说明等，并有室内和室外之分；详图包括各局部或部分的加工、安装尺寸和要求。水暖及通风空调系统作为房屋的重要组成部分，其施工图有以下几个特点。

（1）各系统一般多采用统一的图例符号表示，而这些图例符号一般并不反映实物的原型。所以在识图前，应首先了解各种符号及其所表示的实物。

（2）系统都是用管道来输送流体（包括气体和液体），而且在管道中都有自己的流向，识图时可按流向去读，这样易于掌握。

（3）各系统管道都是立体交叉安装的，只看管道平面图难以看懂，一般都有系统图（或轴测图）来表达各管道系统和设备的空间关系，两种图互相对照阅读，更有利于识图。

（4）各设备系统的安装与土建施工是配套的，应注意其对土建的要求和各工种间的相互关系，如管槽、预埋件及预留洞口等。

建筑给排水施工图一般由图纸目录、主要设备材料表、设计说明、图例、平面图、系统图（轴测图）、施工详图等组成。各部分的主要内容如下。

4.1.1.1　平面布置图

给水、排水平面图应表达给水、排水管线和设备的平面布置情况。

根据建筑规划，在设计图纸中，用水设备的种类、数量、位置均要做出给水和排水平面布置；各种功能管道、管道附件、卫生器具、用水设备（如消火栓箱、喷头等）均应用各种图例表示；各种横干管、立管、支管的管径、坡度等均应标出。平面图上管道都用单线绘出，沿墙敷设时不标注管道距墙面的距离。

一张平面图上可以绘制几种类型的管道，一般来说给水和排水管道可以在一起绘制。若图纸管线复杂，也可以分别绘制，以图纸能清楚地表达设计意图而图纸数量又很少为原则。

建筑内部给排水，以选用的给水方式来确定平面布置图的张数。底层及地下室必绘，顶层若有高位水箱等设备，也必须单独绘出。建筑中间各层，如卫生设备或用水设备的种类、数量和位置都相同，绘一张标准层平面布置图即可；否则，应逐层绘制。

在各层平面布置图上，各种管道、立管应编号标明。

4.1.1.2　系统图

系统图也称"轴测图"，其绘法取水平、轴测、垂直方向，完全与平面布置图比例相同。

系统图上应标明管道的管径、坡度，标出支管与立管的连接处，以及管道各种附件的安装标高，标高的±0.00应与建筑图一致，系统图上各种立管的编号应与平面布置图相一致。系统图均应按给水、排水、热水等各系统单独绘制，以便于施工安装和概预算应用。

系统图中对用水设备及卫生器具的种类、数量和位置完全相同的支管、立管，可不重复完全绘出，但应用文字标明。当系统图立管、支管在轴测方向重复交叉影响识图时，可断开移到图面空白处绘制。

4.1.1.3 施工详图

凡平面布置图、系统图中局部构造因受图面比例限制而表达不完善或无法表达的，为使施工概预算及施工不出现失误，必须绘出施工详图。通用施工详图系列，如卫生器具安装、排水检查井、雨水检查井、阀门井、水表井、局部污水处理构筑物等，均有各种施工标准图，施工详图宜首先采用标准图。

绘制施工详图的比例以能清楚绘出构造为依据选用。施工详图应尽量详细注明尺寸，不应以比例代替尺寸。

4.1.1.4 设计施工说明及主要材料设备表

用工程绘图无法表达清楚的给水、排水供应，雨水系统等管材防腐、防冻、防露的做法；或难以表达的诸如管道连接、固定、竣工验收要求、施工中特殊情况技术处理措施或者施工方法要求严格遵守的技术规程、规定等，可在图纸中用文字写出设计施工说明。工程选用的主要材料及设备表，应标明材料类别、数量，设备品种、规格和主要尺寸。

设备、材料表是该项工程所需的各种设备和各类管道、管件、阀门、防腐和保温材料的名称、规格、型号、数量的明细表。

此外，施工图还应绘出工程图所用图例。

所有以上图纸及施工说明等应编排有序，写出图纸目录。

4.1.2 建筑给排水施工图的基本规定

4.1.2.1 图线

建筑给排水施工图的线宽 b 应根据图纸的类别、比例和复杂程度确定。一般线宽 b 宜为0.7mm 或 1.0mm。常用的线型应符合表4.1的规定。

表 4.1   常 用 的 线 型

名　称	线　型	线宽	一　般　用　途
粗实线	——————	b	新建各种给水排水管道线
中实线	——————	$0.5b$	(1) 给水排水设备、构件的可见轮廓线。 (2) 厂区（小区）给水排水管道图中新建建筑物、构筑物的可见轮廓线，原有给水排水的管道线
细实线	——————	$0.35b$	(1) 平、剖面图中被剖切的建筑构造（包括构配件）的可见轮廓线。 (2) 厂区（小区）给水排水管道图中原有建筑物、构筑物的可见轮廓线。 (3) 尺寸线、尺寸界限、局部放大部分的范围线、引出线、标高符号线、较小图形的中心线等
粗虚线	— — — —	b	新建各种给水排水管道线

续表

名　称	线　型	线宽	一　般　用　途
中虚线	— — — — —	0.5b	（1）给水排水设备、构件的不可见轮廓线。 （2）厂区（小区）给水排水管道图中新建建筑物、构筑物的不可见轮廓线、原有给水排水的管道线
细虚线	— — — —	0.35b	（1）平、剖面图中被剖切的建筑构造的不可见轮廓线。 （2）厂区（小区）给水排水管道图中原有建筑物、构筑物的不可见轮廓线
细点划线	— · — —	0.35b	中心线、定位轴线
折断线	—⌇—	0.35b	断开界限
波浪线	∿∿∿	0.35b	断开界限

4.1.2.2　比例

建筑给排水专业制图常用的比例，宜符合表 4.2 的规定。在建筑给排水轴测系统图中，如局部表达有困难时，该处可不按比例绘制。

表 4.2　　　　　　　　　　　　　常　用　比　例

名　称	比　例	备　注
建筑给排水平面图	1：200、1：150、1：100	宜与建筑专业一致
建筑给排水轴测图	1：150、1：100、1：50	宜与相应图纸一致
详图	1：50、1：30、1：20、1：10、1：5、1：2、1：1、2：1	—

4.1.2.3　标高

标高是表示管道或建筑物高度的一种形式。标高有绝对标高和相对标高两种，绝对标高是以我国青岛附近黄海的平均海平面作为零点的，相对标高一般以建筑物的底层室内主要地坪面为该建筑物的相对标高的零点。室内工程应标注相对标高；室外工程应标注绝对标高。当无绝对标高资料时，可标注相对标高，但应与总图专业一致。

压力管道应标注管中心标高；重力流管道和沟渠宜标注管（沟）内底标高。标高单位以"m"计时，可注写到小数点后第二位。

下列部位应标注标高：沟渠和重力流管道在建筑物内应标注起点、变径（尺寸）点、变坡点、穿外墙及剪力墙处；压力流管道中的标高控制点；管道穿外墙、剪力墙和构筑物的壁及底板处；不同水位线处；建（构）筑物中土建部分的相关标高。标高的标注方法应符合如图 4.1～图 4.5 所示的规定。

（1）平面图中，管道标高应按图 4.1 所示的方式标注。

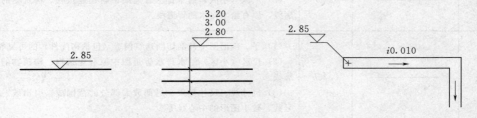

图 4.1　平面图中管道标高标注法　　　图 4.2　平面图中沟渠标高标注法

（2）平面图中，沟渠标高应按图 4.2 所示的方式标注。

（3）剖面图中，管道及水位的标高应按图 4.3 所示的方式标注。

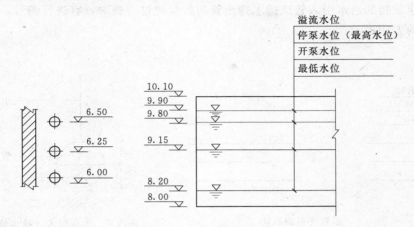

图 4.3 剖面图中管道及水位标高标注法

（4）轴测图中，管道标高应按图 4.4 所示的方式标注。

建筑物内的管道也可按本层建筑地面的标高加管道安装高度的方式标注管道标高，标注方法应为 $H+\times$、$\times\times$、H 表示本层建筑地面标高。

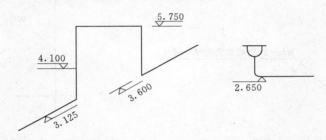

图 4.4 管道标高表示法

4.1.2.4 管径

施工图上的管道必须按规定标注管径，管径的单位应为"mm"。在标注时通常只写代号与数字而不再注明单位。管径的表达方法应符合下列规定：水煤气输送钢管（镀锌或非镀锌）、铸铁管等管材，管径宜以公称直径 DN 表示；无缝钢管、焊接钢管（直缝或螺旋缝）等管材，管径宜以外径 D×壁厚表示；铜管、薄壁不锈钢管等管材，管径宜以公称外径 D_w 表示；建筑给水排水塑料管材，管径宜以公称内径 dn 表示；钢筋混凝土（或混凝土）管，管径宜以内径 d 表示；复合管、结构壁塑料管等管材，管径应按产品标准的方法表示；当设计中均采用公称直径 DN 表示管径时，应有公称直径 DN 与相应产品规格对照表。

DN20

图 4.5 单根管径表示法

管径的标注方法应符合如图 4.5、图 4.6 所示的规定。

（1）单根管道时，管径应按图 4.5 所示的方式标注。

（2）多根管道时，管径应按图 4.6 所示的方式标注。

4.1.2.5　编号

建筑给排水施工图编号的基本规定为：

（1）当建筑物的给水引入管或排水排出管的数量超过一根时，宜进行编号，编号宜按如图 4.7 所示的方法表示。

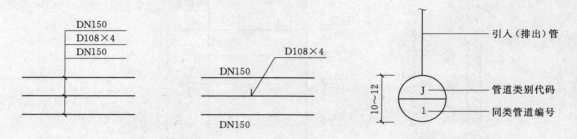

图 4.6　多管管径表示法

图 4.7　给水引入（排水排出）管编号表示方法

（2）建筑物穿越楼层的立管，其数量超过一根时宜进行编号，编号宜按如图 4.8 所示方法表示。

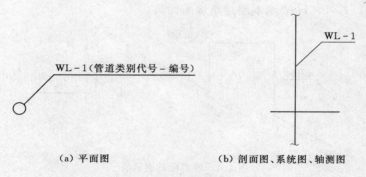

（a）平面图　　　　　　　（b）剖面图、系统图、轴测图

图 4.8　立管编号表示方法

（3）在总平面图中，当给排水附属构筑物的数量超过一个时，宜进行编号。编号方法为：构筑物代号-编号。给水构筑物的编号顺序宜为：从水源到干管，再从干管到支管，最后到用户。排水构筑物的编号顺序宜为：从上游到下游，先干管后支管。

（4）当给排水机电设备的数量超过一台时，宜进行编号，并应有设备编号与设备名称对照表。

4.1.3　常用建筑给排水施工图的图例

施工图上的管件和设备一般是采用示意性的图例符号来表示的，这些图例符号既有相互通用的，各种专业施工图还有一些各自不同的图例符号，为了看图方便，一般在每套施工图中都附有该套图纸所用到的图例。

建筑给排水图纸上的管道、卫生器具、设备等均按照《建筑给水排水制图标准》（GB/T 50106—2010）使用统一的图例来表示。在此标准中列出了管道、管道附件、管道连接、管件、阀门、给水配件、消防设施、卫生设备及水池、小型给水排水构筑物、给水排水设备、仪表等共 11 类图例。这里仅给出一些常用图例供参考，见表 4.3。

表 4.3   常用建筑给排水施工图图例

图　例	名　称	图　例	名　称
——J——	生活给水管道	▷◁	闸阀
JL— JL—	生活给水立管	⊿	止回阀
——W——	污水管道	●|	球阀
WL— WL—	污水立管	⌐	水龙头
——X——	消火栓给水管道	╪	防水套管
XL— XL—	消火栓给水立管	⊘ Y	地漏
——P——	喷淋给水管道	▨ ◑	室内消火栓
PL— PL—	喷淋给水立管	◓	室外消火栓
╫	带伸缩节检查口	⌐✓	消防水泵结合器
╪	伸缩节	—‖—◯	浮球阀
○—┬	地上式清扫口	⌐|	角阀
‖	延时自闭冲洗阀	◡	自动排气阀
⊗ ↑	通气帽	⌐—	管堵
┬	小便器冲洗阀	◓	末端试水阀
▩◦	湿式报警阀	↓ ○	自动喷洒头（闭式）

4.2   建筑给排水施工图的识读方法

阅读给排水施工图一般应遵循从整体到局部、从大到小、从粗到细的原则。对于一套图纸，看图的顺序为：首先是看图纸目录，了解建设工程的性质、设计单位、管道种类、搞清楚这套图纸有多少张，有几类图纸，以及图纸编号；其次是看施工图说明、材料表等一系列说明；最后是把平面图、系统图、详图等交叉阅读。对于一张图纸而言，首先是看标题栏，了解图纸名称、比例、图号、图别等，最后对照图例和文字说明进行细读。

阅读主要图纸之前，应当先看说明和设备材料表，然后以系统图为线索深入阅读平面图、系统图及详图。

阅读时，应 3 种图相互对照来看。先看系统图，对各系统做到大致了解；看给水系统图时，可由建筑的给水引入管开始，沿水流方向经干管、立管、支管到用水设备；看排水系统图时，可由排水设备开始，沿排水方向经支管、横管、立管、干管到排出管。

4.2.1　平面图的识读

室内给排水管道平面图是施工图纸中最基本和最重要的图纸，常用的比例是 1 : 100 和 1 : 50 两种，它主要表明建筑物内给排水管道及卫生器具和用水设备的平面布置。图上的线条都是示意性的，同时管材配件如活接头、补心、管箍等也画不出来，因此在识读图纸时还必须熟悉给排水管道的施工工艺。

在识读管道平面图时，应该掌握的主要内容和注意事项如下。

（1）查明卫生器具、用水设备和升压设备的类型、数量、安装位置、定位尺寸。

（2）弄清给水引入管和污水排出管的平面位置、走向、定位尺寸、与室外给排水管网的连接形式、管径及坡度等。

（3）查明给排水干管、立管、支管的平面位置与走向、管径尺寸及立管编号。从平面图上可清楚地查明是明装还是暗装，以确定施工方法。

（4）消防给水管道要查明消火栓的布置、口径大小及消防箱的形式与位置。

（5）在给水管道上设置水表时，必须查明水表的型号、安装位置以及水表前后阀门的设置情况。

（6）对于室内排水管道，还要查明清通设备的布置情况，清扫口和检查口的型号和位置。

4.2.2　系统图的识读

给排水管道系统图主要表明管道系统的立体走向。

在给水系统图上，卫生器具不需画出来，只需画出水龙头、淋浴器莲蓬头、冲洗水箱等符号；用水设备如锅炉、热交换器、水箱等则画出示意性的立体图，并在旁边注以文字说明。

在排水系统图上也只画出相应的卫生器具的存水弯或器具排水管。

在识读系统图时，应掌握的主要内容和注意事项如下。

（1）查明给水管道系统的具体走向，干管的布置方式，管径尺寸及其变化情况，阀门的设置。引入管、干管及各支管的标高。

（2）查明排水管道的具体走向，管路分支情况，管径尺寸与横管坡度，管道各部分标高，存水弯的形式，清通设备的设置情况，弯头及三通的选用等。识读排水管道系统图时，一般按卫生器具或排水设备的存水弯、器具排水管、横支管、立管、排出管的顺序进行。

（3）系统图上对各楼层标高都有注明，识读时可据此分清管路是属于哪一层的。

4.2.3　详图的识读

室内给排水工程的详图包括节点图、大样图、标准图，主要是管道节点、水表、消火栓、水加热器、开水炉、卫生器具、套管、排水设备、管道支架等的安装图及卫生间大样图等。这些图都是根据实物用正投影法画出来的，图上都有详细尺寸，可供安装时直接使用。

4.3 住宅给排水施工图识读实例

这里以如图 4.10～图 4.15 所示的建筑给排水施工图中西单元西住户为例介绍其识读过程。

4.3.1 施工说明

本工程施工说明如下。

1. 管材

（1）生活给水管。室内冷水给水管采用 PP‑R 冷水管，公称压力为 1.0MPa，热熔连接。

（2）排水管道。室内排水管及通气管采用 PVC‑U 管，壁厚不小于 3.2mm，黏接。

2. 阀门及附件

（1）生活给水管上采用全铜质闸阀，工作压力为 1.0MPa。

（2）附件。

1）地漏水封高度不小于 50mm。

2）进户水表采用 DN20 的水平旋翼式水表。

3）全部给水配件均采用节水型产品，不得采用淘汰产品。

3. 卫生洁具

（1）本工程所用卫生洁具均采用陶瓷制品，颜色由业主和装修设计确定。

（2）卫生洁具采用下出水低水箱坐式大便器（水箱容积为 6L），台式洗脸盆。

（3）卫生洁具给水及排水五金配件应采用与卫生洁具配套的节水型。

4. 管道敷设

（1）户内给水管道除部分敷设在找平层内，其他均明敷。

（2）给水立管穿楼板时，应设钢套管。安装在楼板内的套管，其顶部应高出装饰地面20mm；安装在卫生间内的钢套管，其顶部高出装饰地面 50mm，底部应与楼板底面相平；套管与管道之间缝隙应用阻燃密实材料和防水油膏填实，端面光滑。

（3）排水管穿楼板应预留孔洞，管道安装完后将孔洞严密捣实，立管周围应设高出楼板面设计标高 10～20mm 的阻水圈。

（4）管道穿钢筋混凝土墙和楼板、梁时，应根据图中所注管道标高、位置配合土建工种预留孔洞或预埋套管。

（5）管道坡度。

1）排水管道除图中注明者外，均按表 4.4 所示坡度安装：

表 4.4　　　　　　　　　　　　　管径及坡度对照表

管径/mm	DN50	DN75	DN100	DN150
坡度	0.025	0.025	0.02	0.01

2）给水管按 0.002 的坡度坡向立管或泄水装置。

（6）管道支架。

1）管道支架或管卡应固定在楼板上或承重结构上。

2）管道水平安装支架间距，按《建筑给水排水及采暖工程施工质量验收规范》（GB

50242—2002）之规定施工。

（7）排水立管检查口距地面或楼板面1m。

（8）管道连接。

1）污水横管与横管的连接，不得采用正三通和正四通。

2）污水立管偏置时，应采用乙字管或2个45°弯头。

3）污水立管与排出管连接时采用2个45°弯头，且立管底部弯管处应设支墩。

（9）阀门安装时应将手柄留在易于操作处。暗装在管井、吊顶内的管道，凡设阀门及检查口处均应设检修门，检修门做法详见施工图。

5．管道和设备保温

（1）管道保温。明露室外的给水管应保温，采用外贴铝箔超细离心玻璃棉双合管进行保温，保温厚度5cm。

（2）保温应在完成试压合格及除锈防腐处理后进行。

6．管道试压

压力管道施工完毕后，均需试压。试压方法应按《建筑给水排水及采暖工程施工质量验收规范》（GB 50242—2002）的进行水压试验，规定执行。

7．管道冲洗

（1）给水管道在系统运行前必须用水冲洗和消毒，要求以不小于1.5m/s的流速进行冲洗，并符合《建筑给水排水及采暖工程施工质量验收规范》（GB 50242—2002）中第4.2.3条的规定。

（2）排水管冲洗以管道通畅为合格。

8．其他

（1）图中所注尺寸除管长、标高以"m"计外，其余均以"mm"计。

（2）本图所注管道标高：给水等压力管是指管中心；污水、废水等重力流管道和无水流的通气管是指管内底。

（3）本设计施工说明与图纸具有同等效力，二者有矛盾时，业主及施工单位应及时提出，并以设计单位解释为准。

（4）施工中应与土建公司和其他专业公司密切合作，合理安排施工进度，及时预留孔洞及预埋套管，以防碰撞和返工。

（5）除本设计说明外，施工中还应遵守《建筑给水排水及采暖工程施工及质量验收规范》（GB 50242—2002）及《给水排水构筑物施工及验收规范》（GB 50141—2002）。

4.3.2　图例

本工程图例见表4.3。

4.3.3　建筑给排水平面图识读

给水排水平面图的识读一般从最底层开始，往上逐层阅读。给排水平面图如图4.9～图4.12所示。

4.3.4　建筑给排水系统图识读

给水排水系统图如图4.13所示。

4.3.5　建筑给排水详图识读

给水排水详图如图4.14所示。

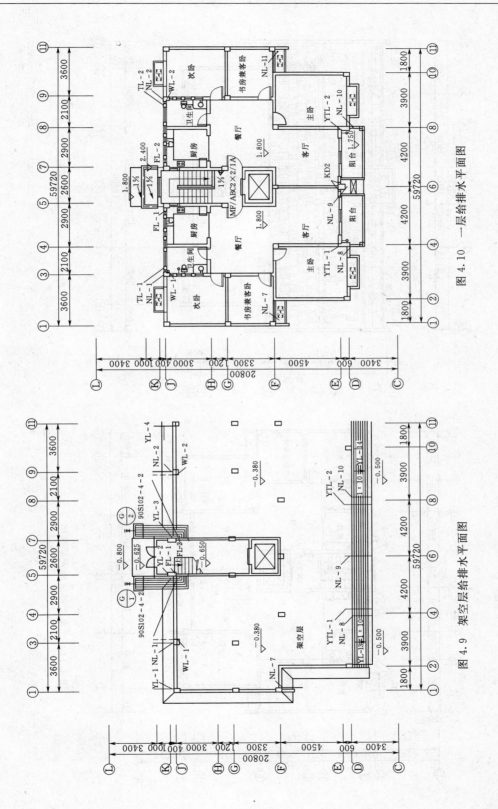

图 4.10　一层给排水平面图

图 4.9　架空层给排水平面图

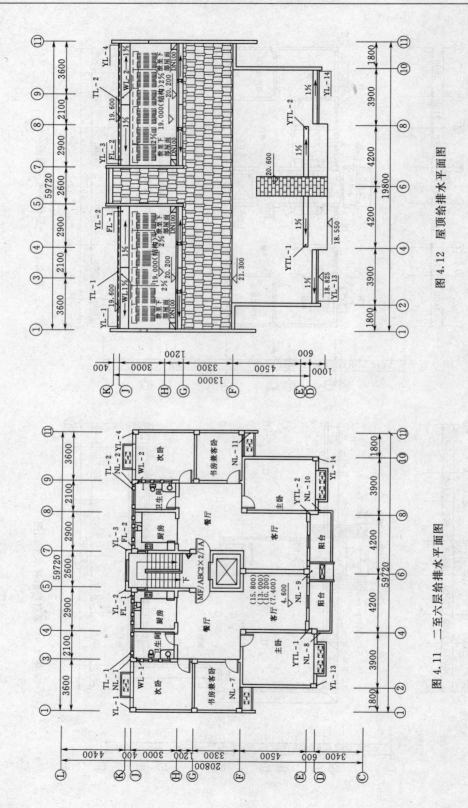

图 4.12 屋顶给排水平面图

图 4.11 二至六层给排水平面图

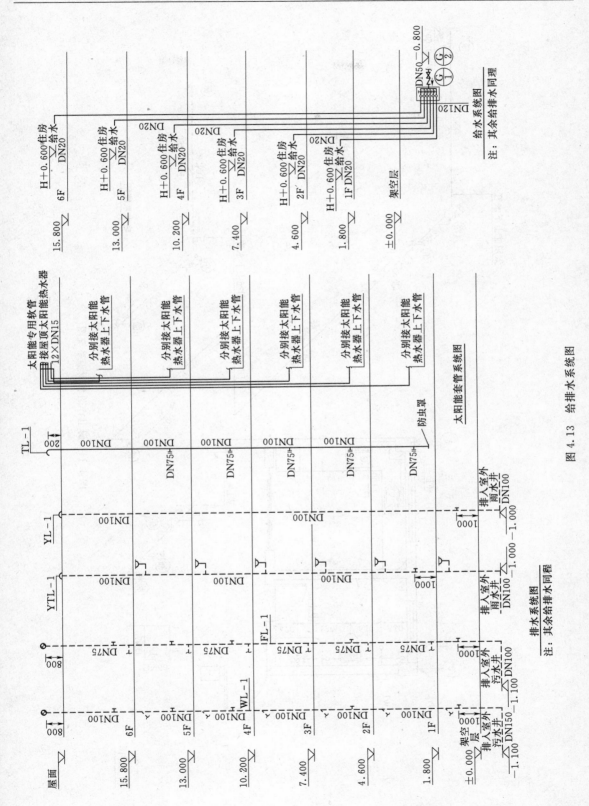

图 4.13 给排水系统图

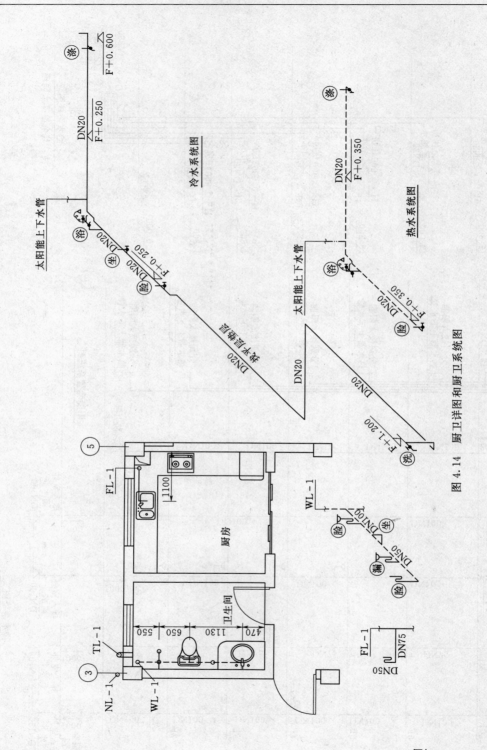

图4.14 厨卫详图和厨卫系统图

复 习 思 考 题

1. 请详细记清建筑给排水管道施工图中的常用图例、符号。
2. 标高的表示方法有哪些？
3. 详图一般包括哪些内容？
4. 建筑给水工程施工图主要包含哪些图纸？
5. 建筑排水管道系统图应反映出哪些内容？

第 5 章　建筑供暖系统与燃气供应系统

5.1　供暖系统的组成与分类

在冬季，室外温度低于室内温度，房间内的热量通过围护结构（墙、窗、门、地面和屋顶等）不断向外散失，为使室内保持所需的温度，就必须向室内供给相应的热量，这种向室内供给热量的工程设备叫做供暖系统。

5.1.1　供暖系统的组成

供暖系统主要由热源、输热管道和散热设备 3 个部分组成。

（1）热源。使燃料燃烧产生热，将热媒加热成热水或蒸汽的部分，如锅炉房、热交换站等。

（2）输热管道。供热管道是指热源和散热设备之间的连接管道，将热媒输送到各个散热设备。

（3）散热设备。将热量传至所需空间的设备，如散热器和暖风机等。

5.1.2　供暖系统的分类

1. 按供暖热媒种类分类

（1）热水供暖系统。以热水为热媒的供暖系统称为热水供暖系统。当供水温度小于100℃时，为低温热水供暖系统；当供水温度不小于 100℃时，为高温热水供暖系统。

（2）蒸汽供暖系统。以蒸汽为热媒的供暖系统称为蒸汽供暖系统。根据蒸汽压力不同可分为高压蒸汽供暖系统（压力大于 0.07MPa）、低压蒸汽供暖系统（压力不大于0.07MPa）和真空蒸汽供暖系统（压力小于大气压）。

（3）热风供暖系统。以空气为热媒的供暖系统称为热风供暖系统。根据送风加热装置安设位置不同，分为集中送风供暖系统、暖风机供暖系统和空气幕供暖系统。

2. 按供暖区域分类

（1）局部供暖系统。热源、管道系统和散热设备在构造上联成一个整体，分散设置在各个房间里，仅为设施所在的局部区域供暖的供暖系统，称为局部供暖系统。如火炉、火墙、火炕、电红外线供暖等均属于局部供暖。

（2）集中供暖系统。热源和散热设备分别设置，用热媒管道连接，由热源向各个房间或各个建筑物供给热量的供暖系统，称为集中供暖系统。

（3）区域供暖系统。以区域锅炉房或热电厂为热源，向数栋建筑或区域供暖的系统称为区域供暖系统。

3. 按运行时间分类

（1）连续供暖。全天运行，保持房间温度全天达到设计要求。

（2）间歇供暖。部分时间运行，保持房间使用时间内温度达到设计要求。

（3）值班供暖。非工作时间，使建筑物保持最低室温要求的供暖方式。

4. 按散热方式分类

（1）对流供暖。利用空气受热所形成的自然对流，使房间温度上升。主要设备有散热器和暖风机等。

（2）辐射供暖。利用受热面释放热射线，将室内空气加热。主要设备有辐射散热器、辐射地板和燃气辐射供暖器等。

5.2 供暖系统的系统形式

5.2.1 热水供暖系统

供暖系统常用的热媒有水、蒸汽、空气。以热水作为热媒的供暖系统称为热水供暖系统。

热水供暖系统的热能利用率高，输送时无效热损失较小，散热设备不易腐蚀，使用周期长，且散热设备表面温度低，符合卫生要求；系统操作方便，运行安全，易于实现供水温度的集中调节，系统蓄热能力高，散热均匀，适于远距离输送。

5.2.1.1 热水供暖系统分类

热水供暖系统，可按下述方法进行分类。

（1）按热水供暖循环动力的不同，可分为自然循环系统和机械循环系统。

（2）按供、回水管连接方式的不同，可分为单管系统和双管系统。

（3）按系统管道敷设方式的不同，可分为垂直式系统和水平式系统。

（4）按热媒温度的不同，可分为低温水供暖系统和高温水供暖系统。

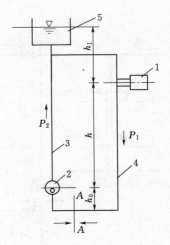

图 5.1 自然循环热水供热系统
1—散热器；2—锅炉；3—供水管道具；
4—回水管道；5—膨胀水管

5.2.1.2 各类热水供暖系统工作原理及特点

1. 自然循环热水供暖系统

（1）自然循环热水供暖系统的组成。自然循环热水供暖系统由锅炉、散热器、供水管道、回水管道和膨胀水箱组成，如图 5.1 所示。

（2）自然循环热水供暖系统的工作原理。这种系统中不设循环水泵，仅靠供、回水的温度差而形成的密度差所产生的压力使水在系统中进行循环。在系统工作之前，先将系统中充满冷水，当水在锅炉内被加热后，它的密度减小，同时受着从散热器流回来密度较大的回水的驱动，使热水沿着供水干管上升，流入散热器，在散热器内水被冷却，再沿回水干管流回锅炉。这样，水连续被加热，热水不断上升，在散热器及管路中散热冷却后的回水又流回锅炉被重新加热，形成如图 5.1 中箭头所示的方向循环流动。这种水的循环称之为自然（重力）循环。

由此可见，自然循环热水供暖系统的循环作用压力的大小取决于水温在循环环路的变化状况。在分析作用压力时，先不考虑水在沿管路流动时的散热而使水不断冷却的因素，认为在图 5.1 中的循环环路内水温只在锅炉和散热器两处发生变化。

假定图中最低点断面 $A-A$ 处有一假想阀门，若突然将阀门关闭，则断面 $A-A$ 两侧所受到的水柱压力之差就是驱使水进行循环流动的自然压头，其中，设热水密度为 ρ_g，回水密度为 ρ_h。

$A-A$ 断面右侧：$\qquad P_1=g(h_0\rho_h+h\rho_h+h_1\rho_g)$ （5.1）

$A-A$ 断面左侧：$\qquad P_2=g(h_0\rho_h+h\rho_g+h_1\rho_g)$ （5.2）

系统循环作用压力：$\qquad \Delta P=P_1-P_2=gh(\rho_h-\rho_g)$ （5.3）

由式（5.3）可见，起循环作用的只有散热器中心和锅炉中心之间这段高度内的水密度差。如供回水温度为 95℃/70℃，经查国际温标（ITS—90）的纯水密度表，则每米高差可产生的作用压力为：

$$gh(\rho_h-\rho_g)=9.8\times1.0\times(977.759-961.883)=155.58(\text{Pa})$$

（3）自然循环热水供暖系统的主要形式。

1）双管上供下回式。如图 5.2（a）所示为双管上供下回式系统。其特点是各层散热器都并联在供、回水立水管上，水经回水立管、干管直接流回锅炉。如不考虑水在管道中的冷却，则进入各层散热器的水温相同。

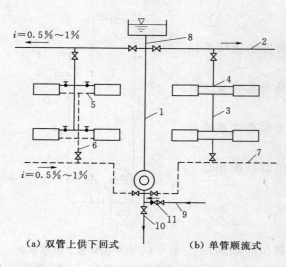

（a）双管上供下回式 （b）单管顺流式

图 5.2 自然循环供暖系统

1—总立管；2—供水干管；3—供水立管；4—散热器供水支管；5—散热器回水支管；6—回水立管；7—回水干管；8—膨胀水箱连接管；9—充水管（接上水管）；10—泄水管（接下水管）；11—止回阀

上供下回式自然循环热水供暖系统管道布置的一个主要特点是：系统的供水干管必须有向膨胀水箱方向上升的坡度，其坡度宜采用 0.5%～1.0%；散热器支管的坡度一般取 1.0%。回水干管应有沿水流向锅炉方向下降的坡度。

2）单管上供下回式。单管系统的特点是热水送入立管后由上向下顺序流过各层散热器，水温逐层降低，各组散热器串联在立管上。每根立管（包括立管上各层散热器）与锅炉、供回水干管形成一个循环环路，各立管环路是并联关系，如图 5.2（b）所示。

与双管系统相比，单管系统的优点是系统简单，节省管材，造价低，安装方便，上下层房间的温度差异较小；其缺点是顺流式不能进行个体调节。

（4）自然循环热水供暖系统的技术特点。

1）对于多层建筑，若各层房间的热负荷相同，采用的立、支管相同，则流经上层散热器的流量多于实际需要量，流经下层散热器的流量少于实际需要量，这会造成上层房间温度偏高，下层房间温度偏低，即垂直失调现象。

2）由于自然压头很小，为了保证输送所需的流量，系统管径不致过大，要求锅炉中心与散热器中心的垂直距离不小于 2.5～3m。

3）在自然循环热水供暖系统中，由于水的流速较小（<0.2m/s），水平供水干管可以

逆流排气排入膨胀水箱，但要求水平供水干管必须有向膨胀水箱方向向上的坡度，且不得小于 0.5%～1%。

4）因自然压头很小，故干管长度不宜过长，否则系统的管径就会过大。因此，系统的作用半径不宜大于 50m。

5）自然循环热水供暖系统仅能用于有地下室、地坑的一些较小的独立的建筑。

2. 机械循环热水供暖系统

自然循环热水供暖系统虽然维护管理简单，不需要耗费电能，但由于作用压力小，管中水流动速度不大，所以管径就相对要大一些，作用半径也受到限制。如果系统作用半径较大，自然循环往往难以满足系统的工作要求。这时，应采用机械循环热水供暖系统。

（1）机械循环双管上供下回式热水供暖系统。如图 5.3 所示为机械循环双管上供下回式热水供暖系统示意图。该系统与每组散热器连接的立管均为两根，热水平行地分配给所有散热器，散热器流出的回水直接流回锅炉。供水干管布置在所有散热器上方，而回水干管在所有散热器下方，所以叫上供下回式。

在这种系统中，水在系统内循环，主要依靠水泵所产生的压头，但同时也存在自然压头，从而也会造成上层房间温度偏高，下层房间温度偏低的"垂直失调"现象。

（2）机械循环中供式热水供暖系统。从系统总立管引出的水平供水干管敷设在系统的中部，下部系统为上供下回式，上部系统可采用下供下回式，也可采用上供下回式。中供式系统可用于原有建筑物加建楼层或上部建筑面积小于下部建筑面积的场合，如图 5.4 所示。

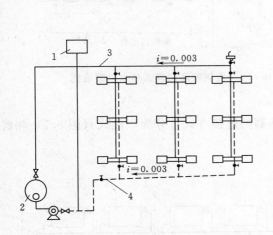

图 5.3 机械循环上供下回式热水供暖系统

1—膨胀水箱；2—热水锅炉；3—采暖供水管；
4—采暖回水管

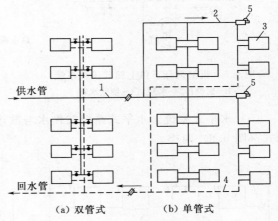

图 5.4 机械循环中供式热水供暖系统

1—中部供水管；2—上部供水管；3—散热器；
4—回水干管；5—集气罐

（3）机械循环下供上回式（倒流式）供暖系统。该系统的供水干管设在所有散热器设备的上面，回水干管设在所有散热器下面，膨胀水箱连接在回水干管上。回水经膨胀水箱流回锅炉房，再被循环水泵送入锅炉，如图 5.5 所示。倒流式系统具有如下特点。

1）水在系统内的流动方向是自下而上流动，与空气流动方向一致，可通过顺流式膨胀水箱排除空气，无需设置集中排气罐等排气装置。

2）对热损失大的底层房间，由于底层供水温度高，底层散热器的面积减小，便于布置。

3）当采用高温水供暖系统时，由于供水干管设在底层，这样可降低防止高温水汽化所需的水箱标高，减少布置高架水箱的困难。

4）供水干管在下部，回水干管在上部，无效热损失小。

这种系统的缺点是散热器的放热系数比上供下回式低，散热器的平均温度几乎等于散热器的出口温度，这样就增加了散热器的面积。但用于高温水供暖时，这一特点却有利于满足散热器表面温度不致过高的卫生要求。

（4）异程式系统与同程式系统。循环环路是指热水从锅炉流出，经供水管到散热器，再由回水管流回到锅炉的环路。如果一个热水供暖系统中各循环环路的热水流程长短基本相等，称为同程式热水供暖系统，如图 5.6 所示；热水流程相差很多时，称为异程式热水系统。在较大的建筑物内宜采用同程系统。同程式增加了回水管长度，使各分立管的循环环路的长度相等，有利于环路间的阻力平衡，热量分配易于达到设计要求。

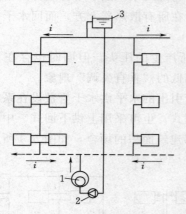

图 5.5　机械循环下供上回式供暖系统
1—锅炉；2—水泵；3—膨胀水箱

图 5.6　机械循环同程式热水供暖系统

（5）水平式系统。水平式系统按供水与散热器的连接方式可分为顺流式（图 5.7）和跨越式（图 5.8）两类。

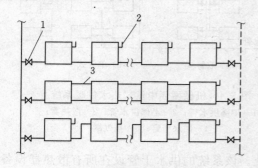

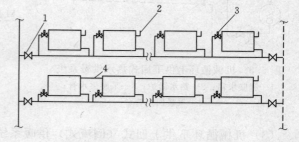

图 5.7　水平顺流式热水供暖系统
1—关断阀；2—放气门；3—空气管

图 5.8　水平跨越式热水供暖系统
1—关断阀；2—放气门；3—两通恒温阀；4—空气管

跨越式的连接方式可以有图 5.8 中上下两种。下面的连接形式虽然稍费一些支管，但增大了散热器的传热系数。由于跨越式可以在散热器上进行局部调节，它可以应用在需要局部调节的建筑物中。

水平式系统排气比垂直式上供下回系统要复杂，通常采用排气管集中排气。水平式系统的总造价要比垂直式系统少很多，但对于较大系统，由于有较多的散热器处于低水温区，尾端的散热器面积可能较垂直式系统的要多些。但它与垂直式（单管和双管）系统相比，还有以下优点：

1）系统的总造价一般要比垂直式系统低。

2）管路简单，便于快速施工。除了供、回水总立管外，无穿过各层楼管的立管，因此无需在楼板上打洞。

3）有可能利用最高层的辅助空间架设膨胀水箱，不必在顶棚上专设安装膨胀水箱的房间。

4）沿路没有立管，不影响室内美观。

3. 机械循环热水供暖系统与自然循环热水供暖系统的主要区别

（1）循环动力不同。机械循环热水供暖系统系统中设置了循环水泵，靠水泵提供的机械能使水在系统中循环。系统中的循环水在锅炉中被加热，通过总立管、干管、支管到达散热器。水沿途散热有一定的温降，在散热器中放出大部分热量，沿回水支管、立管、干管重新回到锅炉被加热。

（2）膨胀水箱的连接点和作用不同。在机械循环热水供暖系统系统中，循环水泵一般安装在回水干管上，并将膨胀水箱连在水泵吸入端。膨胀水箱位于系统最高点，它的主要作用是容纳因水受热后所膨胀的体积。当膨胀水箱连在水泵吸入端时，它可使整个系统处于稳定的正压（高于大气压）下工作，这就保证了系统中的水不致被汽化，从而避免了因水气存在而中断水的循环。

（3）排气途径不同。在机械供暖系统中，水流速度往往超过水中分离出来的空气气泡的浮升速度。为了使气泡不致被带入立管，供水干管应按水流方向设置上升坡度，使气泡随水流方向流动汇集到系统的最高点，通过在最高点设置排气装置——集气罐，将空气排出系统外。同时为了使回水能够顺利流回，回水干管应有向锅炉房方向向下的坡度。供回水干管坡度应在 0.002～0.005 范围内，一般采用 0.003。

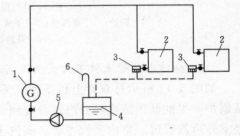

图 5.9 蒸汽供暖系统原理图
1—蒸汽锅炉；2—散热器；3—疏水器；
4—凝结水箱；5—凝水泵；6—空气管

5.2.2 蒸汽供暖系统

5.2.2.1 蒸汽供暖系统的工作原理

以水蒸气作为热媒的供暖系统称为蒸汽供暖系统。如图 5.9 所示是蒸汽供暖系统的原理图。水在锅炉中被加热成具有一定压力和温度的蒸汽，蒸汽靠自身压力作用通过管道流入散热器内，在散热器内放出热量后，蒸汽变成凝结水，凝结水靠重力经疏水器（阻汽疏水）后沿凝结水管道返回凝结水箱内，再由凝结水泵送入锅炉重新被加热变成蒸汽。

5.2.2.2 蒸汽供暖系统的分类

（1）蒸汽供暖系统按照供汽压力的大小，将蒸汽供暖分为 3 类：

1）供汽的表压力大于 70kPa 时，称为高压蒸汽供暖。

2）供汽的表压力不大于 70kPa 时，称为低压蒸汽供暖。

3）当系统中的压力低于大气压力时，称为真空蒸汽供暖。

　　（2）根据立管的数量可分为单管蒸汽供暖系统和双管蒸汽供暖系统。单管系统易产生水击和汽水冲击噪声，所以多采用垂直双管系统。

　　（3）根据蒸汽干管的位置可分为上供下回式、中供式和下供下回式。其蒸汽干管分别位于各层散热器上部、中部和下部。为了保证蒸汽、凝结水同向流动，防止水击和噪声，上供下回式系统用得较多。

　　（4）根据凝结水回收动力可分为重力回水和机械回水。

5.2.2.3　低压蒸汽供暖系统

1. 重力回水低压蒸汽供暖系统

　　如图 5.10 所示为重力回水低压蒸汽供暖系统。在系统运行前，锅炉充水至 I - I 平面。锅炉产生的蒸汽，在其自身压力作用下，克服流动阻力，沿供汽管道，输送至散热器内，并将积聚在供汽管道和散热器内的空气驱入凝结水管，由凝结水管末端的 B 点排除。蒸汽在散热器内冷凝放热，凝结水黏重力作用沿凝结水管路返回锅炉，重新加热变成蒸汽。

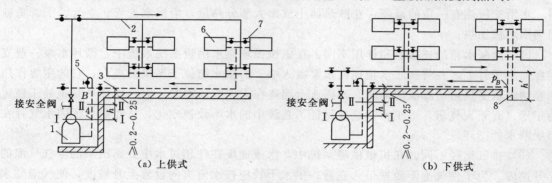

（a）上供式　　　　　　　　　　　　　　（b）下供式

图 5.10　重力回水低压蒸汽供暖系统
1—锅炉；2—蒸汽管；3—干式自流凝结水管；4—湿式凝结水管；5—空气管；
6—散热器；7—截止阀；8—水封

2. 机械回水双管上供下回式低压蒸汽供暖系统

　　如图 5.11 所示是双管上供下回式系统，该系统是低压蒸汽供暖系统常用的一种形式。从锅炉产生的低压蒸汽经分汽缸分配到管道系统，蒸汽在自身压力的作用下，克服流动阻力经室外蒸汽管道、室内蒸汽主管、蒸汽干管、立管和散热器支管进入散热器。蒸汽在散热器内放出汽化潜热变成凝结水，凝结水从散热器流出后，经凝结水支管、立管、干管进入室外凝结水管网流回锅炉房内凝结水箱，再经凝结水泵注入锅炉，重新被加热变成蒸汽后送入供暖系统。

3. 双管中供式低压蒸汽供暖系统

　　如多层建筑顶层或顶棚下不便设置蒸汽干管时可采用中供式系统，如图 5.12 所示。这种系统不必像下供式系统那样需设置专门的蒸汽干管末端疏水器，总立管长度也比上供式小，蒸汽干管的沿途散热也可得到有效的利用。

5.2.2.4　高压蒸汽供暖系统

　　与低压蒸汽供暖相比，高压蒸汽供暖有下述技术经济特点：

　　（1）高压蒸汽供气压力高，流速大，系统作用半径大，但沿程热损失亦大。对同样热负荷所需管径小，但沿途凝水排泄不畅时会水击严重。

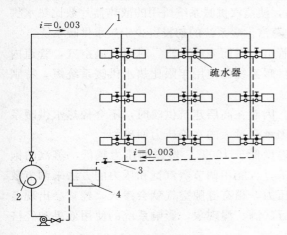

图 5.11 机械回水双管上供下回式低压蒸汽供暖系统
1—采暖蒸汽干管；2—蒸汽锅炉；
3—凝结水干管；4—凝结沙箱

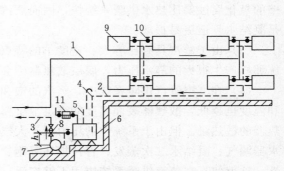

图 5.12 中供式机械回水低压蒸汽供暖系统
1—蒸汽管；2—凝结水管；3—回热源的凝结水管；
4—空气管；5—通气管；6—凝结水箱；7—凝结
水泵；8—止回阀；9—散热器；10—截止阀；
11—疏水器

（2）散热器内蒸汽压力高，因而散热器表面温度高。对同样热负荷所需散热面积较小；但易烫伤人，烧焦落在散热器上面的有机灰尘会发出难闻的气味，安全条件与卫生条件较差。

（3）凝水温度高。高压蒸汽供暖多用在有高压蒸汽热源的工厂里。室内的高压蒸汽供暖系统可直接与室外蒸汽管网相连。在外网蒸汽压力较高时可在用户入口处设减压装置。

如图 5.13 所示是上供上回式高压蒸汽供暖系统图。

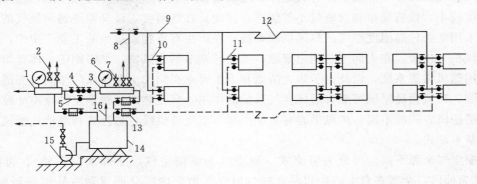

图 5.13 上供下回式高压蒸汽供暖系统示意图
1—高压分汽缸；2—工艺用户供汽管；3—低压分汽缸；4—减压阀；5—减压阀旁通管；6—压力表；7—安全阀；
8—供汽主立管；9—水平供汽干管；10—供汽立管；11—供汽支管；12—方形补偿器；13—疏水器；
14—凝结水箱；15—凝结水泵；16—通气管

5.2.2.5 蒸汽供暖系统的特点

蒸汽供暖系统的特点如下：

（1）在低温热水供暖系统中，热媒温度一般为 95℃/70℃，散热器内热媒的平均温度为

82.5℃；而在低压或高压蒸汽供暖系统中，散热器内热媒的温度不低于 100℃，并且蒸汽供暖系统散热器的传热系数比热水供暖系统散热器高，使蒸汽供暖系统所用的散热器片数比热水供暖系统少，管路造价也比热水供暖系统低，因此蒸汽供暖系统的初投资少于热水供暖系统。

（2）由于蒸汽供暖系统一般为间歇工作，管道内时而充满蒸汽，时而充满空气，管道内壁的氧化腐蚀要比热水供暖系统快，因而蒸汽供暖系统的使用年限比热水供暖系统短，特别是凝结水管道更易损坏。

（3）由于蒸汽具有比容大、密度小的特点，因而在高层建筑供暖时，不会像热水供暖系统那样产生很大的静水压力，底层散热器不会因承受过大的水静压力而破裂。

（4）在真空蒸汽供暖系统中，蒸汽的饱和温度低于 100℃，蒸汽的压力越低，蒸汽的饱和温度也越低，散热器表面温度能满足卫生要求，且能用调节蒸汽饱和压力的方法来调节散热器的散热量。但由于系统中的压力低于大气压力，稍有缝隙空气就会渗入，经常会出现疏水器漏气、凝结水二次蒸发、管件损坏等跑、冒、滴、漏现象，影响系统的使用效果和经济性。这就使真空蒸汽供暖系统应用不够广泛。

（5）蒸汽供暖系统的热惰性很小，即系统的加热和冷却过程都很快，很适宜需要间歇供暖和要求加热迅速的建筑物，如工业车间、会议厅和剧院等。

（6）蒸汽供暖系统散热器表面温度较高，易烫伤人，不适宜对卫生要求较高的建筑物，如住宅、学校、医院和幼儿园等。

5.2.3　热风供暖

热风供暖系统由热源、空气换热器、风机和送风管道组成，由热源提供的热量加热空气换热器，用风机强迫温室内的部分空气流过换热器，当空气被加热后进入温室内进行流动，如此不断循环，加热整个温室内的空气。在这种系统中，空气可以通过热水、蒸汽或高温烟气来加热。

热风供暖是比较经济的供暖方式之一，它具有热惰性小、升温快、室内温度分布均匀、温度梯度较小、设备简单和投资较小等优点。因此，在既需要供暖又需要通风换气的建筑物内通常采用能送较高温度空气的热风供暖系统；在产生有害物质很少的工业厂房中，广泛的应用暖风机来供暖；在人们短时间内聚散，需间歇调节的建筑物，如影剧院、体育馆等，也广泛采用热风供暖系统，以及由于防火防爆和卫生要求必须采用全新风的车间等都适用热风供暖系统。热风供暖系统可兼有通风换气系统的作用，只是热风供暖系统的噪声比较大。

根据送风方式的不同，热风供暖有集中供暖、空气幕供暖、悬挂式和落地式暖风机供暖等几种基本形式。

根据空气来源不同，可分为直流式（即空气为新鲜空气，全部来自室外）、再循环式（即空气为回风，全部来自室内）和混合式（即空气由室内部分回风和室外部分新风组成）等供暖系统。

5.2.3.1　热风集中供暖系统

热风集中供暖系统是以大风量、高风速、采用大型孔口为特点的送风方式，它以高速喷出的热射流带动室内空气按照一定的气流组织强烈的混合流动，因而温度场均匀，可以大大降低室内的温度梯度，减少房屋上部的无效热损失，并且节省管道和设备等，如图 5.14 所示。这种采暖方式一般适用于室内空气允许再循环的车间或作为大量局部排风车间的补入新风和供暖之用。对于散发大量有害气体或灰尘的房间，不宜采用集中送风供暖系统形式。

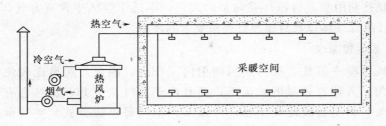

图 5.14 热风集中供暖系统

5.2.3.2 暖风机供暖系统

暖风机供暖是靠强迫对流来加热周围的空气，与一般散热器供暖相比，它作用范围大、散热量大，但消耗电能较多、维护管理复杂、费用高。

暖风机供暖的主要设备是由风机、电动机、空气加热器、吸风口和送风口等组成的通风供暖联合机组。由于暖风机具有加热空气和传输空气两种功能，因此省去了敷设大型风管的麻烦。

按风机的种类不同，可分为轴流式暖风机和离心式暖风机，在通风机的作用下，室内空气被吸入机体，经空气加热器加热成热风，然后经送风口送出，以维持室内的温度。轴流式暖风机为小型暖风机，它的结构简单，安装方便、灵活，可悬挂或用支架安装在墙上或柱子上。轴流式暖风机出风口送出的气流射程短，风速低，热风可以直接吹向工作区，如图5.15 所示。离心式暖风机送风量和产热量大，气流射程长，风速高，送出的气流不直接吹向工作区，而是使工作区处于气流的回流区，如图5.16 所示。

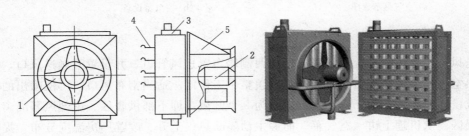

图 5.15 轴流式暖风机

1—轴流式风机；2—支架；3—加热器；4—百叶片；5—电动机

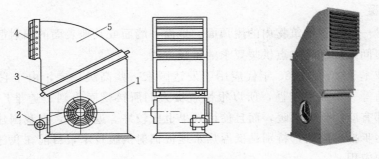

图 5.16 离心式暖风机

1—离心式风机；2—电动机；3—加热器；4—导流叶片；5—外壳

暖风机供暖是利用空气再循环并向室内放热，不适于空气中含有害气体，散发大量灰尘，产生易燃、易煤气体以及对噪声有严格要求的环境。

5.2.3.3　空气幕供暖系统

传统的热风供暖一般是直接将热风喷射向工作区。因此，送风比较集中，造成室内温度分布不均匀，人体有较强的吹风感，而且由于热气流上升，仍然会有较多的热量从建筑物顶部散失。为了解决此类问题，可以采用空气幕供暖方式。空气幕是利用条形空气分布器喷出一定速度和温度的幕状气流，具有隔热、隔冷、隔尘作用，如图 5.17 所示。空气幕按送风方向可分为上送风、下送风和侧送风空气幕，其中上送风空气幕应用最为广泛。

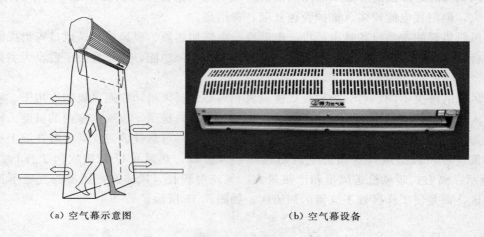

(a) 空气幕示意图　　　　　　　　(b) 空气幕设备

图 5.17　空气幕

上送风空气幕供暖系统是沿高大厂房两侧墙布置送风管道，并设置下倾送风口，送出适度的加热空气，形成两侧对喷，使热流覆盖整个工作区。适当密布风口，可使喷出的气流扩散后形成横向热风幕，沿厂房高度方向分为 3 个区域，即下部供暖区、中部风幕隔离区和上部非供暖区。从机理上讲"空气幕"能够主动隔断热气上升、改善厂房温度分布，提高供暖区的气温，减小车间上部气温，也可减少车间上部散热，达到改善供暖效果、减少热量消耗的目的，从而降低了能源消耗。

5.2.4　辐射供暖

辐射供暖是一种利用建筑物内的屋顶面、地面、墙面或其他表面的辐射散热器设备散出的热量来达到房间或局部工作点供暖要求的供暖方法。

辐射供暖技术于 20 世纪 30 年代应用于发达国家一些高级住宅，由于它具有卫生、经济、节能、舒适等一系列优越性，所以很快就被人们所接受而得到迅速推广。近 20 年来，几乎各类建筑都有应用辐射供暖，而且使用效果也比较好。近年来，在我国建筑设计中，辐射供暖方式也逐步推广应用，特别是低温热水地板辐射供暖技术，目前在我国北方广大地区已有相当规模的应用。

辐射供暖具有辐射强度和温度的双重作用，造成了真正符合人体散热要求的热环境，体现了以人为本的理念。

5.2.4.1 辐射供暖的特点

1. 辐射供暖的优点

（1）热效应方面。在辐射供暖中，主要是以辐射方式来传播热量，但同时也伴随着对流形式的热传播。不同于室内卫生条件和热效应取决于室内空气温度的高低的对流供暖系统，在辐射供暖房间内的人或物体，是在接受辐射强度与环境温度的双重作用所产生的热效应，所以衡量辐射供暖效果的标准，是实感温度。它标志着在辐射供暖环境中，人或物体辐射和对流热交换综合作用时是以温度表示出来的实际感觉。

（2）舒适性方面。用辐射供暖时，由于人体和物体直接受到辐射热，而室内地板、墙面及物体的表面温度比对流供暖时高，使得人体对外界的有效辐射散热会减弱，又由于辐射供暖室内空气温度比对流供暖环境空气温度低，所以相应地加大了一些人体的对流散热，与人体的生理要求相吻合，感到更加舒适。

（3）能源消耗方面。地板辐射供暖的实感温度比室内温度高出 2～4℃，住宅室内温度每降低 1℃，可节约燃料 10%。因此，辐射供暖设计的室内计算温度可比对流供暖时低（高温辐射可降低 5～10℃）。因此减少了建筑耗热量，一般情况下，总的耗热量可减少 5%～20%。且由于辐射供暖可使人们同时感受到辐射温度和空气温度的双重效应，其室内温度梯度比对流供暖时小，大大减少了屋内上部的热损失，使得热压减少，冷风渗透量也减小。

（4）使用方面。辐射供暖管道全部在屋顶、地面或墙面面层内，可以自由地装修墙面、地面、摆放家具。同时，建筑物的实用面积也可增加 3%。塑料管埋入地面的混凝土内，如无人为破坏，使用寿命一般在 50 年以上，不腐蚀、不结垢，大大减少了散热片跑、冒、滴、漏和维修给住户带来的烦恼，也可节约维修费用。

对于全面使用辐射供暖的建筑物，由于维护结构内表面温度均高于室内空气的露点温度，因此可避免维护结构内表面因结露潮湿而脱落，延长了建筑物的使用寿命。

而且在一些特殊场合和露天场所，使用辐射供暖可以达到对流供暖难以实现的供暖效果，而这种供暖效果主要是靠合适的辐射强度来维持的。

2. 辐射供暖的缺点

由于建筑物辐射散热表面温度有一定限制，不可过高，如地面式为 24～30℃，墙面式为 35～45℃，顶棚式为 28～36℃，因此在一定热负荷情况下，低温辐射供暖系统则需要较多的散热板数量，而使它的初期投资值较大，一般比对流供暖初投资高出 15%～20%，且这种系统的埋管与建筑结构结合在一起，使结构变得更加复杂，施工难度增大，维护检查也不是很方便。

5.2.4.2 辐射供暖的分类

辐射供暖的种类和形式很多，按辐射体表面温度可分为：

1. 低温辐射供暖

低温辐射供暖指辐射板面温度低于 80℃的供暖系统。主要形式有金属顶棚式；顶棚、地面或墙面埋管式；空气加热地面型式；电热顶棚式和电热墙式等。其中低温热水地板辐射供暖近几年得到了广泛的应用，它比较适合用于民用建筑与公共建筑中考虑安装散热器会影响建筑物协调和美观的场合。

2. 中温辐射供暖

中温辐射供暖的辐射板面温度一般为 80～200℃。通常利用钢制辐射板散热。根据钢制辐射板长度的不同，可分成块状辐射板和带状辐射板两种形式。

3. 高温辐射供暖

高温辐射供暖的辐射板面温度高于 500℃。按能源类型的不同可分为电红外线辐射供暖和燃气红外线辐射供暖。电红外线辐射供暖设备中应用较多的是石英管或石英灯辐射器。石英管红外线辐射器的辐射温度可达 990℃，其中辐射热占总散热量的 78%。

5.2.4.3　低温地板辐射供暖系统

根据系统热源的不同，低温地板辐射供暖系统可分为低温热水地板辐射供暖系统和低温电地板辐射供暖系统，因为前者应用较广，有时将低温热水地板辐射供暖系统简称为低温地板辐射供暖系统或地暖系统。低温热水地板辐射供暖系采用低于 60℃ 低温水作为热媒，通过直接埋入建筑物地板内的盘管辐射的一种方便灵活的供暖形式。

1. 低温热水地板辐射供暖系统

（1）低温热水地板辐射供暖系统的组成和结构。在住宅建筑中，低温热水地板辐射供暖系统的加热管一般应按户划分独立的系统，并设置集配装置，如分水器和集水器，如图 5.18 所示，如图再按房间配置加热盘管，一般不同房间或住宅各主要房间宜分别设计加热盘管与集配装置相连。如图 5.19 所示为低温热水地板辐射供暖平面布置图。

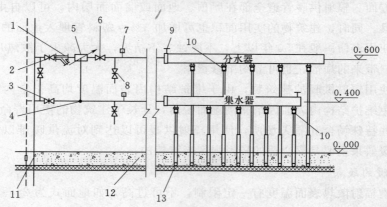

图 5.18　集水器、分水器安装示意图

1—Y 形过滤器；2—柱塞阀；3—平衡阀；4—温度传感器；5—热表；6—闸阀；
7—温度计；8—放水阀；9—排气阀；10—球阀；11—刚性套管；
12—柔性套管；13—加热盘管

低温热水地板辐射供暖因水温低，管路基本不结垢，多采用管路一次性埋设于垫层中的做法。地面结构一般由结构层、隔热层（上部敷设加管）、混凝土层、找平层和地面层组成，如图 5.20 所示。隔热层主要用来控制热量传递方向；混凝土层用来埋置、保护加热管并使地面温度均匀；找平层是在混凝土层或结构层上进行抹平的构造层；地面层是指完成的建筑地面。如允许地面双向散热时，可不设绝热层。

（2）低温热水地板辐射供暖系统的管材。早期，低温热水地板辐射供暖系统均采用钢管或铜管，但是埋管接头多；施工困难而且渗漏不能彻底解决；管道膨胀较大；系统寿命短，安全性较差。现在管材较多采用塑料管，如交联铝塑复合（PAP、XPAP）管；聚丁烯（PB）管；交联聚乙烯（PE－X）管；无规共聚聚丙烯（PP－R）管等，特点是耐老化、耐腐蚀、不结垢、承压高、无污染、沿程阻力小。

（3）低温热水地板辐射供暖系统的管路系统。加热管采取不同布置形式时，导致的地面温度分布是不同的。布管时，应本着保证地面温度均匀的原则进行，宜将高温管段优先布置于外窗、外墙侧，使室内温度分布尽可能均匀。加热管的布置形式很多，通常有以下几种形式（图5.21）。

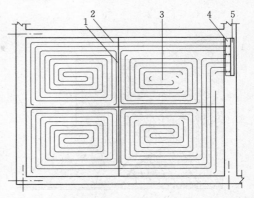

图 5.19　低温热水地板辐射供暖平面布置图
1—膨胀带；2—伸缩节；3—加热管；
4、5—分、集水器

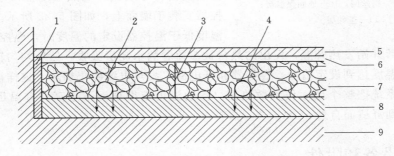

图 5.20　低温热水地板辐射供暖结构图
1—边角保温材料；2—塑料卡钉；3—膨胀缝；4—管材；5—地面层；6—找平层；
7—豆石混凝土层；8—隔热层；9—结构层

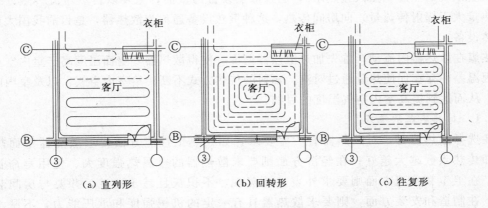

（a）直列形　　　　　　（b）回转形　　　　　　（c）往复形

图 5.21　低温热水地板辐射供暖系统的管路系统布置形式

2. 发热电缆地面辐射供暖

发热电缆地面辐射供暖系统是以电力为能源、发热电缆为发热体，将100%的电能转换为热能，通过供暖房间的地面（或墙面、顶面）以低温热辐射的形式，把热量送入房间。传

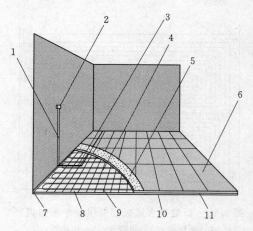

图 5.22　发热电缆地面辐射供暖系统

1—冷引线；2—温控器；3—感温探头；4—发热电缆；

5—混凝土层；6—地板装饰层；7—边角绝热层；

8—铝箔；9—钢丝网；10—地面保温层；

11—基础层

导、对流和辐射 3 种热量传递方式。其中人们对辐射热的感觉最为良好，该系统以其寿命长、无污染、节能、易施工、可实现分室控制、投资费用低、管理方便、卫生舒适等优势成为建筑供暖市场的又一新方式。

发热电缆地面辐射供暖系统的工作原理是发热电缆通电后，工作温度为 40～60℃，通过地面（或墙面、顶面）作为散热面，以少部分对流换热加热周围空气的同时，大部分热量向四周的围护结构、物体、人体以辐射方式传递，围护结构、物体和人体吸收了辐射热后，其表面的温度升高，从而达到提高并保持室温的目的。

发热电缆地面辐射供暖系统由发热电缆、温控器及辅材等组成，发热电缆铺设于地面中，温控器安装于墙面上，如图 5.22 所示。当室内环境温度低于温控器设定的温度时，温控器接通电源，发热电缆通电后开始发热升温，发出的热量被覆盖着的水泥层吸收，然后均匀辐射加热室内空气，当室内温度达到设定值后，温控器断开电源，发热电缆停止加热，这样往复运行。这种方式的供暖系统把整个地面作为散热器，室内温度上层低而下层高，有温足而顶凉的感受，使人体感到舒适而自然。

5.3　供暖设备和附件

5.3.1　散热器

供暖系统的热媒（蒸汽或热水），通过散热设备的壁面，主要以自然对流传热方式（对流传热量大于辐射传热量）向房间传热，这种散热设备通称为散热器，是目前我国大量使用的散热设备。

热媒在散热器内流动，首先加热散热器壁面，使得散热器外壁面温度高于室内空气的温度，因温差的存在促使热量通过对流、辐射的传热方式不断传给室内空气，以及室内的物体和人，从而达到提高室内空气温度的目的。

5.3.1.1　对散热器的要求

在选择散热器时，对散热器有一些要求，如在热工性能方面要求散热器壁面热阻越小，即传热系数越大越好；在经济方面则要求散热器的金属热强度大、使用寿命长、成本低；在卫生和美观方面则要求外表光滑美观、不积灰且易于清洗，并要与房间装饰相协调；在制造和安装方面，则要求散热器具有一定的机械强度和承压能力，不漏水，不漏气，耐腐蚀，便于大规模生产和组装且散热器高度应有多种尺寸，以便于满足不同窗台高度的要求。

5.3.1.2　散热器类型

散热器的种类繁多，按其制造材质的主要分为铸铁、钢制和铝合金 3 种；按其结构形状可分为管型、翼型、柱型、平板型和串片式等。

1. 铸铁散热器

铸铁散热器有柱型和翼型两种型式。铸铁散热器结构简单，耐腐蚀，使用寿命长造价低；但金属耗量大，承压能力较低，制造、安装和运输劳动繁重。

(1) 翼型散热器。翼型散热器又分为圆翼型和长翼型，外表面有许多肋片，如图5.23所示。

(2) 柱形散热器。柱形散热器是呈柱状的单片散热器，每片各有几个中空的立柱相互连通，如图5.24所示。常用的有二柱和四柱散热器两种。

图5.23　铸铁长翼型散热器　　　　　图5.24　铸铁柱型散热器

2. 钢制散热器

钢制散热器与铸铁散热器相比具有金属耗量少、耐压强度高、外形美观整洁、体积小、占地少、易于布置等优点，但易受腐蚀，使用寿命短，多用于高层建筑和高温水供暖系统中，不能用于蒸汽供暖系统，也不宜用于湿度较大的供暖房间内。

钢制散热器的主要形式有闭式钢串片散热器（图5.25）、板式散热器（图5.26）、钢制柱式散热器（图5.27）、钢扁管散热器（图5.28）、钢制翅片管型散热器（图5.29）等。

图5.25　闭式钢串片散热器　　　　　图5.26　板式散热器

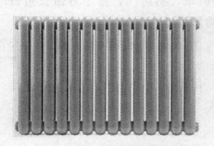

图 5.27 钢扁管散热器　　　　图 5.28 钢制柱式散热器　　　　图 5.29 钢制翅片管型

3. 铝合金散热器

铝合金散热器是近年来我国工程技术人员在总结吸收国内外经验的基础上，潜心开发的一种新型、高效散热器。其造型美观大方，线条流畅，占地面积小，富有装饰性；其质量约为铸铁散热器的 1/10，便于运输安装；其金属热强度高，约为铸铁散热器的 6 倍；节省能源，采用内防腐处理技术。

5.3.1.3 散热器的安装

散热器设置在外墙窗口下面最为合理。这样经散热器上升的对流热气流沿外窗上升，能阻止渗入的冷空气沿墙和窗户下降，因而防止冷空气直接进入室内工作区域，使房间温度分布均匀，流经室内的空气比较舒适暖和。在进深较小的房间散热器也可沿内墙布置。在双层门的外室及门斗中不宜设置散热器。

散热器的安装形式有明装和暗装两种。明装是指散热器裸露在室内，暗装则有半暗装（散热器的一半宽度置于墙槽内）、全暗装（散热器宽度方向完全置于墙槽内，加罩后与墙面平齐）。一般情况下，为了散热器更好的散热，散热器应采用明装。在建筑、工艺方面有特殊要求时，应将散热器加以围挡，但要设有便于空气对流的通道。楼梯间的散热器应尽量放置在底层。

在热水供暖系统中，支管与散热器的连接（图 5.30），应尽量采用上进下出的方式，且进出水管尽量在散热器同侧，这样传热效果好且节约支管；下进下出的连接方式传热效果较差，但安装简单，对分层控制散热量有利；下进上出的连接方式传热效果最差，但这种连接方式有利于排气。

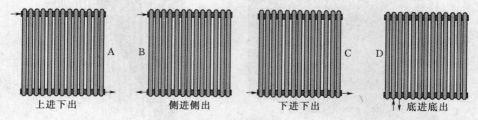

图 5.30 支管与散热器的连接

安装在同一房间内的散热器可以增设立管而进行横向串联，连接管径一般采用 DN32。且同一房间的散热器安装高度应保持一致且要使干管及散热器支管具有规范要求的坡度。

5.3.2 膨胀水箱

膨胀水箱的作用是用来储存热水供暖系统加热的膨胀水量，在自然循环上供下回式系统中，还起着排气作用。膨胀水箱的另一作用是恒定供暖系统的压力。

膨胀水箱一般用钢板制成，通常是圆形或矩形。如图 5.31 所示为圆形膨胀水箱管道示意图，水箱上连有膨胀管、溢流管、信号管、排水管及循环管等管路。

膨胀管与供暖系统管路的连接点，在自然循环系统中，应接在供水总立管的顶端，在机械循环系统中，一般接至循环水泵吸入口前。连接点处的压力，无论在系统不工作或运行时，都是恒定的，此点因此称为定压点。当系统充水的水位超过溢流管口时，通过溢流管将水自动溢流排出，溢流管一般可接到附近下水道。信号管用来检查膨胀水箱是否存水，一般应引到管理人员容易观察到的地方（如接回锅炉房或建筑物底层的卫生间等）。排水管用来清洗水箱时放空存水和污垢，它可与溢流管一起接至附近下水道。在膨胀管、循环管和溢流管上，严禁安装阀门，以防止系统超压，水箱水冻结或水从水箱溢出。在机械循环系统中，循环管应接到系统定压点前的水平回水干管上（图 5.32）。该点与定压点（膨胀管与系统的连接点）之间应保持 1.5～3m 的距离，这样可让少量热水能缓慢地通过循环管和膨胀管流过水箱，以防水箱里的水冻结，同时膨胀水箱应考虑保温。在自然循环系统中，循环管也接到供水干管上，也应与膨胀管保持一定的距离。

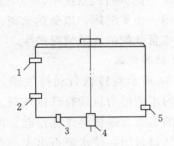

图 5.31　膨胀水箱上各种管道示意图
1—溢流管；2—信号管；3—泄水管；
4—膨胀管；5—循环管

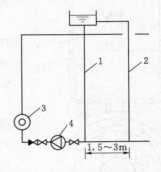

图 5.32　机械循环系统膨胀水箱接法
1—膨胀管；2—循环管；3—热水锅炉；
4—循环水泵

5.3.3 排气装置

排气设备是及时排除供暖系统中空气的重要设备，在不同的系统中可以用不同的排气设备。在机械循环上供下回式系统中，可用集气罐、自动排气阀来排除系统中的空气，且装在系统末端最高点。

5.3.3.1 集气罐

集气罐是热水供暖系统中最常用的排气装置。集气罐分立式和卧式两种，如图 5.33 所示。工作原理为热水由管道流进集气罐，由于罐的直径大于管道直径，热水流速会立刻降低，水中的气泡便自动浮升于水面之上，积聚于集气罐的上部空间。当系统充水时，打开集气罐放风管上的阀门，把空气放净。在系统运行期间，也应查看有无空气，若有应及时排净以利于热水的循环。

集气罐一般设于系统供水干管末端的最高处，供水干管应向集气罐方向设上升坡度以使

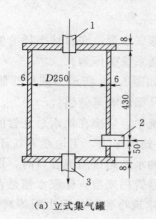

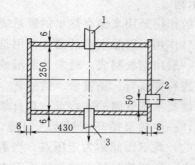

（a）立式集气罐   （b）卧式集气罐

图 5.33 集气罐
1—放气管 φ15；2—进水口；3—出水口

管中水流方向与空气气泡的浮升方向一致，以有利于空气聚集到集气罐的上部，定期排除。

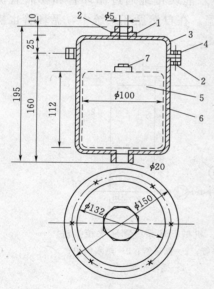

图 5.34 自动排气罐
1—排气口；2—橡胶石棉垫；3—罐盖；
4—螺栓；5—浮体；6—罐体；
7—耐热橡胶

当系统充水时，应打开排气阀，直至有水从管中流出时方可关闭排气阀。系统运行期间，应定期打开排气阀排除空气。

热水供暖上供下回式系统中，一个系统中的两个环路不能合用一个集气罐，以免热水通过集气罐互相串通，造成流量分配的混乱情况产生。

5.3.3.2 自动排气罐

如图 5.34 所示是铸铁自动排气罐，它的工作原理是依靠罐内水的浮力自动打开排气阀。罐内无空气时，系统中的水流入罐体将浮漂浮起。浮漂上的耐热橡皮垫将排气口封闭，使水流不出去。当系统中的气体汇集到罐体上部时，罐内水位下降使浮漂离开排气口将空气排出。空气排出后，水位和浮漂重又上升将排气口关闭。

而自动排气阀的自动排气是靠本体内的自动机构使系统中的空气自动排出系统外，它外形美观、体积小、管理方便、节约能源。在水平式和下供式系统中，用装在散热器上的手动放气阀来排除系统中的空气。

5.3.3.3 手动排气阀

手动排气阀适用于公称压力 $P \leqslant 600 \text{kPa}$，工作温度 $t \leqslant 100 ℃$ 的水或蒸汽供暖系统的散热器上。多用于水平式和下供下回式系统中，旋紧在散热器上部专设的丝孔上，以手动方式排除空气，如图 5.35 所示。

5.3.4 供暖系统附件

供暖系统附件是指疏水器、减压阀、除污器、补偿器、阀门、压力表、温度计以及管道支架等。

5.3.4.1 疏水器

疏水器的作用是自动而且迅速地排出用热设备及管道中的凝水，并能阻止蒸汽逸漏。在排出凝水的同时，排出系统中积留的空气和其他非凝性气体。

对疏水器的要求应包括排凝水量大，漏蒸汽量小，能排出空气；能承受一定的背压，要求较小的凝水入口压力和凝水进出口压差，对凝水流量、压力、温度的适应性广，可以在凝水流量、压力、温度等波动较

图 5.35 手动排气阀

大范围内工作而不需经常的人工调节；疏水器体积小，质量轻，有色金属耗量少，价格便宜，结构简单，可活动部件少，长期运行稳定，维修量少且费用低，寿命长，不怕垢渣，不怕冻裂等。

按其工作原理分为机械型疏水器、热动力型疏水器和恒温型疏水器。

1. 机械性疏水器

机械型疏水器主要有浮筒式、钟形浮子式和倒吊筒式，这种类型的疏水器是利用蒸汽和凝结水的密度差，以及利用凝结水的液位变化来控制疏水器排水孔自动启闭工作的。如图 5.36 所示为机械型浮筒式疏水器。

2. 热动力式疏水器

热动力式疏水器主要有脉冲式、圆盘式和孔板式等。这种类型的疏水器是利用相变原理靠蒸汽和凝结水热动力学特性的不同来工作的。如图 5.37 所示是圆盘式疏水器。

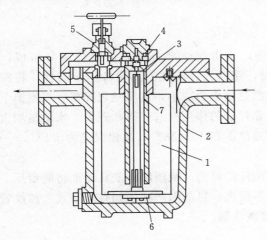

图 5.36 浮筒式疏水器

1—浮筒；2—外壳；3—顶针；4—阀孔；5—放气阀；
6—重块；7—水封套筒排气孔

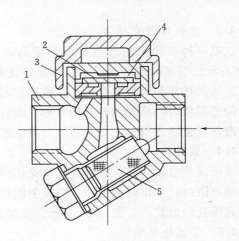

图 5.37 圆盘式疏水器

1—阀体；2—阀片；3—阀盖；4—控制室；
5—过滤器

3. 恒温型疏水器

恒温型疏水器主要有双金属片式、波纹管式和液体膨胀式等，这种类型的疏水器是靠蒸

汽和凝结水的温度差引起恒温元件膨胀或变形工作的。如图 5.38 所示是一种恒温型疏水器。

选择疏水器时，要求疏水器在单位压强凝结水排量大，漏汽量小，并能顺利排除空气，对凝结水流量、压力和温度波动的适应性强，而且结构简单，活动部件少，便于维修，体积小，金属耗量少，使用寿命长。

5.3.4.2　除污器

除污器是一种钢制筒体，它可用来截流、过滤管路中的杂质和污物，以保证系统内水质洁净，减少阻力，防止堵塞压板及管路。除污器一般应设置于供暖系统入口调压装置前、锅炉房循环水泵的吸入口前和热交换设备入口前，如图 5.39 所示。

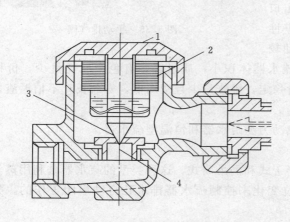

图 5.38　恒温式疏水器
1—外壳；2—波纹盒；3—锥形阀；4—阀孔

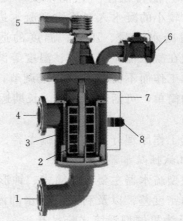

图 5.39　全自动反冲洗除污器
1—人水口；2—滤网；3—不锈钢刷；4—出水口；
5—电力马达；6—排污开关；7—控制管路；
8—压差开关

5.3.4.3　散热器温控阀

这是一种自动控制散热器散热量的设备，它由阀体部分和感温元件部分组成，如图 5.40 所示。当室内温度高于给定的温度值时，感温元件受热，其顶杆压缩阀杆，将阀口关小，进入散热器的水流量会减小，散热器的散热量也会减小，室温随之降低。当室温下降到设置的低限值时，感温元件开始收缩，阀杆靠弹簧的作用抬起，阀孔开大，水流量增大，散热器散热量也随之增加，室温开始升高。控温范围在 13～28℃，温控误差为±1℃。

5.3.4.4　减压阀

减压阀靠启闭阀孔对蒸汽进行节流达到减压的目的。减压阀应能自动地将阀后压力维持在一定范围内，工作时无振动，完全关闭后不漏汽。目前国产减压阀有活塞式、波纹管式和薄片式等几种型式。如图 5.41 所示为波纹管减压阀。

5.3.4.5　管道的补偿

在供暖系统中，金属管道会因受热而伸长，而由于平直管道的两端都被固定不能自由伸缩，管道就会弯曲变形，严重时发生破裂，因此需要在管道上设管道补偿器。管道补偿器主要有自然补偿器、方形补偿器（图 5.42）、套筒补偿器（图 5.43）、球形补偿器（图 5.44）和波纹补偿器（图 5.45）等几种形式。自然补偿器是利用供热管道自身的弯曲管道来补偿管道的热伸长。根据弯曲形状不同，分为 L 形和 Z 形补偿器（图 5.42）。在考虑管道热补偿时，应尽量利用其自然弯曲的补偿能力。方形补偿器是由 4 个 90°弯头构成的补偿器。靠其弯管的变形来补偿管段的热伸长。方形补偿器具有制造方便、不需专门维修和工作可靠等优点。

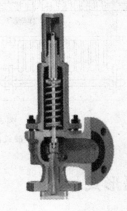

图 5.40　散热器温控阀　　　　图 5.41　波纹管减压阀

（a）L 形补偿器　　　　（b）Z 形补偿器　　　　（c）方形补偿器

图 5.42　自然补偿器、方形补偿器

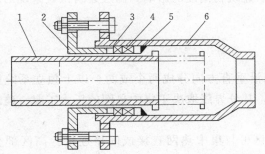

图 5.43　套管式补偿器

1—内套筒；2—填料压盖；3—压紧环；4—密封填料；5—填料支撑环；6—外壳

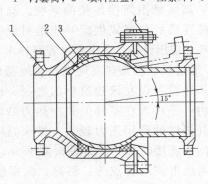

图 5.44　球形补偿器

1—壳体；2—球体；3—密封圈；4—压紧法兰

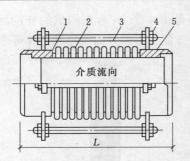

图 5.45　波纹补偿器

1—前端管；2—波纹段；3—大拉杆；4—法兰；5—后端管

5.4　其他供暖形式

5.4.1　高层建筑热水供暖系统

5.4.1.1　高层建筑热水供暖系统的特点

在不断发展的城市建筑中，高层建筑的比例越来越大。高层建筑与多层建筑的供暖系统设计存在许多不同之处。首先是高层建筑供暖设计热负荷的计算受建筑物高度的影响，计算时必须考虑热压、风压的影响。其次是高层建筑供暖系统形式以及供暖系统与室外热网的连接方式，由于高层建筑供暖系统的静水压大，因此在确定高层建筑供暖系统的形式时必须考虑静水压对低层散热设备的影响。此外，由于建筑物高度的影响，高层建筑供暖系统的垂直失调现象比多层建筑更为严重。

5.4.1.2　高层建筑供暖系统形式

1. 分区式高层建筑热水供暖系统

分区式高层建筑热水供暖系统是将系统沿垂直方向分成两个或两个以上独立系统的形式，即将系统分为高、低区或高、中、低区，其分界线取决于集中热网的压力工况、建筑物总层数和所选散热器的承压能力等条件。

低区可与集中热网直接或间接连接。高区部分可根据外网的压力选择下述形式。分区式系统可同时解决系统下部散热器超压和系统易产生垂直失调的问题。

（1）高区采用间接连接的系统。高区供暖系统与热网间接连接的分区式供暖系统是另设一套完整的换热、循环、定压设备，采用供水管网热水（温度为 70～150℃）通过换热器加热高层供暖系统循环水。向高区供热的换热器可设在该建筑物的底层、地下室及中间技术层内，还可设在室外的集中热力站内。室外热网在用户处提供的资用压力较大、供水温度较高时可采用高区间接连接的系统，如图 5.46 所示。

该系统形式的特点为：将高、低层供暖系统完全分开，各自的运行互不干扰，保证了供暖的运行可靠；无论是高层还是低层供暖系统均可采用承压能力较低

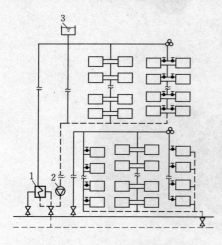

图 5.46　高区间接连接

1—换热器；2—循环水泵；3—膨胀水箱

的散热器；高、低层供暖系统均有换热、循环、定压设备，增加了热力站的造价，设备的增加也使热力站占地面积扩大，循环泵、补给水泵耗电量增加。

（2）高区采用双水箱或单水箱的系统（外网供水温度较低）。高区双水箱式供暖系统利用低层供暖系统供水管网热水（温度为 60~85℃）为高层区域供暖，系统形式如图 5.47 所示。低层供暖系统通常按 6 层建筑定压，定压点一般设在热力站循环泵入口处，定压点压力约 0.25MPa，热力站供水管出口压力通常控制在 0.40MPa 以内。由于供水管网水压力低于高层供暖系统静水压力，为了能使低层供暖系统管网热水为高层建筑供暖，就必须在用户供水管上设置加压泵。用加压水泵将供水注入进水箱，依靠进水箱与回水箱之间的水位高差，如图 5.47（a）中的 h，作为高区供暖的循环动力，实现高层建筑供暖。高层供暖系统通过低位水箱的非满管流动的回水箱溢流管与低层供暖系统的回水管相连，用双水箱代替换热器也起到了隔绝压力作用。在选择加压泵时，流量、扬程不能太大，否则会抽走其他用户供水，造成供暖不足的情况。由于加压泵安装在供水侧，因此应选择工作温度较高的热水泵。

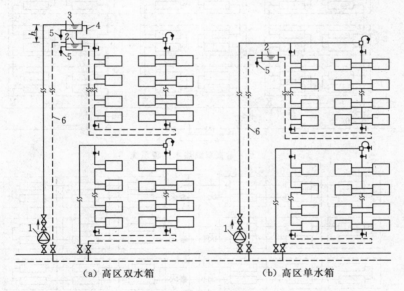

图 5.47 高区双水箱或单水箱高层建筑热水供暖系统
1—加压水泵；2—回水箱；3—进水箱；4—供水箱溢流管；5—信号管；6—回水箱溢流管

该系统形式的特点为采用水箱起压力隔绝作用，系统启停时，不会影响供水管网的水力工况；简化了循环系统，省去了加热、定压系统，系统造价远低于换热器分层式供暖系统；开式水箱和非满管流动的溢流管很容易使空气进入循环水中，易导致管道腐蚀；高、低位水箱均占用建筑物空间，减少了建筑物有效利用面积；低位水箱设置了溢流管，如果管理不善，很容易导致热水的流失；由于通常很难在建筑中找到合适位置安装高、低位水箱，因此实际施工较困难。

高区采用单水箱的系统：在高区设一个水箱，利用系统最高点的压力作为高区供暖的循环动力，如图 5.47（b）所示。室外热网在用户处提供的压力较小、供水温度较低时可采用这种系统。该系统简单，省去了设置换热站的费用。但建筑物高区要有放置水箱的地方，建筑结构要承受其载荷。水箱为开式，系统容易进空气，增大了氧化腐蚀的可能。

2. 双线式供暖系统

双线式供暖系统只能减轻系统失调，不能解决系统下部散热器超压的问题。双线式供暖系统可分为垂直双线和水平双线系统。

（1）垂直双线热水供暖系统。如图 5.48（a）所示中虚线框表示立管上设置于同一楼层一个房间中的散热器，按热媒流动方向每一个立管由上升和下降两部分构成。各层散热器的平均温度近似相同，减轻了垂直失调。立管阻力增加，提高了系统的水力稳定性。适用于公用建筑一个房间设置两组散热器或两块辐射板的情形。

（2）水平双线热水供暖系统。如图 5.48（b）所示中虚线框表示出水平支管上设置于同一房间的散热器，与垂直双线系统类似。各房间散热器平均温度近似相同，减轻水平失调，在每层水平支线上设调节阀和节流孔板，实现分层调节和减轻垂直失调。

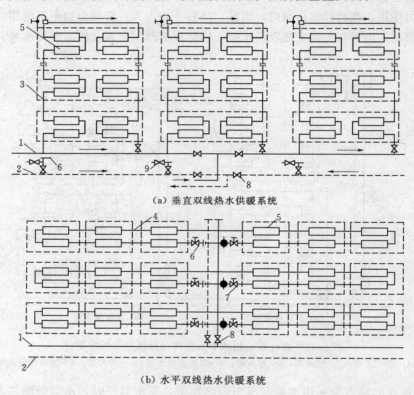

（a）垂直双线热水供暖系统

（b）水平双线热水供暖系统

图 5.48　双线式供暖系统

1—供水干管；2—回水干管；3—双线立管；4—双线水平管；5—散热器；
6—节流孔板；7—截止阀；8—调节阀；9—排水阀

3. 单双管混合式系统

该系统中将散热器沿垂向分成组，每组为双管系统，组与组之间采用单管连接，如图 5.49 所示。

利用了双管系统散热器可局部调节和单管系统可提高系统水力稳定性的优点，减轻了双管系统层数多时，重力作用压头引起的垂直失调严重的倾向。但不能解决系统下部散热器超压的问题。

5.4.2 分户供暖热水供暖系统

随着新技术的发展与应用，节能居住建筑、公共建筑等要进行分户供暖计量改造，实现分户供热有效计量，将使热能根据时间不同，温度要求不同，合理的分配。明晰供暖使用的热量将极大地节约能源，有效地提高热能使用率，在保证供暖温度的前提下实现节能减排的目标。采用按热计量收费后，可节约能源 20%～30%。

2000 年 2 月 18 日，《民用建筑节能管理规定》（建设部令第 76 号）第 5 条中规定："新建居住建筑的集中供暖系统应当使用双管系统，推行温度调节和户用热量计量装置，实行供热计量收费"。实行供热计量收费是人心所向、势在必行的一件大事，其诸多优点已广泛地被人们所接受。

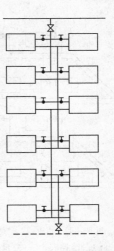

图 5.49 单双管混合式供暖系统

5.4.2.1 分户供暖热水供暖的组成

分户供暖是以经济手段促进节能。供暖系统节能的关键是改变热用户的现有"室温高，开窗放"的用热习惯，这就要求供暖系统在用户侧具有调节手段，先实现分户控制与调节，为下一步分户计量创造条件。根据这一特点以及我国民用住宅的结构型式，楼梯间、楼道等公用部分应设置独立供暖系统，室内的分户供暖主要由以下 3 个系统组成，即：

（1）满足热用户用热需求的户内水平供暖系统，就是按户分环，每一户单独引出供回水管，一方面便于供暖控制管理；另一方面用户可实现分室控温。

（2）向各个用户输送热媒的单元立管供暖系统，即用户的公共立管，可设于楼梯间或专用的供暖管井内。

（3）向各个单元公共立管输送热媒的水平干管供暖系统。

5.4.2.2 分户供暖热水供暖的形式

分户供暖系统的形式分为垂直式系统和水平式室内供暖系统。垂直式系统主要用于既有供暖系统的供热计量改造，如图 5.50 所示；分户水平式供暖系统适用于新建住宅供热计量收费系统，如图 5.51、图 5.52 所示。

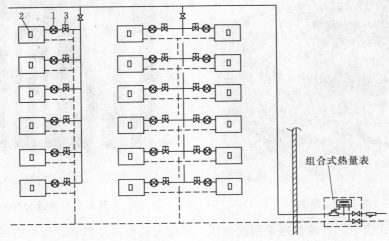

图 5.50 双管上供下回室内热计量供暖系统图

1—温控阀；2—热分配表；3—锁闭阀

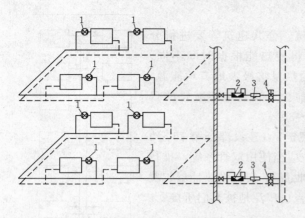

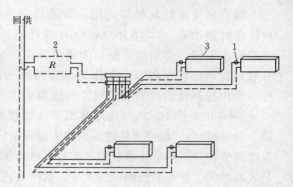

图 5.51　水平双管热计量室内供暖系统示意图

1—温控阀；2—热量表；3—除污器；4—锁闭阀

图 5.52　水平双管异程式系统示意图

1—温控阀；2—户内系统热力入口；3—散热器

5.4.2.3　热量计量方式

1. 每户均设热表

热表是进行热量测量与计算，并作为计费结算依据的计量仪器（图 5.53）。热表由一个热水流量计、一对温度传感器和一个积算仪组成。热表是根据测量供暖系统入户的流量和供、回水温度来计算热量的，因此分户计量要求供暖系统在设计时每一户要单独布置成一个环路，适合在新建建筑中采用。这种热量测量方法是较精确和全面的，而且直观、可靠、读数方便、技术比较成熟，此方式容易为业主接受，但造价较高。

2. 热表结合热量分配表

对于传统的采暖系统，不可能在该户各房间中的散热器与立管连接处设置热表，可在各组散热器上设置热量分配表。热量分配表是一种安装于散热器表面，完全不受水质影响也不增加系统压损，对压力水温也基本没有限制的仪器（图 5.54）。

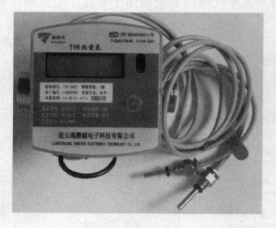

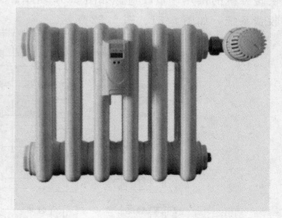

图 5.53　热表

图 5.54　热量分配表

针对公寓式住宅，目前普遍采用在建筑入口设大量程的总热表，每户的回水管或每个散热器上安装一块热量分配表的做法。以分配表的读数为依据，计算每户所占比例，分摊总表耗热量到各个用户。其特点是热量分配表的价格低廉，对建筑内供热管道的分布没有特殊要求，但其安装、围护、试验测试等过程非常繁琐，不能直接测量实际用热量，各户实际用热值需经过复杂的计算才能得出，管理较复杂。

5.5 供暖管道敷设方式

合理地选择供热管道的敷设方式以及做好管网平面的定线工作，对节省投资、保证热网安全可靠地运行和施工维修方便等，都具有重要的意义。

管路布置的基本原则是使系统构造简单，节省管材，各个并联环路压力损失易于平衡，便于调节热媒流量、排气、泄水，便于系统安装和检修，以提高系统使用质量，改善系统运行功能，保证系统正常工作。

在布置供暖管道之前，应先确定供暖系统的热媒种类以及系统形式特点，然后再确定合理的引入口位置，系统的引入口一般设置在建筑物长度方向上的中点，且不能与热力网的总体布局矛盾，如图 5.55 所示。同时在布置供暖管道时，应力求管道最短，便于维护方便，并且不影响房间美观要求。

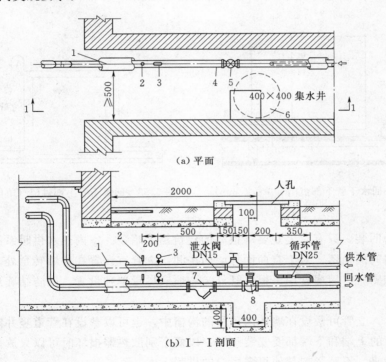

图 5.55 引入口示意图
1—保温；2—温度计；3—压力表；4—泄水阀；5—阀门；6—人孔；7—过滤器；8—平衡阀

室内供暖管道有明装和暗装两种方式。一般民用建筑、公用建筑和工业厂房采用明装方法来安装供暖管道。礼堂、剧院、展览馆等装饰要求高的建筑物经常采用暗装方法来安装供暖管道。

1. 干管的布置

在上供下回式系统中，供水干管暗装时应布置在建筑物顶部的设备层中或吊顶内；明装时可沿墙敷设在窗过梁和顶棚之间的位置。干管到顶棚的净距，要考虑管道的坡度（图5.56）和集气罐的安装条件。且顶棚中干管与外墙距离不得小于 1.0m，以便于安装和检修。集气罐应尽量设在有排水设施的房间，以便于排气。当建筑物是平顶时，从美观上又不允许将干管敷设在顶棚下面时，则可在平屋顶上建造专门的管槽。

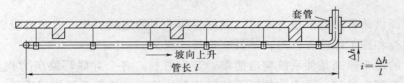

图 5.56　在楼板下方敷设的管道应保证一定的坡度

对下供式和上供下回式供暖系统的回水干管一般设置在首层地面下的地下室或地沟中，也可敷设在地面上。当地面上不允许敷设（如有过门）或高度不够时，可设在半通行小管沟或不通行地沟内。小管沟每隔一段距离，应设活动盖板，以便于检修。在遇到过门时，可采用两种方法：①在门下砌筑小地沟，如图 5.57 所示；②从门上绕过，如图5.58 所示。

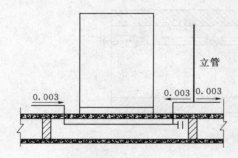

图 5.57　回水干管下部过门（单位：mm）　　图 5.58　回水干管上部过门（单位：mm）

2. 立管

立管一般为明装，只有对美观要求很高的建筑物才暗装。室内热水供暖系统的立管应尽可能的布置在房间的角落。对于有两面外墙的房间，立管宜设置在外墙转角处。楼梯间除可以与辅助房间如厕所、厨房合用一根立管外，一般应尽量单独设置，以防结冻后影响其他立管的正常供暖。

要求暗装时，立管可敷设在墙体内预留的沟槽中，也可以敷设在管道竖井内。

在每根立管的上端和下端都要安装阀门，以便个别散热器损坏时可以只放掉一根立管中的热水，进行检修，不至影响其他更多用户的供暖。

对于一个系统的管道，应合理地设置固定点和在两个固定点之间设置自然补偿或方形补偿器，来避免金属管道热胀冷缩时造成的弯曲变形甚至破坏。

当管道穿过楼板或隔墙时，为了使管道可自由伸缩且不致弯曲变形甚至破坏，不致损坏楼板或墙面，应在楼板或隔墙内预埋套管。安装在内墙壁的套管，其两端应与饰面相平；管道穿过外墙或基础时，应加设钢套管，套管直径比管道直径大两号为宜。安装在楼板内的套管其顶部应高出地面 20mm，底部与楼板相平。管道穿过厨房、厕所、卫生间等容易积水的房间楼板，应加设钢套管，其顶部应高出地面不小于 30mm。

3. 支管

支管与散热器的连接方式有 3 种：上进下出式、下进上出式和下进下出式（本书 5.3.1.3 小节）。

在蒸汽供暖系统中，双管系统均采用上进下出的连接方式，以便于凝结水的排放，并应尽量采用同侧连接。

连接散热器的支管应有坡度以利于排气，当支管全长小于 500mm 时，坡度值为 5mm；大于 500mm 时，坡度值为 10mm，供水、回水支管均沿流向顺坡，如图 5.59 所示。

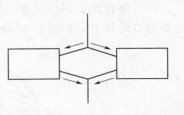

图 5.59 散热器与支管连接

5.6 供暖管道的保温

供热管道及其附件均应包敷保温层。其主要目的在于减少热媒在输送过程中的热损失；有时，也主要为了维持一定的热媒参数；或者从技术安全出发，主要为了降低管壁外表面温度，避免运行维修中烫伤人。

5.6.1 保温结构层的作用

保温的目的是减少热量损失，节约能源，提高系统运行的经济性和安全性。供热管道的保温结构一般由保温层和保护层两部分组成。

保温结构层的作用是减少能量损失、节约能源，提高经济效益，保障介质的运行参数，满足用户生产生活要求。对于高温介质管道的保温层来说，还可降低保温层外表面温度，改善环境工作条件、避免烫伤事故发生；保护层包括防水、防潮在内，它的作用是保护保温层不受外界机械损伤，

保温能否取得上述各项满意效果，关键在于保温材料的选用和保温层的施工质量。

5.6.2 保温材料及制品

管道系统的工作环境多种多样，有高温、低温、空中、地下、干燥、潮湿等。所选用的保温材料要求能适应这些条件，在选用保温材料时首先考虑其热工性能，然后还要考虑施工作业条件，如：高温系统应考虑材料的热稳定性；振动管道应考虑材料的强度；潮湿的环境应考虑材料的吸湿性；间歇运行的系统应考虑材料的热容量等。良好的保温材料应该具有重量轻、导热系数小、高温下不变形或变质、具有一定的机械强度、不腐蚀金属、可燃成分小、吸水率低、易于施工成型并且成本低廉等特性。在选用保温材料时要因地制宜，就地取材，力求节约。

常用的管道保温材料有岩棉、耐高温玻璃棉、硅酸铝、微孔硅酸钙、聚氨酯、橡塑、泡沫混凝土、蛭石硅藻土、膨胀珍珠岩等。

5.6.3 保温结构层的施工

供热管道保温结构的施工方法有以下几种方式。

（1）涂抹式。将湿的保温材料（如石棉粉或石棉硅藻土）直接分层抹于管上。

（2）绑扎式。在预制场将保温材料制成块状、扇形、半圆形等，然后扎于管上，如图 5.60 所示。

（3）填充式。将保温材料充填于管子四周特制的套子或铁丝网中，或将保温材料直接填充于地沟或无沟敷设的槽内。

（4）浇灌式。常用在不通行地沟及埋地敷设中，浇灌材料大多是泡沫混凝土。

（5）缠包式。利用成型的柔软而具有弹性的保温织物（如岩棉毡或玻璃棉毡）直接包裹在管道或附件上，如图 5.61 所示。

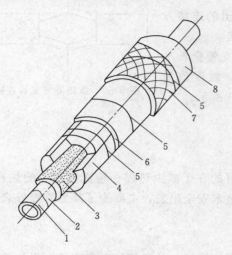

图 5.60　绑扎法保温
1—管道；2—防锈漆；3—胶泥；4—绝热层；5—镀锌钢丝；
6—沥青油毡；7—玻璃丝布；8—防腐漆

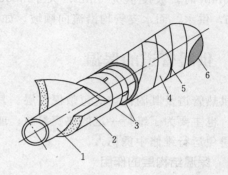

图 5.61　缠包法保温
1—管子；2—保温棉毡；3—镀锌钢丝；4—玻璃
布；5—镀锌钢丝或钢带；6—调和漆

5.7　供暖系统施工图的识读

5.7.1　室内供暖系统施工图的组成

施工图是设计结果的具体体现，它表示出建筑物的整个供暖工程。供暖系统施工图一般由设计说明、平面图、供暖系统图、详图以及主要设备材料表等部分组成。

5.7.1.1　设计说明

设计图纸无法表达的问题一般用设计说明来表达。设计说明是设计图的重要补充，其主要内容有：

（1）建筑物的供暖面积、热源的种类、热媒参数、系统总热负荷。

（2）采用散热器的型号及安装方式、系统形式。

（3）在安装和调整运转时应遵循的标准和规范。

（4）在施工图上无法表达的内容，如管道保温、油漆等。

（5）管道连接方式，所采用的管道材料。

（6）在施工图上未作表示的管道附件安装情况，如在散热器支管与立管上是否安装阀门等。

5.7.1.2　供暖平面图

供暖平面图是表示建筑物各层供暖管道及设备的平面布置，一般有如下内容。

（1）建筑物轮廓，其中应注明轴线、房间主要尺寸、指北针，必要时应注明房间名称。

（2）热力入口位置，供、回水总管名称、管径。

（3）干、立、支管位置和走向，管径以及立管编号。

（4）散热器的类型、位置和数量。各种类型的散热器规格和数量标注方法如下。

1）柱型、长翼型散热器数量（片数）。

2）圆翼型散热器应注根数、排数，如 3×2（每排根数×排数）。

3）光管散热器应注管径、长度和排数，如 D108×200×4 ［管径（mm）×管长（mm）×排数］。

4）闭式散热器应注长度、排数，如 1.0×2 ［长度（m）×排数］。

5）膨胀水箱、集气罐、阀门位置与型号。

6）补偿器型号、位置，固定支架位置。

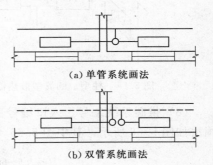

(a) 单管系统画法

(b) 双管系统画法

图 5.62　散热器与供水（供汽）、
回水（凝结水）管道的连接

（5）对于多层建筑，各层散热器布置基本相同时，也可采用标准层画法。在标准层平面图上，散热器要注明层数和各层的数量。

（6）平面图中散热器与供水（供汽）、回水（凝结水）管道的连接按如图 5.62 所示方式绘制。

（7）当平面图、剖面图中的局部要另绘详图时，应在平面图或剖面图中标注索引符号，画法如图 5.63 所示，图 5.63（a）为详图编号及所在图纸号，图 5.63（b）为详图所在标准图或通用图图集号及图纸号。

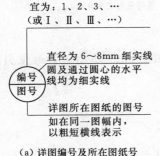

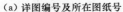

宜为：1、2、3、…
（或Ⅰ、Ⅱ、Ⅲ、…）

直径为 6～8mm 细实线
圆及通过圆心的水平线均为细实线

编号
图号

详图所在图纸的图号
如在同一图幅内，
以粗短横线表示

(a) 详图编号及所在图纸号

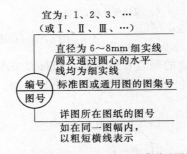

宜为：1、2、3、…
（或Ⅰ、Ⅱ、Ⅲ、…）

直径为 6～8mm 细实线
圆及通过圆心的水平线均为细实线
标准图或通用图的图集号

编号
图号

详图所在图纸的图号
如在同一图幅内，
以粗短横线表示

(b) 详图所在标准图或通用图图集号及图纸号

图 5.63　详图索引号

（8）用细虚线画出的供暖地沟、过门地沟的位置。

5.7.1.3　供暖系统图

供暖工程系统图应以轴测投影法绘制，并宜用正等轴测或正面斜轴测投影法。当采用正面斜轴测投影法时，y 轴与水平线的夹角可选用 45°或 30°。系统图的布置方向一般应与平面图一致。供暖系统图应包括如下内容。

（1）管道的走向、坡度、坡向、管径、变径的位置以及管道与管道之间的连接方式。

（2）散热器与管道的连接方式，例如是竖单管还是水平串联的，是双管上分或是下分等。

（3）管路系统中阀门的位置和规格。

（4）集气罐的规格和安装形式（立式或是卧式）。

（5）蒸汽供暖疏水器和减压阀的位置、规格、类型。

（6）节点详图的索引号。

（7）按规定对系统图进行编号，并标注散热器的数量。柱型、圆翼型散热器的数量应注在散热器内，如图 5.64 所示；光管式、串片式散热器的规格及数量应注在散热器的上方，如图 5.65 所示。

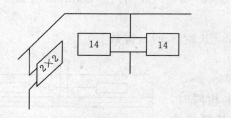

图 5.64　柱型、圆翼型散热器画法

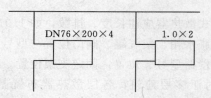

图 5.65　光管式、串片式散热器画法

（8）供暖系统编号、入口编号由系统代号和顺序号组成。室内供暖系统代号"N"，其画法如图 5.66 所示，其中图 5.66（b）为系统分支表示法。

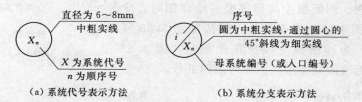

（a）系统代号表示方法　　　　　（b）系统分支表示方法

图 5.66　供暖系统代号

（9）竖向布置的垂直管道系统，应标注立管号，如图 5.67 所示。为避免引起误解，可只标注序号，但应与建筑轴线编号有明显区别。

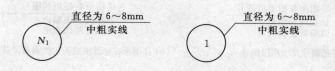

图 5.67　立管号

5.7.1.4　详图

详图是当平面图和系统图表示不够清楚而又无标准图时所绘制的补充说明图。它用局部放大比例来绘制，能表示供暖系统节点与设备的详细构造及安装尺寸要求，包括节点图、大样图和标准图。

（1）节点图。能清楚地表示某一部分供暖管道的详细结构和尺寸，但管道仍然用单线条表示，只是将比例放大，使人能看清楚。

（2）大样图。管道用双线图表示，看上去有真实感。

（3）标准图。它是具有通用性质的详图，一般由国家或有关部委出版标准图案，作为国家标准或部标准的一部分颁发。

采暖工程常用图例符号见表 5.1。

表 5.1   采暖工程常用图例符号

符号	名称	说明	符号	名称	说明
	供水（汽）管			疏水器	也可用
	回（凝结）水管			自动排气阀	
	绝热管			集气罐、排气装置	
	套管补偿器			固定支架	右为多管
	方形补偿器			丝堵	也可表示为：
	波纹管补偿器		$i=0.003$ 或 $i=0.003$	坡度及坡向	
	弧形补偿器		T 或	温度计	左为圆盘式温度计 右为管式温度计
	止回阀	左图为通用 右图为升降式止回阀	或	压力表	
	截止阀			水泵	流向：自三角形底边至顶点
	闸阀			活接头	
	散热器及手动放气阀	左为平面图画法 右为系统图画法		可曲挠接头	
	散热器及控制器	左为平面图画法 右为系统图画法		除污器	左为立式除污器 中为卧式除污器 右为 Y 形过滤器

5.7.1.5 主要设备材料表

为了便于施工备料，保证安装质量和避免浪费，使施工单位能按设计要求选用设备和材料，一般的施工图均应附有设备及主要材料表，简单项目的设备材料表可列在主要图纸内。设备材料表的主要内容有编号、名称、型号、规格、单位、数量、质量和附注等。

5.7.2 室内供暖施工图实例识读

如图 5.68（a）所示为某综合楼供暖一层平面图，如图 5.68（b）所示为供暖二层平面图，如图 5.69 所示为供暖系统图。

（1）本工程采用低温水供暖，供回水温度为 70～95℃。

（2）系统采用上分下回单管顺流式。

（3）管道采用焊接钢管，DN32 以下为丝扣连接，DN32 以上为焊接。

（4）散热器选用铸铁四柱 813 型，每组散热器设手动放气阀。

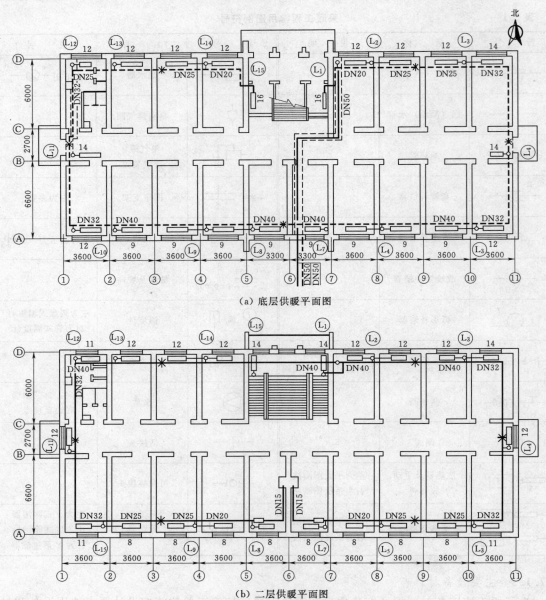

（a）底层供暖平面图

（b）二层供暖平面图

图 5.68　供暖系统平面图

（5）集气罐采用《采暖通风国家标准图集》N103 中 I 型卧式集气阀。

（6）明装管道和散热器等设备，附件及支架等刷红丹防锈漆两遍，银粉两遍。

（7）室内地沟断面尺寸为 500mm×500mm，地沟内管道刷防锈漆两遍，50mm 厚岩棉保温，外缠玻璃纤维布。

（8）图中未注明管径的立管均为 DN20，支管为 DN15。

（9）其余未说明部分，按施工及验收规范有关规定进行。

5.7.2.1　平面图

识读平面图的主要目的是了解管道、设备及附件的平面位置、规格、数量等。

在一层平面图［图 5.68（a）］中，热力入口设在靠近⑥轴右侧位置，供、回水干管管径均为 DN50。供水干管引入室内后，在地沟内敷设，地沟断面尺寸为 500mm×500mm。主立管设在建筑比例⑦轴处。回水干管分成两个分支环路，右侧分支连接共 7 根立管，左侧分支连接共 8 根立管。回水干管在过门和厕所内局部做地沟。

在二层平面图［图 5.68（b）］中，从供水主立管 D 轴和⑦轴交界处分为左、右两个分支环路，分别向各立管供水，末端干管分别设置卧式集气罐，型号详见说明，放气管管径为 DN15，引至二层水池。

建筑物内各房间散热器均设置在外墙窗下。一层走廊、楼梯间因有外门，散热器设在靠近外门内墙处；二层设在外窗下。散热器为铸铁四柱 813 型（见设计说明），各组片数标注在散热器旁。

5.7.2.2 系统图

阅读供暖系统图时，一般从热力入口起，先弄清干管的走向，再逐一看各立、支管。参照图 5.69，系统热力入口供、回水干管均为 DN50，并设同规格阀门，标高为 −0.900m。引入室内后，供水干管标高为 −0.300m，有 0.003 上升的坡度，经主立管引到二层后，分为两个分支，分流后设阀门。两分支环路起点标高均为 6.500m，坡度为 0.003，供水干管始端为最高点，分别设卧式集气罐，通过 DN15 放气管引至二层水池，出口处设阀门。

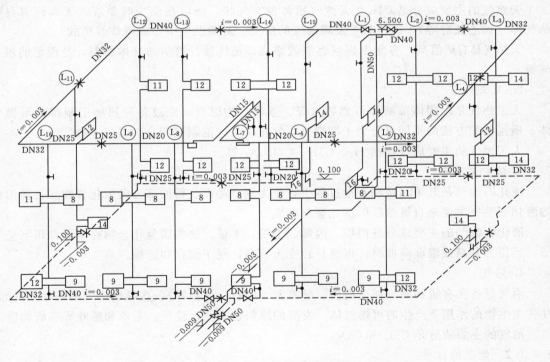

图 5.69　供暖系统图

各立管采用单管顺流式，上下端设阀门。图中未标注的立、支管管径详见设计说明（立管为 DN20，支管为 DN15）。

回水干管同样分为两个分支，在地面以上明装，起点标高为 0.100m，有 0.003 沿水流方向下降的坡度。设在局部地沟内的管道，末端为最低点，并设泄水丝堵。两分支环路汇合前设阀门，汇合后进入地沟，回水排至室外。

5.8 燃气供应系统

在城市的工业与民用燃料中，燃气将逐渐取代煤炭等固体燃料，已经成为建筑供热、供暖系统中的重要热源。

5.8.1 燃气的分类和性质

5.8.1.1 燃气的分类

工业生产和日常生活中所使用的燃料，按其形态可分为：固体燃料、液体燃料和气体燃料 3 类。气体燃料是以碳氢化合物为主的可燃气体及不可燃气体的混合物，并含有一些水蒸气、焦油和灰尘等杂质。各种气体燃料统称为燃气。

燃气的种类很多，主要有天然气、人工燃气、液化石油气和沼气。

1. 天然气

天然气是从钻井中开采出来的可燃气体。一般可分为 4 种：①气井气，是自由喷出地面的燃气，即纯天然气；②石油伴生气，是溶解于石油中，同石油一起开采出来后，再从石油中分离出来的天然气；③含有石油轻质馏分的凝析气田气；④从井下煤层抽出的煤矿矿井气。

天然气的主要成分是 CH_4。天然气通常没有气味，所以在使用时需混入无害而有臭味的气体（如乙硫醇等），以便易于发现漏气的情况，避免发生中毒或爆炸等事故。

天然气具有热值高，容易燃烧且燃烧效率高，是优质、清洁的气体燃料，是理想的城市气源。

2. 人工燃气

人工燃气是以固体或液体可燃物（煤、重油）为燃料，经过各种热加工制得的可燃气体。根据制取方法的不同可分为干馏煤气、气化煤气、油制气和高炉煤气 4 种。

人工燃气的主要成分包括 H_2、CH_4、CO、N_2 等。

3. 液化石油气

液化石油气是开采和炼制石油过程中，作为副产品而获得的部分碳氢化合物。目前国产的液化石油气主要来自炼油厂的催化裂化装置。

液化石油气的主要成分是丙烷、丙烯、丁烷、丁烯。这些碳氢化合物在常温常压下呈气态，当压力升高或温度降低时，很容易转变为液态，便于储存和运输。

4. 沼气

沼气是各种有机物质（如蛋白质、纤维素、脂肪、淀粉等），在隔绝空气的条件下发酵，并在微生物的作用下产生的可燃气体。发酵的原料是粪便、垃圾、杂草和落叶等有机物质。

沼气的主要成分是 CH_4 和 CO_2。

5.8.1.2 燃气的性质

1. 优点

燃气作为城市的新能源，与液体或固体燃料相比有如下优点。

（1）燃烧效率高。因为燃气能很好地与空气混合。

（2）燃烧温度高且便于调节，可满足很多特殊工艺过程的要求。

（3）可沿管道输送，大大减轻了城市运煤与除灰的交通负荷，并节省人力物力。

（4）燃烧时不产生有害气体，无渣，无灰。不仅可使厨房清洁卫生，减少厨房面积，而且大大地改善了城市环境卫生，减轻空气污染。

2. 缺点

（1）有毒。燃气中的有毒成分主要是指 CO、CO_2、H_2S 和其他碳氢化合物（烃）种。

（2）易燃易爆。燃气与空气混合到一定比例时，遇明火就会爆炸。

5.8.2 燃气系统

5.8.2.1 城市燃气供应系统

城市燃气供应可分为管道输送和瓶装供应两种。

1. 管道输送

天然气或人工煤气经过净化后即可输入城市燃气管网。城市燃气管网包括市政燃气管网和小区燃气管网两部分。

城市燃气供应系统由气源、输配系统和用户 3 个部分组成，如图 5.70 所示。

市政燃气管网一般都布置成环状，以保证供气的可靠性，但投资较大；只有边远地区才布置成枝状，它投资省，但可靠性差。小区燃气管网常采用枝状，小区燃气管网是指从燃气总阀门井开始至各建筑物前的用户外管路。

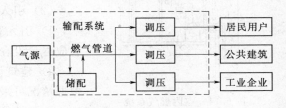

图 5.70　城镇燃气供应系统

为了克服管道阻力，输送煤气时要加压，压力越高，危险性就越大，煤气管与各种构筑物及建筑物的距离就要越远。

2. 瓶装供应

目前液化石油气多用瓶装供应。液化石油气在石油厂产生后，可用管道、火车槽车、槽船运输到储配站或灌瓶站再用管道或钢瓶灌装，经供应站供应用户。

供应站到用户根据供应范围、户数、燃烧设备的需用量大小等因素可采用单瓶供应、瓶组供应和管道系统供应等。其中单瓶供应常用 15kg 规格的钢瓶供应居民，瓶组供应采用钢瓶并联供应公共建筑或小型工业建筑的用户，管道系统供应适用于居民小区或锅炉房。

5.8.2.2 建筑燃气供应系统

1. 建筑燃气供应系统的组成

建筑燃气供应系统由引入管、水平干管、立管、用户支管、燃气计量表、用具连接管和燃气用具组成，如图 5.71 所示。

（1）引入管。引入管是指由室外庭院管网引向建筑物外墙至立管阀门为止的管段。

（2）水平干管。引入管连接若干根立管时，应设水平干管。

（3）立管。将引入管或水平干管输送的燃气分送到各层的管道。

（4）用户支管。用户支管指由立管引向单独用户计量表及燃气用具的管段。

（5）用具连接管。用具连接管又称下垂管，是指在支管上连接燃气用具的垂直管段。

（6）燃气用具。常用的有燃气灶和热水器等。

2. 建筑燃气供应系统的安装

（1）管材及连接方法。

1）低压燃气管道宜采用热镀锌钢管或焊接钢管螺纹连接；中压管道宜采用无缝钢管焊

接连接。

2）居民及公共建筑室内明装燃气管道宜采用热镀锌钢管螺纹连接。

3）采用无缝钢管焊接连接的场所有燃气引入管；地下室、半地下室、地上密闭房间内管道；管道竖井和吊顶内的管道；屋顶和外墙敷设的管道；锅炉房、直燃机房内管道。

4）暗埋部分应尽量不设接头，明露部分可用卡套、螺纹或钎焊连接。

5）燃具与管道连接可采用橡胶管或家用燃气软管，采用压紧螺帽或管卡。

6）宜采用平焊法兰棉橡胶垫片，螺纹管件宜采用可锻铸铁件，螺纹密封填料采用聚四氟乙烯带或尼龙绳等。

（2）引入管的安装。

1）引入管不得从卧室和浴室等处引入，住宅的引入管应尽量设在厨房内。

2）建筑设计沉降量大于 50mm 以上的燃气引入管，根据情况可采取以下保护措施。

a. 加大引入管穿墙处的预留洞尺寸。

b. 引入管穿墙前水平或垂直方向弯曲 2 次以上。

c. 引入管穿墙前设金属柔性管接头或波纹补偿器。

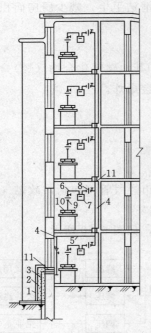

图 5.71　室内燃气系统

1—用户引入管；2—砖台；3—保温层；
4—立管；5—水平干管；6—用户立管；
7—燃气表；8—旋塞阀及活接头；
9—用具连接管；10—燃气用具；
11—套管

3）当引入管穿越房屋基础或管沟时，应预留孔洞，并加套管，间隙用油麻、沥青或环氧树脂填塞。管顶间隙应不小于建筑物最大沉降量，具体做法如图 5.72 所示。当引入管沿外墙翻身引入时，其室外部分应采取适当的防腐、保温和保护措施，具体做法如图 5.73 所示。

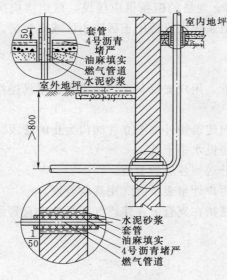

图 5.72　引入管穿越基础或外墙

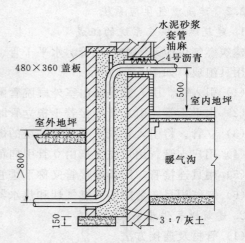

图 5.73　引入管沿外墙翻身引入（单位：mm）

4）引入管公称直径不应小于 20mm，埋地部分的 PE 管不小于 32mm；引入管坡度应大于 1%，坡向室外低压管网，严禁倒坡；引入管埋地部分应采用壁厚不小于 3.50mm 的无缝钢管或 PE 管。超过 25 层以上建筑的燃气引入管应采用加厚钢管。

（3）水平干管。

1）室内燃气干管不得穿过易燃易爆仓库、变电室、卧室、浴室、厕所、空调机房以及通风机房等，当不得不穿过时，必须置于套管内。

2）室内水平燃气干管严禁穿过防火墙。

3）室内水平干管的安装高度在楼梯间内宜不低于 2.20m；在厨房间内宜不低于 1.80m。

4）管道及附件到顶板的净距不得小于 100mm，厨房房顶必须采取防火措施。

5）室内燃气管道安装时管内不准有异物，安装要横平竖直。

6）水平管坡度不宜大于 1‰，坡度方向如下：

a. 表前管应坡向立管（燃气入口），表后管应坡向灶具。

b. 小口径管应坡向大口径管。

（4）立管。

1）燃气立管宜安装在靠近厨房、卫生间的外墙，尽量避开卧室的窗户及变配电室等场所，不得设置在卧室和浴室等内。

2）燃气的立管一般沿建筑物外墙敷设，立管距地面 1.5m 处宜安装总阀门，阀门前后设置放散吹扫口，阀门及放散吹扫口宜设置在阀门箱内。燃气立管也可设在管道竖井内，但应符合要求。

3）燃气立管的安装一般采用无缝钢管或单面镀锌钢管焊接连接。

4）高层建筑的立管过长时，应设置补偿器。

5）立管支架间距，按需要设置。

（5）支管。

1）室内燃气支管应明设，当支管不得已穿过卧室和浴室等时，必须采用焊接连接并设在套管内。

2）当燃气管从外墙敷设的立管接入室内时，宜先沿外墙接出 300~500mm 长水平短管，然后穿墙接入室内。

3）室内燃气支管安装高度，当高位敷设不得低于 1.8m 时，有门时应高于门的上框；低位敷设时距地面不得小于 300mm。

（6）燃气表的安装。

1）居住家庭每户应装一只燃气表；集体、营业、专业用户、每个独立核算单位最少应装一只燃气表。

2）煤气表安装过程中不准碰撞、倒置、敲击，不允许有铁锈杂物、油污等物质掉入表内。

3）燃气表安装必须平正，下部应有支撑。

（7）灶具安装。民用灶具安装，应满足以下条件。

1）灶具应水平放置在耐火台上，灶台高度一般为 700mm。

2）当灶具和燃气表之间硬连接时，其连接管道的直径不小于 15mm，并应装活接头一只。

3）公共厨房内当几个灶具并列安装时，灶与灶之间的净距不应小于 500mm。

4）灶具应安装在有足够光线的地方，但应避免穿堂风直吹。

5）灶具背后与墙面的净距不小于 100mm，侧面与墙或水池的净距不小于 250mm。

6）燃气燃烧设备与燃气管道的连接宜采用硬管连接。

7）当燃气燃烧设备与燃气管道为软管连接时要求如下。

a. 家用燃气灶的连接软管长度不应超过 2m，并不应有接口，一般 2～3 年进行更换。

b. 工业生产用的移动式燃具，连接软管的长度不应超过 30m，接口不应超过 2 个；且必须在软管前设置超流截止阀。

c. 燃气软管应采用防腐、耐油的燃气专用软管，不允许加套管。

d. 软管与燃气管道、接头管及燃烧设备的连接处，应采用压紧螺帽（锁母）或管卡固定。

e. 软管应在一个房间内使用，不得穿墙、窗和门。

（8）其他。

1）地下室、半地下室、设备层内敷设天然气管道的要求如下。

a. 净高不应小于 2.2m。

b. 应有良好的通风设施，地下室或地下设备层内应有机械通风和事故排风设施，燃气泄漏连锁报警装置。

c. 应设有固定的照明设备。

d. 与其他管道一起敷设时，应敷设在其他管道的外侧。

e. 与天然气主管道应采用焊接或法兰连接。

f. 应用非燃烧体的实体墙与电话间、变电室、修理间、储藏室及与住房连通的楼梯间隔开。

g. 地下室内天然气管道末端应设放散管，并应引出地面。放散管的出口位置应保证吹扫放散时的安全和卫生要求。

2）室内燃气管道在下列各处宜设阀门。

a. 燃气室外立管应设置阀门。

b. 从室内燃气总干管至每个分支管上应安装一个分支阀门。

c. 高层建筑的室内燃气管道上除安装一个总阀门外，有两根以上的分支立管时，可在每根立管上加设一个阀门。

d. 燃气表前应设阀门。

e. 用气设备和燃烧器前应设阀门。

f. 点火器和测压点前应设阀门。

g. 放散管起点应设阀门。

3）室内燃气管道穿过承重墙、地板或楼板时应加钢套管，套管与墙、楼板之间的缝隙应用水泥砂浆堵严。

4）室内燃气管道的防腐和涂色规定如下。

a. 引入管埋地部分按室外管道要求防腐。

b. 室内管道采用焊接钢管或无缝钢管时，应除锈后刷两道防锈漆。

c. 管道表面一般涂刷两道黄色油漆或按当地规定执行。

（9）室内燃气管道的试压、吹扫。

1）强度试验。强度试验的范围是室外燃气立管总阀门到居民用户燃气表前球阀的管道系统。

a. 设计压力不大于 10kPa 时，将压缩空气打至 0.1MPa，稳压 0.5h，在各接口处涂肥皂液，若无漏气，压力不下降，即为合格。

b. 中压燃气管道试验压力为设计压力的 1.5 倍，稳压 1h，用肥皂液检查所有接口，若无漏气，压力不下降，即为合格。

2）气密性试验。气密性试验的范围是从室外燃气立管总阀门到燃器具阀门前的管道系统。

强度试验合格后，进行气密性试验。试验要求如下（可选择其中一种）：

a. 不带燃气计量表试验，将空气压力升至 7kPa，稳压后观测 10min，压力不下降为合格。

b. 带燃气计量表试验，将空气压力升至 3kPa，稳压后观测 5min，压力不下降为合格。

c. 中压燃气管道气密性试验压力为设计压力，但最低不小于 0.1MPa，稳压 3h 后观测 1h，压力不下降为合格。

3）管道吹扫。管道系统强度试验后，在气压严密性试验前，应分段对管道进行吹扫与清洗。

吹洗的方法根据对管道的使用要求，工作介质及管道内表面的脏物程度确定，公称直径不小于 600mm 的液体或气体管道，宜采用人工清理，公称直径小于 600mm 的液体管道，宜采用水清洗，公称直径小于 600mm 的气体管道，宜采用空气吹扫。蒸汽管道宜采用蒸汽吹扫，非热力管道不得用蒸汽吹扫。吹扫的顺气一般按主管、支管、疏排管依次进行。

复 习 思 考 题

1. 采暖系统的任务是什么？
2. 自然循环采暖系统的原理是什么？
3. 机械循环热水采暖的方式有哪些？
4. 地板辐射采暖系统的施工要点有哪些？简单画出该系统的构造层次。
5. 蒸汽采暖系统的工作原理是什么？
6. 散热器的种类和特点有哪些？
7. 简述采暖系统的管道布置。
8. 燃气管道有哪些材料？室内燃气系统的组成有哪些？

第6章 通风及防烟、排烟

6.1 通风方式

6.1.1 通风概述

通风就是把建筑物室内污浊的空气直接或净化后排出室外，再把新鲜空气补充进来，从而保证室内的空气环境符合卫生标准的需要，这一过程便称为"通风"。通风是改善室内空气环境的一种重要手段，包括从室内排除污浊空气和向室内补充新鲜空气两个方面。前者称为排风，后者称为送风。为实现排风和送风所采用的一系列设备、装置的总体称为通风系统。

不同类型的建筑对室内空气环境的要求不尽相同，因而通风装置在不同场合的具体任务及构造型式也不完全一样。

对于一般的民用建筑或污染轻微的小型厂房，通常只需采用一些简单措施就可以达到"通风"的目的，如穿堂风降温、利用门窗换气、使用电风扇提高空气流速等。在这些情况下，无论对进风或排风，都不进行处理。

许多工业厂房，伴随工艺过程会释放出大量余热、余湿、各种工业粉尘及有害气体和有害蒸汽等工业有害物质。这些有害物质如不能及时排除，必然会恶化空气环境，危害工作人员健康，损坏设备，而大量粉尘和有害气体排入大气，又会污染大气。同时，许多工业粉尘和气体本身就是生产的原料或成品，需要回收，因此必须加以重视。这样的通风称之为"工业通风"，一般需采用机械手段进行。

此外，在一些大型的公共建筑中，为了营造舒适的气候环境，不仅要求室内空气具有一定的温度和湿度，而且要及时排除污浊空气，保持空气清新和适当流动速度。

由此可见，建筑通风不仅是改善室内空气环境的一种手段，而且也是保证产品质量、促进生产发展、防止大气污染的重要措施之一。随着科学技术的发展和人民生活水平的提高，对建筑通风提出许多新的要求，这必将促进通风工程的迅速发展。

6.1.2 通风方式

迫使室内空气流动的动力称为通风系统的作用动力，通风系统按作用动力来划分，可分为：自然通风和机械通风。

6.1.2.1 自然通风

自然通风主要是依靠室外风所造成的自然风压和室内外空气温度差所造成的热压来迫使空气进行流动，从而改变室内空气环境。

自然通风是一种经济而有效的通风方法。但受自然条件的影响较大，空气不能进行预先处理，排出的空气不能进行除尘和净化，会污染周围环境。

1. 风压作用下的自然通风

由于室外气流会在建筑物迎风面上造成正压，且在背风面上造成负压，在此压力作用下，室外气流通过建筑物上的门、窗等孔口，由迎风面进入，室内空气则由背风面或侧面出去。屋顶上的风帽、带挡板的天窗，则是利用风从它们的上部开口吹过时造成的负压来使室内空气在室内外压差下排出，这是一种利用风力的自然通风，如图 6.1 所示。显然，这种自然通风的效果取决于风力的大小。

2. 热压作用下的自然通风

热压是指当室内空气温度比室外空气温度高时，室内热空气密度小，比较轻，就会上升从建筑的上部开口（天窗）跑出去，较重的室外冷空气就会经下部门窗补充进来（图 6.2）。热压的大小除了跟室内外温差大小有关外，还与建筑高度有关。

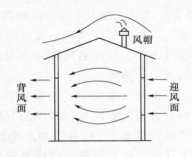

图 6.1　风压作用下的自然通风　　图 6.2　热压作用下的自然通风

利用风压和热压来进行换气的自然通风对于产生大量余热的生产车间是一种经济而有效的通风降温方法。如机械制造厂的铸造、锻工、热处理车间，冶金工厂的轧压、各种加热炉、冶炼炉车间，化工厂的烘干车间以及锅炉房等均可利用自然通风，这是一种既简单又经济的办法。在考虑通风的时候，应优先采用这种方法。但是，自然通风也有其缺点：

（1）自然进入的室外空气一般不能预先进行处理，因此对空气的温度、湿度、清洁度要求高的车间来说不能满足要求。

（2）从车间排出来的脏空气也不能进行除尘，会污染周围的环境。

（3）受自然条件的影响，风力不大、温差较小时，通风量就少，因而效果就较差。比如风力和风向一变，空气流动的情况就变了，而且一年四季气温也总是不断变化的，依靠的热压力也很不稳定，冬季温差较大，夏季温差较小，这些都使自然通风的使用受到一定的限制。

对于一般工厂来说，自然通风效果好坏还与门窗的大小、型式、位置有关。在有些情况下，自然通风与机械通风混合使用，可以达到较好的效果。

6.1.2.2　机械通风

依靠通风机所造成的压力，来迫使空气流通进行室内外空气交换的方式。

与自然通风相比较，由于要靠通风机的保证，通风机产生的压力能克服较大的阻力，因此往往可以和一些阻力较大、能对空气进行加热、冷却、加湿、干燥、净化等处理过程的设备用风管连接起来，组成一个机械通风系统，把经过处理达到一定质量和数量的空气送到一定地点。

与自然通风相比，机械通风具有许多特点：

（1）送入车间或工作房间内的空气可以首先加热和冷却，加湿或减湿。

（2）从车间排除的空气，有时需要进行净化除尘，保证工厂附近的空气不被污染。

（3）按能够满足卫生和生产上所要求的形成房间内人为的气象条件。

（4）可以将吸入的新鲜空气，按照需要送到车间或工作房间内各个地点，同时也可以将室内污浊的空气和有害气体，从产生地点直接排除到室外去。

（5）通风量在一年四季中都可以保持平衡，不受外界气候的影响，必要时，根据车间或工作房间内的生产与工作情况，还可以任意调节换气量。最先进、最完善的机械通风系统，是"空气调节"系统。

按照通风系统应用范围的不同，机械通风可分为局部通风和全面通风两种。

1. 局部通风

通风的范围限制在有害物形成比较集中的地方，或是工作人员经常活动的局部地区的自然或机械通风，称为局部通风。其目的是改善这一局部地区的空气条件，局部通风又可分为局部排风、局部送风及局部送、排风。

（1）局部排风（图 6.3）。它是为了尽量减少工艺设备产生的有害物对室内空气环境的直接影响，用各种局部排气罩（或柜），在有害物产生时就立即随空气一起吸入罩内，最后经排风帽排至室外，是比较有效的一种通风方式。

（2）局部送风（图 6.4）。直接向人体送风的方法又叫岗位吹风或空气淋浴。

岗位吹风分集中式和分散式两种。如图 6.4 所示是铸工车间浇筑工段集中式岗位吹风示意图。风是从集中式送风系统的特殊送风口送出的，系统应包括从室外取气的采气口，风道系统和通风机，送风需要进行处理时，还应有空气处理小室设备。分散的岗位吹风装置一般采用轴流风机，适用于空气处理要求不高，工作地点不很固定的地方。

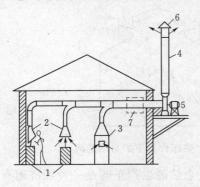

图 6.3　机械局部排风

1—工艺设备；2—局部排气罩；3—局部排气柜；4—风道；5—通风机；6—排风帽；7—排气处理装置

（3）局部送、排风（图 6.5）。有时采用既有送风又有排风的局部通风装置，可以在局部地点形成一道"风幕"，利用这种风幕来防止有害气体进入室内。

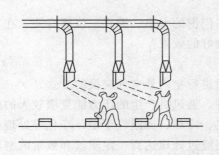

图 6.4　机械局部送风

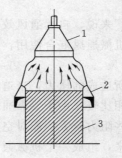

图 6.5　机械局部送、排风

1—排气罩；2—送风嘴；3—有害物来源

2. 全面通风

由于生产条件的限制，不能采用局部通风或采用局部通风后室内空气环境仍然不符合卫生和生产要求时，可以采用全面通风，即在车间或房间内全面地进行空气交换。全面通风适用于：有害物产生位置不固定的地方；面积较大或局部通风装置影响操作；有害物扩散不受限制的房间或一定的区段内。这就是允许有害物散入车间，同时引入室外新鲜空气稀释房间内的有害物浓度，使其车间内的有害物的浓度降低到合乎卫生要求的允许浓度范围内，然后再从室内排出去。

（1）全面机械排风系统。为了使室内产生的有害物尽可能不扩散到其他区域或邻室去，可以在有害物比较集中产生的区域或房间采用全面机械排风。如图 6.6 所示就是全面机械排风。在风机作用下，将含尘量大的室内空气通过引风机排除，此时，室内处于负压状态，而较干净的一般不需要进行处理的空气从其他区域、房间或室外补入以冲淡有害物。如图 6.6（a）所示是在墙上装有轴流风机的最简单的全面机械排风系统。如图 6.6（b）所示是室内设有排风口，含尘量大的室内空气从专设的排气装置排入大气的全面机械排风系统。采用这种通风方式，室内的有害物质不流入相邻的房间，它适用于室内空气较为污浊的房间，如厨房和厕所等。

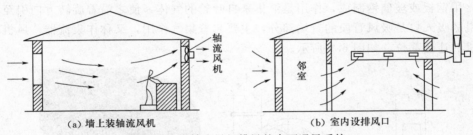

（a）墙上装轴流风机　　　　　　　　　　　　（b）室内设排风口

图 6.6　用轴流风机排风的全面通风系统

（2）全面机械送风系统。利用离心式风机把室外新鲜空气或者经过处理的空气经风管和送风口直接送到指定地点，对整个房间进行换气，稀释室内污浊空气，如图 6.7 所示。由于室外空气的不断送入，室内空气压力升高，使室内压力高于室外大气压力（即室内保持正压）。在这个压力作用下，室内污浊空气经门、窗及其他缝隙排至室外。采用这种通风方式，周围相邻房间的空气不会流入室内，适用于室内清洁度要求较高的房间，如旅店的客房、医院的手术室等。

（3）全面机械送、排风系统。如图 6.8 所示是同时设有机械进风和机械排风的全面通风

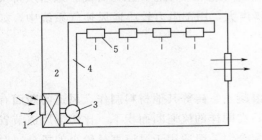

图 6.7　全面机械送风（自然排风）系统
1—进风口；2—空气处理设备；3—风机；
4—风道；5—送风口

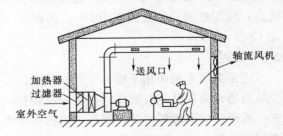

图 6.8　同时设有机械进风和机械排风的
全面通风系统

系统。室外空气根据需要进行过滤和加热等处理后送入室内，室内污浊空气由风机排至室外，这种通风方式的效果较好。

全面通风系统适用于有害物质分布面积广以及某些不适合采用局部通风的场合，在公共及民用建筑广泛采用。

全面通风系统需要风量大，设备较为庞大。当要求通风的房间面积较大时，会有局部通风不良的死角。

6.2 通风系统的主要设备和构件

自然通风系统一般不需要设置设备，机械通风的主要设备有风机、风管或风道、风口和除尘设备等。

6.2.1 风机

风机是机械送风系统中的动力设备，在工程中常用的风机是离心式风机和轴流式风机。离心式风机的基本构造组成包括叶轮、机壳、吸入口、机轴等部分，其叶轮的叶片根据出口安装角度的不同，分为前向叶片叶轮、径向叶片叶轮、后向叶片叶轮。离心式风机的机壳呈蜗壳形，用钢板或玻璃钢制成，作用是汇集来自叶轮的气体，使之沿着旋转方向引至风机出口。风机的吸入口是吸风管段的首端部分，主要起着集气作用，又称作集流器。风机的机轴是与电机的连接部位，如图6.9所示。

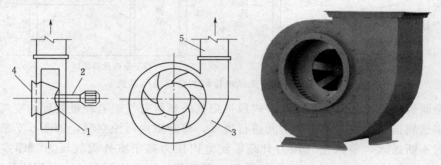

图6.9 离心式风机
1—叶轮；2—机轴；3—机壳；4—吸气口；5—排气口

轴流式风机，就是与风叶的轴同方向的气流（即风的流向和轴平行）。轴流式风机的叶轮安装在圆筒形的机壳内，空气从进风口吸入，流过叶轮和扩压管，压力升高，最后从排气口流出；风压较低，一般低于300Pa，体积小，噪声大，用于阻力较小通风换气系统中，如图6.10所示。

6.2.2 风道

风道是通风系统中用于输送空气的管道。

风道通常采用薄钢板制作，也可采用塑料、混凝土、砖等其他材料制作。风道的断面有圆形、矩形和椭圆形等形状。圆形风道的强度大，在同样的流通断面积下，比矩形风道节省管道材料，阻力小。但是，圆形风道不易与建筑配合，一般适用于风道直径较小的场合。对于大断面的风道，通常采用矩形风道。矩形风道容易与建筑配合布置、也便于加工制作，如图6.11所示为各种形状的风管。

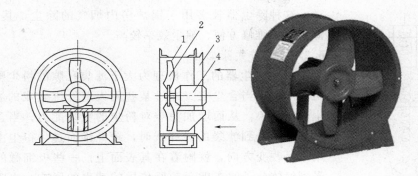

图 6.10 轴流式风机
1—机壳；2—叶轮；3—吸入口；4—电动机

（a）圆形风管

（b）椭圆形风管

（c）矩形风管

图 6.11 各种形状风管

风道在输送空气过程中，如果要求管道内空气温度维持恒定，应考虑风道的保温处理问题。保温材料主要有软木、泡沫塑料、玻璃纤维板等，保温厚度应根据保温要求进行计算，或采用带保温的通风管道。

6.2.3 除尘设备

为防止大气污染，排风系统在将空气排出大气前，应根据实际情况进行净化处理，使粉尘与空气分离，进行这种处理过程的设备称为除尘设备。

除尘设备种类很多，主要有重力沉降室除尘器、旋风式除尘器和袋式除尘器等类型。

6.2.3.1 重力沉降室除尘器

重力沉降室除尘器的机理是通过重力使尘粒从气流中分离出来。当通过沉降室时，由于气体在管道内具有较高的流速，突然进入沉降室的大空间内，使空气流速迅速降低，此时气流中尘粒在重力的作用下慢慢地落入灰斗内，如图 6.12 所示。

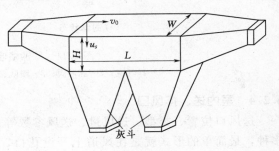

图 6.12 重力沉降室除尘器

6.2.3.2 旋风除尘器

旋风除尘器的原理是含尘气体从入口导入除尘器的外壳和排气管之间，形成旋转向下的外旋流。悬浮于外旋流的粉尘在离心力的作用下移向器壁，并随外旋流转到除尘器下部，由排尘孔排出。净化后的气体形成上升的内旋流并经过排气管排出，如图 6.13 所示。它是由内筒、外筒和锥体 3 个部分所组成。

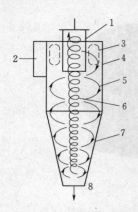

图 6.13　旋风除尘器

1—排出管；2—烟气；3—上涡旋；
4—圆柱体；5—外涡旋；6—内
涡旋；7—锥体；8—储灰斗

这种除尘器较多用于锅炉房内烟气的除尘，其结构简单、体积小、维修方便、除尘效率较高。

6.2.3.3　袋式除尘器

袋式除尘器的工作机理为大于滤袋孔隙的粉尘颗粒被滤袋阻留下来；当含尘空气通过某些用人造纤维做成的滤袋时，产生静电现象，从而增加滤袋对粉尘的吸附能力；当含尘气流通过滤袋撞击到滤袋的经纬线时，绕纤维而过，粉尘由于惯性作用不易改变方向，就附着在其表面上；一些极细微的粉尘由于受到气体分子的布朗运动所传导的动力的影响，也跟着做布朗运动，这样就增加了尘粒与纤维的碰撞机会。

清灰是袋式除尘器运行中十分重要的一环，多数袋式除尘器是按清灰方式命名和分类的。

常用的清灰方式有 3 种，分别为机械振动式、逆气流清灰和脉冲喷吹清灰。如图 6.14 所示为脉冲喷吹清灰袋式除尘器。

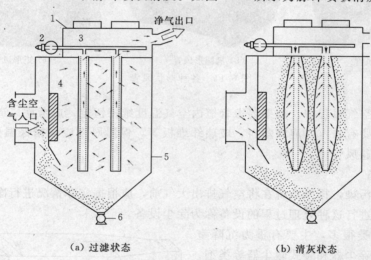

（a）过滤状态　　　　　　　　（b）清灰状态

图 6.14　脉冲喷吹清灰袋式除尘器

1—净气室；2—脉冲阀；3—喷吹管；4—滤袋；5—箱体；6—回转阀

6.2.4　室内送、排风口

送风口位置、类型、送风量、送风参数等是决定气流组织的因素。室内送风口的形式有多种，最简单的形式就是在风道上开设孔口，孔口可开在侧部和底部，用于侧向和下向送风。如图 6.15（a）所示为送风口没有任何调节装置，不能调节送风流量和方向；如图 6.15（b）所示为插板式风口，插板可用于调节孔口的大小，这种风口虽可调节送风量，但不能控制气流的方向；对于布置在墙内或安装的风道，可采用百叶式送风口，将其安装在风道末端或墙壁上，如图 6.16（b）所示。

常见的送风口类型有喷口、百叶风口、散流器、旋风口及孔板等，如图 6.16 所示。

室内排风口一般没有特殊要求，其形式种类也很多。通常采用单层百叶式排风口，有时也采用水平排风道上开孔的孔口排风形式。

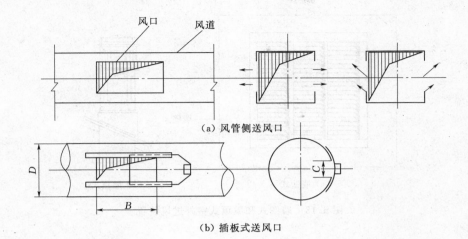

（a）风管侧送风口

（b）插板式送风口

图 6.15　简单的送风口

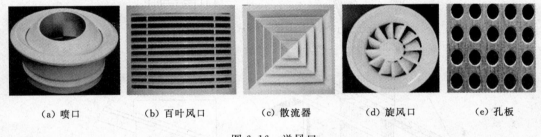

（a）喷口　　　　（b）百叶风口　　　　（c）散流器　　　　（d）旋风口　　　　（e）孔板

图 6.16　送风口

6.2.5　室外进、排风装置

6.2.5.1　室外进风装置

室外进风口是通风和空调系统采集新鲜空气的入口。根据进风室的位置不同，室外进风口可采用竖直风道塔式进风口，如图 6.17（a）所示为贴附于建筑物的外墙上，如图 6.17（b）所示为做成离开建筑物而独立的构筑物，还可以采用在墙上设百叶窗或在屋顶上设置成百叶风塔的形式，如图 6.18所示。

6.2.5.2　室外排风装置

室外排风装置的任务是将室内被污染的

（a）进风口贴附于建筑物外墙　　（b）进风口做成独立构筑物

图 6.17　塔式室外进风装置

空气直接排到大气当中去。管道式自然排风系统通常通过屋顶向室外排风，排风装置的构造形式与进风装置相同，排风口也应高出屋面 0.5m 以上，若附近设有进风装置，则应比进风口至少高出 2m。机械排风系统一般从屋顶排风，也有从侧墙排出的，但排风口应高出屋面。一般地，室外排风口应设在屋面以上 1m 的位置，出口处应设置风帽或百叶风口，如图 6.19所示。

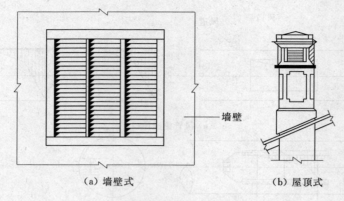

（a）墙壁式   （b）屋顶式

图6.18 墙壁式和屋顶式室外进风装置

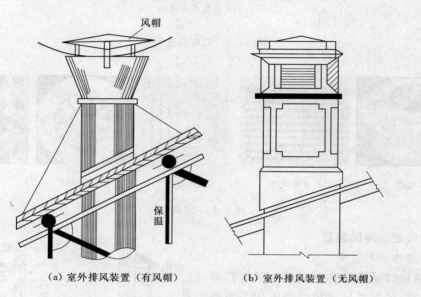

（a）室外排风装置（有风帽）   （b）室外排风装置（无风帽）

图6.19 室外排风装置

6.3 建筑物的防火排烟系统

火灾烟气中所含 CO、CO_2、HF 及 HCl 等多种有毒成分以及高温缺氧都会对人体造成极大的危害，及时排除烟气，对保证人员安全疏散，控制火势蔓延，对于扑救火灾具有重要作用。所谓烟气，是指物质在不完全燃烧时产生的固体及液体粒子在空气中的浮游状态。烟气的流动扩散，主要受到风压和热压等因素的影响。

高层建筑中各种竖井产生的烟囱效应，竖井上下开口的高差大，火灾时，燃烧放出的大量热量，竖井内温度快速升高，建筑物热压造成的自然通风量加大，烟囱效应显著，火灾的蔓延迅速，垂直向上的速度约 3～4m/s，这样会使烟气更加迅速地扩散。

为防止火灾的蔓延和危害，在高层建筑中，必须进行防火排烟设计，防火排烟目的是：

（1）将火灾产生的烟气，在着火房间或着火房间所在的防烟区内就地排除。

（2）防止烟气扩散到疏散通道和其他防烟分区中去。

（3）确保疏散和扑救用的防烟楼梯及消防电梯间内无烟，使人员可以迅速疏散，给抢救工作创造条件。

6.3.1 建筑的防火分区与防烟分区

在高层建筑的防火排烟设计中，通常将建筑物划分为若干个防火、防烟分区，各分区间以防火墙及防火门进行分隔，防止火势和烟气从某一分区内向另一分区扩散。

6.3.1.1 防火分区

在建筑内部采用防火墙、耐火楼板、防火卷帘、防火门等防火分隔设施把建筑物划分为若干个防火单元，在火灾发生时，阻止火势、烟气的蔓延和扩散，便于消防人员的灭火和扑救，减少火灾危害。

1. 水平防火分区

水平防火分区的分隔物，主要依靠防火墙，也可以利用防火水幕带或防火卷帘加水幕。

防火墙是指由非燃烧材料组成，直接砌筑在基础上或钢筋混凝土框架梁上，耐火极限不小于 3h 的墙体。防火墙上尽量不开洞口，必须开设时，应设耐火极限不小于 1.2h 的防火门窗。

2. 垂直防火分区

高层建筑的竖直方向通常每层划分为一个防火分区，以耐火楼板（主要是钢筋混凝土楼板）为分隔。

对于在两层或多层之间设有各种开口，如设有开敞楼梯、自动扶梯、中庭（共享空间）的建筑，应把连通部分作为一个竖向防火分区的整体考虑，且连通部分各层面积之和不应超过允许的水平防火分区的面积。

6.3.1.2 防烟分区

火灾发生时，为了控制烟气的流动和蔓延，保证人员疏散和消防扑救的工作通道，需对建筑划分防烟分区。

设置排烟设施的走道、净高不超过 6m 的房间，采用挡烟垂壁［图 6.20（a）］、内隔墙或从顶棚下突出不小于 0.5m 的梁［图 6.20（b）］划分防烟分区，并在各防烟区内设置一个带手动启动装置的排烟口。挡烟垂壁是用非燃材料（如钢板、夹丝玻璃和钢化玻璃等）制成的固定或活动的板房，它垂直向下吊在顶棚上。

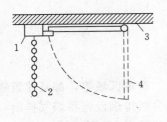

（a）挡烟垂壁

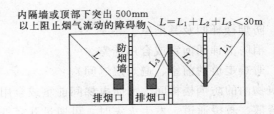

（b）内隔墙或顶部下突出不小于 0.5m 的梁

图 6.20　防烟分区

1—阻挡器；2—操作链；3—天井顶棚；4—防烟垂壁

每个防烟分区的建筑面积不宜超过 500m^2，防烟分区不跨越防火分区。

某百货大楼的防火防烟分区实例，如图 6.21 所示。

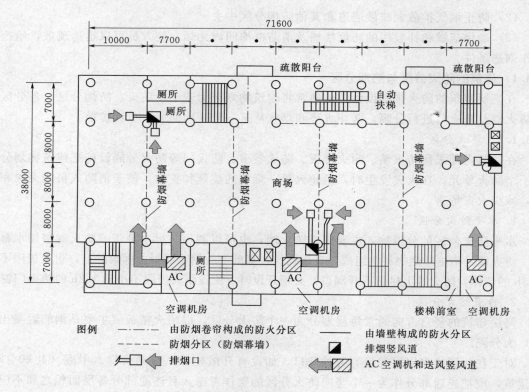

图 6.21　某百货大楼防火、防烟分区

6.3.2　建筑物的防、排烟系统

对于一座建筑，当其中某部位着火时，应采取有效的防烟排烟措施排除可燃物燃烧产生的烟气和热量，使该局部空间形成相对负压区；对非着火部位及疏散通道等应采取防烟措施，以阻止烟气侵入，以利于人员的疏散和灭火救援。因此，在建筑内设置排烟设施，在建筑内人员必须经过的安全疏散区设置防烟设施十分必要。

6.3.2.1　防烟系统

《建筑设计防火规范》（GB 50016—2014）规定，建筑的下列场所或部位应设置防烟设施：

（1）防烟楼梯间及其前室。

（2）消防电梯间前室或合用前室。

（3）避难走道的前室、避难层（间）。

建筑物内的防烟楼梯间、消防电梯间前室或合用前室、避难区域等，都是建筑物着火时的安全疏散、救援通道。发生火灾时，可通过开启外窗等自然排烟设施将烟气排出，亦可采用机械加压送风的防烟设施，使烟气不致侵入疏散通道或疏散安全区内。

6.3.2.2　排烟系统

利用自然或机械作用力，将烟气排到室外，称之为排烟。利用自然作用力的排烟称之为自然排烟；利用机械（风机）作用力的排烟称为机械排烟。排烟的部位有两类：着火区和疏散通道。着火区排烟的目的是将火灾时产生的烟气（包括空气受热膨胀的体积）排到室外，降低着火区的压力，不使烟气流向非着火区，以利于着火区的人员疏散及救火人员的扑救。

疏散通道的排烟是为了排除可能侵入的烟气，保证疏散通道无烟或少烟，利于人员安全疏散及救火人员的通行。

《建筑设计防火规范》（GB 50016—2014）规定，民用建筑的下列场所或部位应设置排烟设施：

（1）设置在一层、二层、三层且房间建筑面积大于100m²的歌舞、娱乐、放映游艺场所，设置在四层及以上楼层、地下或半地下的歌舞、娱乐、放映、游艺场所。

（2）中庭。

（3）公共建筑内建筑面积大于100m²且经常有人停留的地上房间。

（4）公共建筑内建筑面积大于300m²且可燃物较多的地上房间。

（5）建筑内长度大于20m的疏散走道。

6.3.3 排烟方式

6.3.3.1 自然排烟

利用火灾产生的热烟气流的浮力作用和室外风力作用使烟气通过建筑物的对外开口排至室外，实质是热烟气和冷空气的对流运动。具有结构简单、节省能源、运行可靠性高等优点。

对于建筑高度不大于50m的公共建筑、工业建筑和建筑高度不大于100m的住宅建筑，由于这些建筑受风压作用影响较小，可利用建筑本身的自然通风，基本能起到防止烟气进一步进入安全区域的作用。

（1）自然排烟方式一般有以下两种：

1）采用凹廊和阳台作为防烟楼梯间的前室或合用前室进行自然排烟，如图6.22所示。

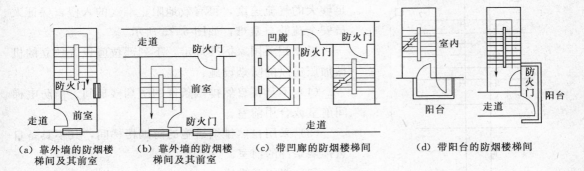

| （a）靠外墙的防烟楼梯间及其前室 | （b）靠外墙的防烟楼梯间及其前室 | （c）带凹廊的防烟楼梯间 | （d）带阳台的防烟楼梯间 |

图6.22 利用凹廊、阳台自然排烟

2）防烟楼梯间前室或合用前室具有两个不同朝向的可开启外窗且有满足需要的可开启窗面积，可以认为该前室或合用前室的自然通风能及时排出漏入前室或合用前室的烟气，并可防止烟气进入防烟楼梯间，如图6.23所示。

（2）自然排烟方式受如下很多因素的影响：

1）室外风向和风速随季节变化。

2）火灾期间烟气的温度随时间变化。

3）高层建筑的热压作用随季节变化。

所以，50m以上的一类建筑、100m以上的住宅建筑，自然排烟方式不能满足防排烟的要求。

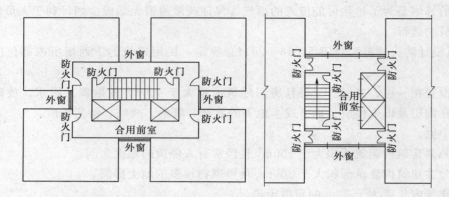

图 6.23　有两个不同朝向的可开启外窗防烟楼梯间合用前室

6.3.3.2　机械排烟方式

对于 50m 以上的一类建筑、100m 以上的住宅建筑的安全疏散区，采用加压防排烟方式来达到防烟的目的。加压防排烟就是借助机械力作用强迫送风或排气的手段来排除火灾烟气的方式。

1. 机械加压送风防烟（图 6.24）

机械加压送风防烟系统的作用，是为了在建筑物发生火灾时提供不受烟气干扰的疏散路线和避难场所。因此，加压部位在关闭门时，必须与着火楼层保持一定的压力差（该部位空气压力值为相对正压）；同时在打开加压部位的门时，在门洞断面处能有足够大的气流速度，可有效地阻止烟气的入侵，保证人员安全疏散与避难，如图 6.25 所示。

根据相关国家标准规定，下列部位应设置独立的机械加压送风的防烟设施：

（1）不具备自然排烟条件的防烟楼梯间、消防电梯间前室或合用前室。

（2）采用自然排烟措施的防烟楼梯间，其不具备自然排烟条件的前室。

（3）封闭避难层（间）。

（4）避难走道的前室。

2. 机械排烟（图 6.26）

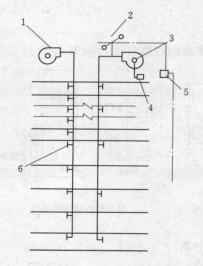

图 6.24　机械加压送风系统

1—加压送风机（前室用）；2—排烟防火阀；
3—加压送风机（楼梯间用）；4—烟感器；
5—压差控制器；6—送风口

机械排烟方式一般是利用排风机把着火区域中产生的高温烟气通过排烟口强制排至室外。机械排烟的根本作用在于能及时有效地排除着火层或着火区域的烟气，为受灾人员的疏散和物资财产的转移在时间上和空间上创造条件。机械排烟方式适用于不具备自然排烟条件或较难进行自然排烟的内走道、房间、中庭及地下室。

机械排烟可分为局部排烟和集中排烟两种方式。

（1）局部排烟方式。局部排烟方式是在每个需要排烟的部位设置独立的排烟风机直接进

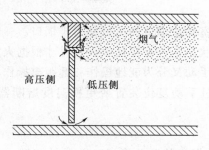 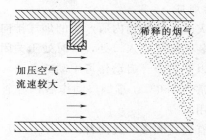

图 6.25　机械加压送风防烟示意图

行排烟。局部排烟方式投资大，而且排烟风机分散，维修管理麻烦，所以很少采用。如采用时，一般与通风换气要求相结合，即平时可兼作通风排风使用。

（2）集中排烟方式。集中排烟方式是将建筑物划分为若干个区，在每个区设置排烟风机，通过排烟风道排烟。

6.3.4　防火排烟系统的设备部件

防火排烟系统装置的目的是当建筑物着火时，保障人们安全疏散及防止火灾进一步蔓延，其设备和部件均应在发生火灾时运行和起作用。因此，产品必须经过公安消防监督部门的认可并颁发消防生产许可证方能有效。

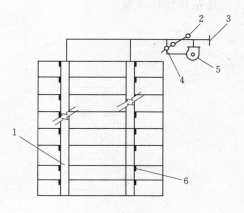

图 6.26　机械排烟
1—排烟风道；2—电动阀；3—排烟出口；
4—防火阀（280℃）；5—风机；6—排烟口

6.3.4.1　防火阀

防火阀（图 6.27）一般设于每个防火分区排烟支管与排烟主管道的连接处，由电信号开启或手动开启，当烟气温度达到 280℃时靠温度熔断器使其关闭，以防止通过排烟管道向其他区域蔓延火灾，如图 6.28 所示。

图 6.27　防火阀

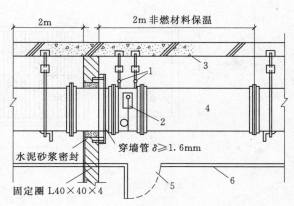

图 6.28　防火墙处的防火阀示意图
1—吊架；2—防火阀；3—楼板；4—风管；
5—检查口；6—吊顶

171

6.3.4.2　排烟口

发生火灾时，建筑物内所产生的烟气排向室外或烟道的出口称为排烟口。

排烟口装于烟气吸入口处，平时处于关闭状态，只有在发生火灾时才根据火灾烟气扩散蔓延情况予以开启。开启动作可手动或自动，手动又分为就地操作和远距离操作两种。熔断动作温度通常为 280℃。排烟口动作后，可通过手动复位装置或更换温度熔断器予以复位，以便重复使用。

排烟口有板式和多叶式两种。

（1）板式排烟口。如图 6.29 所示，板式排烟口的开关形式为单横轴旋转式，其手动方式为远距离操作装置。

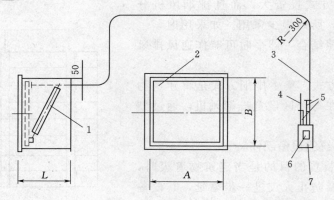

图 6.29　板式排烟口

1—弹；2—铜板；3—钢丝控制缆绳；4—控制电缆；5—导管 D.20；
6—红色手动开启按钮远距离；7—自动开启装置

（2）多叶式排烟口。如图 6.30 所示，多叶式排烟口的开关形式为多横轴旋转式，其手动方式为就地操作和远距离操作两种。

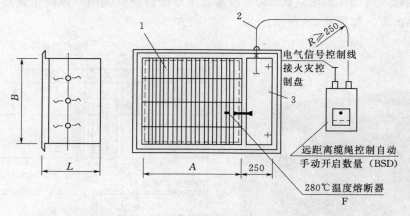

图 6.30　多叶式排烟口

1—铝合金格栅风口；2—铜丝控制缆绳及套管；3—检查门

6.3.4.3　排烟风机

用于排烟的风机主要有离心风机和轴流风机，并应在其机房入口处设有当烟气温度超过

280℃时能自动关闭的排烟防火阀。另外，还有自带电源的专用排烟风机。

排烟风机应有备用电源，并应有自动切换装置。排烟风机应耐热，变形小，在排出280℃高温烟气时连续工作30min仍能达到设计要求。

复 习 思 考 题

1. 简述通风系统的分类，各种类型通风系统的特点和组成。
2. 画示意图表示全面排风系统和局部排风系统。
3. 什么是防火分区？什么是防烟分区？
4. 机械排烟适用于哪些场合？

第7章　空　气　调　节

7.1　空气调节系统分类及组成

7.1.1　空调系统的概念和基本组成部分

空气调节，简称空调，是一种为了满足生产、生活需求，改善劳动卫生条件，用人工的方法实现对某一房间或空间内的温度、湿度、洁净度和空气流动速度等进行调节与控制，并提供足够量的新鲜空气的技术。

空气调节系统，简称空调系统，是指能够对空气进行净化、冷却、干燥、加热、加湿等环节处理，并促使其流动的设备系统。空气调节系统以空气作为介质，通过其在空调房间内的流通，使空调房间内的温度、湿度、洁净度和空气的流动速度等参数指标控制在规定的范围内。

如图7.1所示为空调系统基本组成，一般来说，空调系统通常由冷热源及其输送设备、空气处理设备、空气输送设备、空气分配和调节设备几个主要部分组成。冷、热源及其输送设备是提供空调用冷、热源并将冷（热）媒输送到空气处理设备；空气处理设备是对空气进行处理达到设计要求的送风状态；冷、热介质输送设备及管道是把冷、热介质输送到使用场所；空气分配和调节设备包括各种类型的风口，作用是合理地组织室内气流，使气流均匀分布。

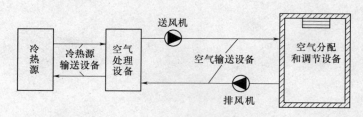

图7.1　空调系统基本组成

7.1.2　空调系统的分类

空调系统根据不同的分类标准，有不同的分类。

7.1.2.1　按使用目的分类

按其使用的目的要求可分为舒适性空调与工艺性空调两大类。

1. 舒适性空调

舒适性空调是控制温度以使人体感觉舒适的空气调节设备，目的是创造一个舒适的工作或生活环境，以利于提高工作效率或维持良好的健康水平。办公楼、住宅、宾馆、商场、餐厅以及体育场馆等公共场所的空调，都属于这一类。卫生部颁布的《公共场所集中空调通风系统卫生管理办法》和相配套的3个技术规范所指的空调即为这一类空调。是专门为人而设计的空调，与其他专门为控制设备温度而设计的空调（精密空调、专用空调）不同，它风量小、降温快、除湿能力强，可以使闷热室内环境很快达到人们感觉舒适的状态。由于人的舒适感在一定的空气参数范围内，所以这类空调对温度和湿度的波动要求并不严格。

2. 工艺性空调

工艺性空调使用的目的是为研究、生产、医疗或检验等过程提供一个有特殊要求的室内环境。例如，电子车间、制药车间、食品车间、医院手术室以及计算机房、微生物试验室等使用的空调就属于这一类。工艺性空调可分为一般降温性空调、恒温恒湿空调和净化空调等。降温性空调对温、湿度的要求是夏季人工操作时手不出汗，不使产品受潮。因此，一般只规定温度或湿度的上限，不再注明空调精度。如电子工业的某些车间，规定夏季室温不大于28℃，相对湿度不大于60％即可。恒温恒湿空调室内空气的温、湿度基数和精度有严格要求，如某些计量室，室温要求全年保持（20±0.1）℃，相对湿度保持（50±5）％。也有的工艺过程仅对温度或者相对湿度中的一项有严格要求，如纺织工业某些工艺对相对湿度要求严格，而空气温度则以劳动保护为主。净化空调不仅对空气温、湿度提出一定要求，而且对空气中所含尘粒的大小和数量有严格要求。工艺性空调在满足特殊工艺过程特殊要求的同时，工作人员的舒适性要求有条件时可兼顾，如工厂、仓库和电子计算机房的空调。

7.1.2.2 按其空气处理设备的集中程度分类

按其空气处理设备的集中程度来分，可以分成集中式、局部式和半集中式3种。

1. 集中式空调系统

集中式空调系统是将各种空气处理设备和风机都集中设置在一个专用的机房里，对空气进行集中处理，然后由送风系统将处理好的空气送至各个空调房间中去。如图7.2所示，空调主机提供冷热源给空调机组，空调机组对空气集中进行处理，经送风管道输送到各处，通过出风口出风。空调机组可根据客户的要求实现空气的混合、过滤、升温、降温、除湿、加

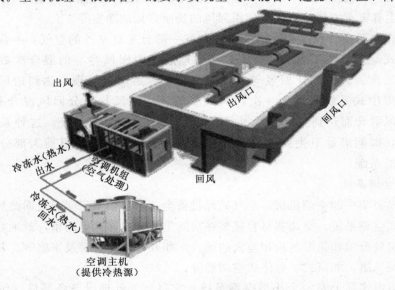

图 7.2 集中式空调系统示意图

湿、降噪、热回收等功能，形式分为卧式、立式及吊顶式 3 种，实际应用中，根据对空气处理要求的不同，会选择不同形式的空调机组。集中式空调系统（即全空气系统）一般用于房间面积大，热湿负荷变化类似，新风量变化大及对温湿度、洁净度等要求严格的场所，如体育馆、影剧院、会展中心、厂房及超市等。

根据集中式空调系统处理的空气来源情况不同，集中式空调系统又可分为封闭式系统、直流式系统和混合式系统 3 类，如图 7.3 所示。

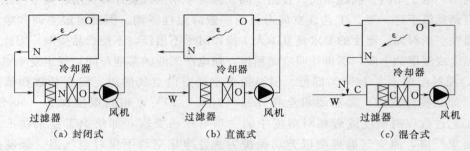

图 7.3　各类集中式空调系统

N—室内空气；W—室外空气；C—混合空气；O—冷却器空气状态

（1）封闭式空调系统。封闭式空调系统又称为循环式空调系统，或全回风式空调系统。它所处理的空气全部来自空调房间本身，没有室外空气补充，全部为再循环空气，整个房间和空气处理设备之间形成了一个封闭的环路。这种系统冷热消耗量最省，但卫生条件差，这种系统主要用于人员很少进入或不进入，只需要保障设备安全运行而进行空气调节的特殊场合。

（2）直流式空调系统。直流式空调系统又称为全新风空调系统，这种系统处理的空气全部来自室外，室外空气经处理后送入室内，然后全部排出室外，因此具有供风质量高，但是供冷供热负荷大，一次投资成本较低，但运行成本高的特点。这种系统适用于需要严格保证空气质量或产生有毒有害气体、不宜使用回风的场所，如洁净室等。

（3）混合式空调系统。这种系统处理的空气一部分来自室外的空气，一部分来自室内的回风。回风式空调系统又按送风前在空气处理过程中回风参与的混合次数不同，分为一次回风式和二次回风式。让回风与新风先混合，然后加以处理，达到送风状态，这种只混合一次的集中式系统，称为一次回风式系统。让新风与部分回风混合并经处理后，再次与部分回风混合而达到要求的送风状态，称为二次回风式系统。这种系统适用于绝大多数的场合，即能满足卫生要求，又经济合理，故应用最广。目前大部分公共建筑都采用这种形式的系统。

2. 局部式空调系统

这种系统没有集中的空调机房，空气处理设备全分散在被调房间内，因此局部式空调系统又称为分散式空调系统。空调器可直接装在房间里或装在邻近房间里，就地处理空气。适用于面积小、房间分散和热湿负荷相差大的场合，如办公室、机房及家庭等。其设备可以是单台独立式空调机组，如窗式、分体式空调器等。

局部空调机组实际上是一个小型空调系统，它将空气处理设备各部件（包括空气冷却器、加热器、加温器、过滤器）与通风机、制冷机组组合成一个整体，具有结构紧凑、安装方便、使用灵活的特点，所以在空调工程中得以广泛应用。

（1）局部空调机组的类型。

1）按结构形式不同分为分体式和整体式。分体式将蒸发器和室内风机作为室内侧机组，把制冷系统的蒸发器之外的其余部分置于室外，称作室外机组，如图 7.4 所示。室内机有吊顶、壁挂、落地、嵌入等型式，根据室外机和室内机的对应配置数量又分为一拖一和一拖多型式。按控制方式有转速恒定（简称定频）和转速可控（简称变频）之分。整体式是将空气处理部分、制冷部分和电控系统的控制部分等安装在一个罩壳中形成一个整体。它的结构紧凑、操作灵活，其制冷量一般在 50kW 以下。

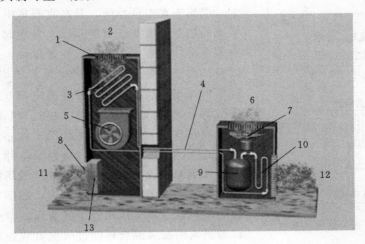

图 7.4　分体式空调机组

1—送风口；2—至室内机；3—蒸发器；4—制冷剂配管；5—离心式风机；
6—至室外机；7—轴流风机；8—进风口；9—压缩机；10—冷凝器；
11—室内空气；12—室外空气；13—过滤器

2）按冷凝器的冷却方式不同分为风冷式和水冷式。容量较小的机组，其冷凝器大都采用风冷却。风冷式空调机，可不受水源条件限制，在任何地区都可使用。它不需冷却塔和冷却水泵，给使用维修带来很大的方便。在水源紧张的地区和家用小型空调机上使用都很普遍。容量较大的机组，其冷凝器一般都用水冷却。一般用于水源充足的地区，为节约用水，大多数使用循环水。

3）根据用途不同，有多种空调机组。如常见的有恒温、恒湿机组，其用于全年要求恒温、恒湿的房间，它能控制房间的基准温度在 $20\sim25℃$ 之间，波动范围不超过 $\pm1℃$，控制相对湿度在 $50\%\sim70\%$，波动范围在 $\pm10\%$；用于解决夏季降温用的冷风机组，其组成与恒温、恒湿机组相比，没有加热、加湿设备；热泵式空调机组，这种机组可作降温、采暖和通风之用。

（2）局部空调机组的特点。

1）结构紧凑、安装方便，空调机组由于把空气处理系统和制冷系统组合为一个整体，其结构紧凑，不需要另接管道和电路，一般不需设专门机房，也不需要对安装基础作特殊处理，可直接安装在房间的地板上或房间的窗台、墙孔中。

2）操作方便、节约能源，空调机组一般不需专业的操作人员，一般人员都可以通过转动旋钮进行操作，十分方便。空调机组各自配备有控制系统，可以由用户根据自己的需要启动和停机，使能量消耗得以人为地控制。

3）设备利用率高，便于维修，小型空调机组分散在每个房间，可以在发生故障时，随时进行修理。由于零配件结构简单、维修不需要太长时间，设备使用率很高。

4）机组系统对建筑物外观有一定影响。安装房间空调机组后，会破坏原有的建筑立面，噪声、凝结水、冷凝器热风对环境会造成污染。另外，故障率高，设备使用寿命短，一般约10年。

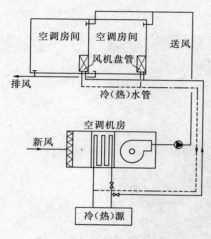

图 7.5　风机盘管加新风系统

3. 半集中式空调系统

半集中式空调系统，是在克服集中式和局部式空调系统的缺点而取其优点的基础上发展起来的。半集中式空调系统除了有集中的空气处理室外，还在空调房间内设有二次空气处理设备（风机盘管机组）。这种对空气的集中处理和局部处理相结合的空调方式，克服了集中式空调系统空气处理量大，设备、风道断面积大等缺点，同时具有局部式空调系统便于独立调节的优点。半集中式空调系统因二次空气处理设备种类不同而分为风机盘管空调系统和诱导器系统。其中新风加风机盘管系统为最常用的半集中式空调系统，如图7.5所示。经处理的新风通过新风送风管送到房间，室内的风通过回风口与送入的新风混合再经过风机盘管处理，达到要求后再送入房间，这样不断的循环，达到房间的使用要求。半集中式空调系统一般用于多层多室，层高较低，热湿负荷不一致，各室空气不要串通及要求调节风量的场所，如宾馆、酒店、写字楼等。

（1）风机盘管机组的组成及工作原理。风机盘管机组是半集中式中央空调理想的终端设备，相当于家用空调的室内机组，其结构形式常见有立式、卧式、卡式。风机盘管机组由风机、风机电动机、盘管、空气过滤器、凝水盘和箱体等组成，如图7.6所示。风机有离心式

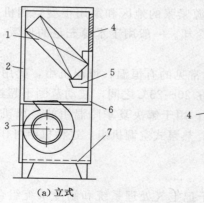
（a）立式

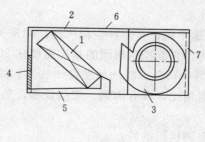
（b）卧式

图 7.6　风机盘管机组构造

1—盘管；2—吸声材料；3—风机；4—出风口；5—凝水盘；6—箱体；7—空气过滤器

和贯流式两种形式，风机电动机通过调节电动机的输入电压来改变风机电动机的转速，使风机具有高、中、低3档风量，以实现风量调节的目的。盘管一般采用铜管，用铝片作其肋片。在制造工艺上，采用胀管工艺，这样既能保证管与肋片间的紧密接触，又提高了盘管的导热性能。盘管的排数有两排、三排或四排等类型。其工作原理是风机一般通过进风口直接从室内抽取所需的风量，然后经过风机主体段后从出风口吹出高速的气流，气流横掠过循环冷水（热水）盘管后被冷却（加热），被冷却（加热）的空气吹入房间以达到调节房间空气参数的目的。

（2）风机盘管的新风供给方式。风机盘管的新风供给方式有以下几种，如图7.7所示。

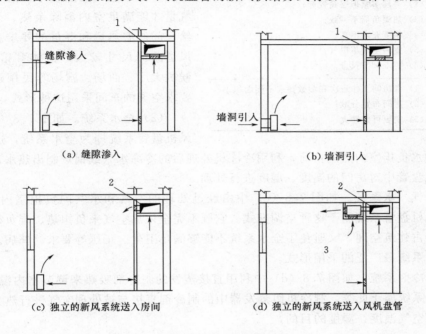

图7.7　风机盘管的新风供给方式
1—排风管道；2—新风管道；3—风机盘管

1）如图7.7（a）所示为室外新风靠房间的缝隙自然渗入（室内机械排风）补充新风，机组处理的空气基本上是再循环空气，这种方式投资和运行费用低，但室内卫生条件差，因受无组织渗透风影响，室内温度场不均匀，这种系统适用于室内人少的场合。

2）如图7.7（b）所示为墙洞引入新风直接进入机组，新风口可调节进风量，这种方式能保证室内新风量的要求，但新风负荷的变化会影响室内状态，这种系统适用于室内参数要求不高的建筑物。

3）如图7.7（c）所示为由独立的新风系统提供新风，新风可经过新风机组处理到一定的状态后，由送风风道直接送入空调房间，也可送入风机盘管机组如图7.7（d）所示，这种独立新风系统提高了空调系统的调节和运转的灵活性，目前应用广泛。

选择空调系统时，应根据建筑物的用途、规模、使用特点、室外气象条件、负荷变化情况和参数要求等因素，通过技术经济比较确定。这样就可在满足使用要求的前提下，尽量做到投资省、系统运行经济和能耗小。空调系统的常见选择原则见表7.1。

空调系统	常 见 使 用 条 件
集中式	(1) 面积大或多层、多室而热湿变化类似; (2) 新风量变化大; (3) 室内温度、湿度、洁净度要求严; (4) 采用天然冷源; (5) 多工况运行
半集中式	(1) 面积大但风管不易布置; (2) 多层多室但层高较低; (3) 热湿负荷不一致; (4) 精度要求不高; (5) 室内空气不串气; (6) 要求调节风量
分散式	(1) 各房间工作班次和参数要求不同面积小; (2) 房间布置分散; (3) 变更可能性大

表 7.1 　　　　空调系统的常见使用条件

7.1.2.3 按负担室内负荷所用的工作介质分类

空调系统按负担室内负荷所用的工作介质不同分为以下几类,如图 7.8 所示。

(1) 全空气系统。如图 7.8(a) 所示是指室内负荷全部由经过处理的空气承担的空调系统,集中式中央空调即为全空气系统。由于空气比热较小,需要较多的空气量才能满足室内消除余热、余湿,或补给房间所需热量和湿量的要求。因此通常风道断面尺寸较大,在体育馆、候车室、候机大厅、商场、剧场等民用建筑和某些要求空调的车间采用这种形式。

(2) 全水系统。如图 7.8(b) 所示的风机盘管系统即为全水系统,这种系统由经过处理的水负担室内热湿负荷,利用冷冻机处理后的冷冻水(或锅炉制出热水)送往空调房间的风机盘管中对房间的温度、湿度进行处理。

(3) 空气—水系统。如图 7.8(c) 中由经过处理的空气和水共同负担室内热湿负荷,带新风的风机盘管系统属于这种空调方式。它既不完全依靠空气来负担热、湿负荷,可以减小风道,少占建筑空间,又避免了全水系统不能够满足卫生、正压等要求的弊病。是目前公用建筑空调系统最广泛的采用形式。

(4) 制冷剂系统。如图 7.8(d) 中利用直接蒸发的制冷剂吸热来调节室内温度、湿度,局部式空调系统属于此类。制冷机组蒸发器中的制冷剂直接与被处理空气进行热交换,以达到调节室内空气温度、湿度的目的。

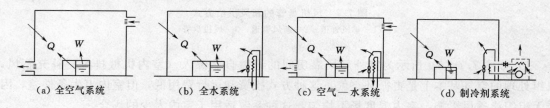

| (a) 全空气系统 | (b) 全水系统 | (c) 空气—水系统 | (d) 制冷剂系统 |

图 7.8 　不同介质的空调系统

Q—热量;W—水蒸气

7.2 空气处理及其设备

7.2.1 空气处理的基本手段

对空调房间的空气进行处理使其达到所要求的送风状态是空气调节的核心任务,空气处理的基本手段有热湿处理与净化处理两类。对空气进行热湿处理,即对空气进行加热、冷却或加湿、除湿,对空气进行净化处理,即对空气进行过滤、消毒和等离子化等。

根据各种热湿交换设备的不同特点可将它们分成两大类，直接接触式和间接接触式（表面式或间壁式）。

（1）直接接触式热湿交换设备。与空气进行热湿交换的介质直接与空气接触。在空调工程中，主要使用水、水蒸气、制冷剂作为与空气进行热湿交换的介质。直接接触式热湿处理装置是把水、水蒸气等介质直接喷入空气中，或让热湿交换介质与空气直接接触，使空气状态发生变化。

（2）表面式热湿交换设备。又称表面式或间壁式热湿处理装置，与空气进行热湿交换的介质不与空气接触，二者之间的热湿交换是通过分隔壁面进行的。将水、水蒸气、制冷剂等介质通过金属分割面与空气进行热湿交换，从而使空气状态发生变化。

常见的空气处理设备有喷水室、空气加热器、空气冷却器、空气加湿器、除湿机、空气蒸发冷却器以及过滤器等。

7.2.2 空气处理的基本设备

7.2.2.1 喷水室

喷水室又称为喷淋室、淋水室、喷雾室和洗涤室。如图7.9所示，喷水室主要有外壳、底池、喷嘴与排管、前后挡水板和其他管道及其配件组成。常见的喷水室有卧式、立式、高速喷水室，还有带旁通管的喷水室和带填料层的喷水室。

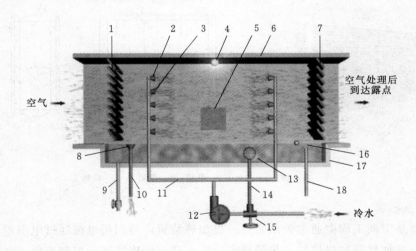

图 7.9　卧式喷水室的构造

1—前挡水板；2—喷嘴；3—排管；4—防水灯；5—检查门；6—外壳；7—后挡水板；8—溢水器；
9—泄水管；10—溢水管；11—供水管；12—水泵；13—滤水器；14—循环水管；15—三通阀；
16—浮球阀；17—底池；18—补水管

喷水室能实现对空气加热、冷却、加湿、除湿等多种处理过程，对空气具有一定的净化能力，在空调工程中得到广泛使用。其工作原理是借助内部设置的喷水装置喷出的高密度小水滴，与空气直接接触进行热湿交换，从而使空气状态发生变化。被处理的空气在风机的作用下进入喷水室，通过前挡水板或整流器与喷水装置喷出的水滴相接触进行热湿交换，发生状态变化。然后，流经挡水板，分离出夹带的水滴，离开喷水室。

喷水室除能实现多种空气处理，对空气具有一定的净化能力外，在结构上易于现场加工，且金属耗量少，夏冬季可以共用。但它对水质要求高，占地面积大，水系统复杂，而且需要配备专用水泵，运行费用较高。主要在以空气湿度为主要调控对象的工艺性空调系统中或以去除有害气体为主要目的的净化车间使用。

7.2.2.2　表面式换热器

表面式换热器是空调工程中另一类广泛使用的热湿交换装置。它在组合式空调机组和柜式风机盘管中用于空气冷却除湿处理时称为空气冷却器或表面式冷却器，简称表冷器。用来对空气进行加热处理时，叫空气加热器。作为风机盘管的部件使用时，叫做盘管。用作各种空调器或空调机四大件中的换热器时，分别称为蒸发器（或表面式蒸发器、直接蒸发式表冷器）和冷凝器。

如图7.10所示，空调工程中使用的表面式换热器主要是各种金属肋片管的组合体，主要由肋管、联箱和护板等组成，常用的表面式换热器主要有圆形肋管型和整体串片型。表面式换热器是冷热介质通过金属表面（如光管、肋片管）使空气加热、冷却、甚至减湿的设备。与喷水室相比，表面式换热器结构紧凑，水系统简单，水质无卫生要求，用水量少，体积小，使用灵活，用途广。不足之处在于耗用有色金属材料，空气处理类型少，无除尘功能。

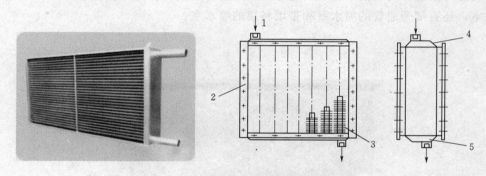

图7.10　肋片管式换热器
1—冷（热）媒；2—护板；3—肋管；4—联箱1；5—联箱2

7.2.2.3　电加热器

电加热器是空调工程中通常采用的另一类加热装置，是利用电流通过电阻丝发热来加热空气的设备。电加热器加热均匀、热量稳定、效率高、结构紧凑、控制方便，在空调设备和小型空调系统中应用较广。在恒温精度控制要求较高的大型全空气系统中，也经常在送风支管上设置电加热器来控制局部区域的加热升温。由于电加热器耗电量较大，在电费较贵，加热量较大的场合不宜采用。

如图7.11、图7.12所示，常用的电加热器有裸线式和管式两种。

裸线式电加热器结构简单，热惰性小，加热速度快，根据需要电阻丝可布置成单排或多排，定型产品常做成抽屉式，方便检修。但是，在高温下易断丝漏电，安全性差，必须有可靠的接地装置，并要与风机连锁运行。电阻丝表面温度高，黏附其上的杂质经烘烤后会产生异味，影响空气质量。

管式电加热器由管状电热元件组成，将电阻丝装在特制的金属套管中，中间填充导热好但不导电的材料，如结晶氧化镁。管式电加热器具有加热均匀、加热量稳定、安全性好的优

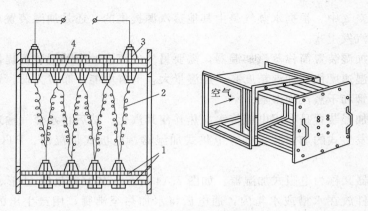

图 7.11　裸线式电加热器

1—钢板；2—电阻丝；3—瓷绝缘子；4—隔热层

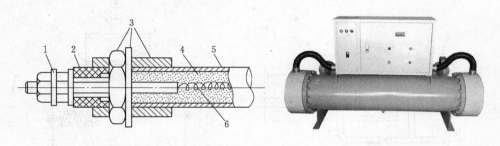

图 7.12　管式电加热器

1—接线端子；2—瓷绝缘子；3—紧固装置；4—结晶氧化镁；5—金属套管；6—电热丝

点，但其热惰性较大。

7.2.2.4　空气加湿装置

　　空气加湿装置是用来增加空气含水蒸气量（含湿量）的装置。对空气加湿的形式分为在空调设备或送风管道内对送入空调房间的空气集中加湿和在空调房间内直接对空气进行局部补充加湿两种。按与空气接触的是水还是水蒸气，将空气加湿装置分为水加湿装置和蒸汽加湿装置。

　　水加湿装置分为雾化式加湿装置和自然蒸发式加湿装置。前者工作原理为将水变成无数微小水滴，并散发到被处理的空气中，依靠水滴的汽化来给空气加湿。常见装置有压缩空气喷雾器、电动喷雾机、喷雾轴流风机、高压水喷雾加湿器以及超声波加湿器等。后者工作原理为利用空气与含水或沾水的填料直接接触，使水在空气中自然蒸发而实现对空气的加湿。自然蒸发式加湿装置的基本形式可分为采用吸水填料的自然蒸发式加湿装置（图 7.13）和采用不吸水填料的自然蒸发式加湿装置。

　　蒸汽加湿装置又称为直接加湿式加湿装置，由于往空气中加蒸汽加湿的过程在工程中是当作等温加湿过程对待。因此，也称为等温加湿装置。其工作原理是将水

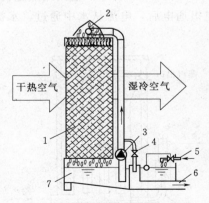

图 7.13　固定式吸水填料加湿器

1—吸水填料；2—补水管；3—排水管；
4—排水阀；5—水泵；6—蓄水池；
7—布水器

蒸气直接喷入到空气中。根据水蒸气是由其他蒸汽源提供的，还是加湿装置自己产生的分为蒸汽供给式和蒸汽发生式。

蒸汽供给式加湿装置简称蒸汽加湿器，需要另外的蒸汽源向加湿装置提供加湿用的水蒸气。其特点为加湿速度快，加湿精度高，加湿量大，节省电能，布置方便，运行费用低。常见类型有蒸汽喷管和干蒸汽加湿器。

蒸汽发生式加湿装置是利用电能将水加热并使其汽化，然后将水蒸气输送至要加湿的空气中。属于蒸汽发生式的加湿装置的有电热式加湿器、电极式加湿器、PTC 蒸汽加湿器及红外线加湿器。

电热式加湿器又称为电阻式加湿器。如图 7.14 所示，其原理是把 U 形、蛇形或螺旋形的电热（阻）元件放在水槽或水箱内，通电后将水加热至沸腾，用产生出的蒸汽来加湿空气，有开式和闭式两种形式。

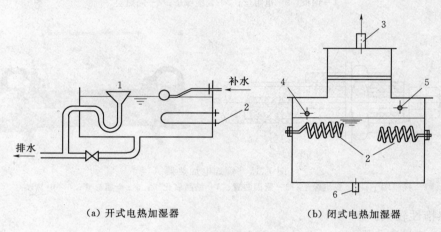

（a）开式电热加湿器　　　　　　（b）闭式电热加湿器

图 7.14　电热加湿器

1—溢水口；2—电热元件；3—蒸汽出口；4—溢流管；5—进水管；6—排水管

如图 7.15 所示，电极式加湿器是利用 3 根不锈钢棒或镀铬铜棒作为电极以水作电阻，电极通电后，电流从水中通过，水被加热而产生出蒸汽。可以通过改变溢水管高低的办法来调节水位高度，从而调节加湿量。

7.2.2.5　空气除湿装置

空气除湿（或称减湿、去湿、降湿处理）方法除了前述的喷水室除湿、表面式换热器除湿外，还有加热通风除湿、冷冻除湿、液体吸湿剂除湿和固定吸湿剂除湿。

加热通风除湿是将湿度较低的室外空气加热送入室内，从室内排出同等数量的潮湿空气，这种方法易受自然条件限制；冷冻除湿就是利用制冷设备，除掉空气中析出的凝结水，再将空气温度升高达到除湿目的；液体吸湿剂除湿是将盐水溶液与空气直接接触，空气中的水分被盐水吸收，从而达到吸湿的目的。固体吸湿剂除湿

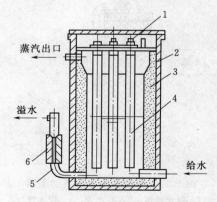

图 7.15　电极式加湿器

1—接线柱；2—外壳；3—保温层；4—电极；

5—溢水管；6—橡皮短管

原理是空气经过吸湿材料的表面或孔隙，空气中的水分被吸附，常用的固体吸湿剂是硅胶和氯化钙。

  常用的除湿装置（除了喷水室和表面式换热器以外），有冷冻除湿机和转轮除湿机。如图 7.16 所示，冷冻除湿机的工作原理是需要除湿的空气，先经过制冷装置的蒸发器被降温减湿，然后进入冷凝器，吸收热量，温度升高排出。转轮除湿机的工作原理是：转轮旋转时，需要除湿处理的空气由转轮一侧进入吸湿区，其所含水蒸气即被处于这个区域中的吸湿材料吸收或吸附，使空气得到干燥。与此同时，经过再生加热器加热的高温空气（再生空气）由转轮的另一侧进入转轮的再生区，将处于这个区域内的吸湿材料所含的水分吸出、带走。

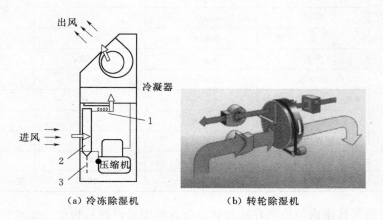

（a）冷冻除湿机　　　　　　　　（b）转轮除湿机

图 7.16　除湿机

1—毛细管；2—蒸发器；3—排水

7.2.2.6　空调房间的空气净化

  通常往空调房间送的"风"是室外空气（新风）和室内再循环空气（回风）的混合空气，由于室外环境存在各种污染源，会产生悬浮微粒、有害气体、臭味、细菌等固态、气态和微生物的污染物；室内环境也会因人及活动、家具、陈设、装饰装修、设备装置使用等产生类似污染物。

  必须对取自室外的新风和室内的回风，在送入空调房间前先进行除去它们所含污染物的净化处理，然后再用此洁净空气来置换或稀释空调房间内的空气，从而使空调房间的空气质量满足要求。室内空气质量标准相关规定见表 7.2。

表 7.2　室内空气质量标准

参数类别	参　数	单　位	标准值	备　注
物理性	温度	℃	22～28	夏季空调
			16～24	冬季采暖
	相对湿度	%	40～80	夏季空调
			30～60	冬季采暖
	空气流速	m/s	0.3	夏季空调
			0.2	冬季采暖

参数类别	参 数	单 位	标准值	备 注
化学性	新风量	m³/(h·人)	30	
	二氧化硫	mg/m³	0.5	1h均值
	二氧化氮	mg/m³	0.24	1h均值
	一氧化碳	mg/m³	10	1h均值
	二氧化碳	%	0.1	日均值
	氨	mg/m³	0.20	1h均值
	臭氧	mg/m³	0.16	1h均值
	甲醛	mg/m³	0.10	1h均值
	苯	mg/m³	0.11	1h均值
	甲苯	mg/m³	0.20	1h均值
	二甲苯	mg/m³	0.20	1h均值
	苯并[a]芘B(a)P	mg/m³	1.0	日均值
	可吸入颗粒	mg/m³	0.15	日均值
	总挥发性颗粒	mg/m³	0.60	8h均值
生物性	细菌总数	cfu/m³	2500	依据仪器定
放射性	氡	Bq/m³	400	年平均值（行动水平）

空气净化设备可按室内污染物存在的状态分为处理悬浮颗粒物的除尘式和处理气态污染物的除气式两类。

1. 除尘式空气净化处理设备

（1）纤维过滤器。空气过滤器（除尘式）是在空调过程中用于把含尘量较高的空气进行净化处理的设备。按过滤效率来分类可分为粗效过滤器、中效过滤器、亚高效过滤器和高效过滤器3类。空气过滤器常为人造纤维滤材制成，外框是由坚固、防潮硬纸框制成。在正常的操作环境下不会变形、破裂、扭曲。此外框前后以对角线固定滤材，滤材与外框紧密的黏合外框防止气漏产生。

粗效过滤器主要适用于空调与通风系统初级过滤、洁净室回风过滤、局部高效过滤装置的预过滤，主要用于过滤5μm及以上粒径的尘埃粒子。初效过滤器有板式（图7.17）、折叠式、袋式3种样式，外框材料有纸框、铝框和镀锌铁框；过滤材料有无纺布、尼龙网、活性碳滤材及金属孔网等；防护网有双面喷塑铁丝网和双面镀锌铁丝网。初效过滤器价廉、重量轻、通用性好且结构紧凑。

中效过滤器由人造纤维及镀锌铁所组合而成。有各种效率可供选择，包括40%～45%、60%～65%、80%～85%、90%～95%。法兰由镀锌铁组成。此系列产品可应用于工商业、医院、学校、大楼和其他各种工厂空调设备（系空调系统的初级过滤，以保护系统中下一级过滤器和系统本身，在对空气净化洁净度要求不严格的场所，经中效过滤器处理后的空气可直接送至用户），也可以安装于燃气轮机入风口设备或电脑室，以延长设备使用寿命。中效空气过滤器边框有冷板喷塑、镀锌板等形式，过滤材料有无纺布、玻璃纤维等，过滤粒径1～5μm，过滤效率60%～95%（比色法），过滤材料通常分为F5（土黄色）、F6（绿色）、

F7（浅粉色）、F8（浅黄色）、F9（白色）。中效空气过滤器分袋式（图 7.18）和非袋式两种，其中袋式包括 F5、F6、F7、F8、F9，非袋式包括 FB（板式中效过滤器）、FS（隔板式中效过滤器）、FV（组合式中效过滤器）。

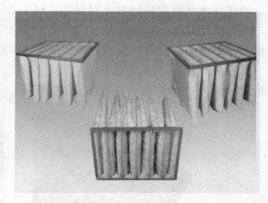

图 7.17　粗效板式过滤器　　　　　　　图 7.18　中效袋式过滤器

　　高效及亚高效过滤器主要用于捕集 $0.5\mu m$ 以下的颗粒灰尘及各种悬浮物。采用超细玻璃纤维纸作滤料，胶版纸、铝膜等材料作分割板，与木框铝合金胶合而成，采用特殊硅橡胶制作，无气味，表面不会硬化，时间长也不会有裂纹，化学性能稳定，耐腐蚀，可吸收热胀冷缩产生的应力而不会开裂，软硬度适中，弹性恢复好。每台均经钠焰法测试，具有过滤效率高、阻力低、容尘量大等特点。高效空气过滤器可广泛用于光学电子、LCD 液晶制造、生物医药、精密仪器、饮料食品及 PCB 印刷等行业无尘净化车间的空调末端送风处。高效和超高效过滤器均用于洁净室末端，以其结构形式可分为有：有隔板高效（图 7.19）、无隔板高效、大风量高效及超高效过滤器等。

　　（2）驻极体静电过滤器（纤维—静电过滤器）。驻极体静电过滤器的滤尘机理是利用滤料纤维本身带电，通过荷电纤维（驻极体）的库仑力实现极体静电过滤。过滤器中极化的纤维通常带有几百甚至上千伏电压，纤维间隙的电场可达每米几十兆伏甚至更高，用使纤维扩散成网状孔洞，间隙尺寸远大于粉尘的尺寸，形成了纤维间距比粉尘尺寸大得多的开式结构。静电力不仅能有效地吸引带电粉尘，而且可以静电感应效应捕获感应极化的中性粒子。

　　2. 除气式空气净化处理设备

　　除气式空气净化处理设备能够除去室内空

图 7.19　有隔板高效过滤器

气中有害气体，它们为 SO_2、H_2S、NH_3、氮氧化物及部分挥发性有机物。一般包括物理吸附式室内空气净化器、化学式室内空气净化器、光触媒和冷触媒催化分解空气净化器、离子化法室内空气净化器及遮盖法室内空气净化器。

　　（1）活性炭过滤器（物理过滤器）。活性炭过滤器是利用活性炭的物理吸附原理来实现净化空气的目的。活性炭是以含炭量较高和空隙比较发达的物质，如煤、果壳、木材、骨、石油残渣等为原料，先经过炭化，再经过 800～1500℃ 的高温活化处理，形成发达的微孔和中孔，使其比表面积及吸附能力达到一定的要求。空气净化活性炭，选用优质的木材或椰子壳，通过深度活化和独特的孔径调节工艺，使活性炭有丰富的孔，且孔的大小略大于有毒气体，比表面积大于 $1300m^2/g$，对于苯，甲醛，氨气等有毒有害气体具有高效能吸附能力，可有效去除室内空气中的气态污染物及有害恶臭物质，进而达到降低污染、净化空气的目的。

活性炭过滤器主要构成有机箱外壳、过滤段、风道设计、电机、电源及液晶显示屏等。包括板（块）式和多筒式，如图 7.20 所示。

（a）板式　　　　　　　　　　（b）多筒式

图 7.20　活性炭空气过滤器

（2）光触媒净化器。光触媒净化器俗称为"光触媒"的光催化材料，是一种在光照条件下能够在其表面发生氧化、还原反应的半导体材料。如图 7.21 所示，光触媒空气净化器集

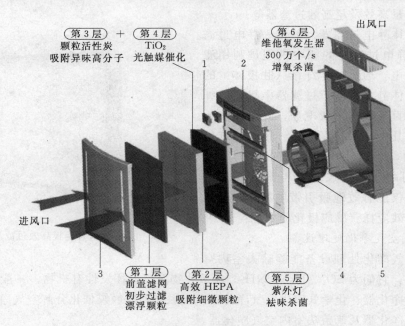

图 7.21　纳米光触媒净化器

1—污染传感器；2—操控显示屏；3—前盖；4—风机（出风量 500m³/h）；5—后盖

高科技光触媒技术、紫外灯、高效过滤系统、颗粒状活性炭、叠层悬浮式滤筒及负离子等多项技术为一体，具有快速分解有毒有害气体、有效杀灭各种细菌、霉菌、病毒、除去各种异味、烟味、吸附粉尘等功效，可迅速有效地改善室内空气质量。市场上已经成熟并在高端空气净化器中采用的光催化材料是二氧化钛。然而，二氧化钛只能吸收利用紫外光，空气净化的效率仍有局限。专家评价，光触媒空气净化器具有在同样的紫外光源照条件下，滤除PM2.5及甲醛、甲苯的效果更好，选用材料的性价比很高，工程化应用前景广阔。

7.2.2.7 组合式空调机组

如图 7.22 所示的组合式空调机组是由各种空气处理功能段组装而成的一种空气处理设备。机组空气处理功能段有空气混合、均流、过滤、冷却、一次和二次加热、去湿、加湿、送风机、回风机、喷水、消声、热回收等单元体。按结构型式分类，可分为卧式、立式和吊顶式；按用途特征分类，可分为通用机组、新风机组、净化机组和专用机组（如屋顶机组、地铁用机组和计算机房专用机组等）；还可以按规格分类，机组的基本规格可用额定风量表示。净化机组功能段的设置要根据生产工艺或洁净室要求确定，这是基本原则。净化机组功能段的合并及取舍要与空调房的设计紧密结合起来。

(a) 组合式空调机组实物图

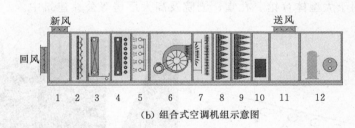

(b) 组合式空调机组示意图

图 7.22　组合式空调机组

1—混合段；2—初效过滤段；3—表冷除湿段；4—加热段；5—加湿段；6—风机段；7—均流段；
8—中效过滤段；9—亚高效过滤段；10—杀菌段；11—出风段；12—主机段

7.3　空调房间的气流组织

7.3.1　风口的形式

7.3.1.1　侧送风口

常见侧送风口见表 7.3，侧送风口一般装于管道或侧墙上，各孔口的送风速度不够均匀，风量也不易调节均匀。因此，多用于一般精度要求的空调系统。

表 7.3　　　　　　　　　　　常 用 侧 送 风 口

序号	风口形式	风口名称	序号	风口形式	风口名称
1		格栅送风口：用于一般空调工程	4		三层百叶送风口：叶片可调节风量和送风方向和射流扩散角，用于高精度空调工程
2		单层百叶送风口：叶片可调节送风方向，用于一般空调工程	5		带出口隔板的条缝形风口：常用于车间变截面均匀送风管道上，用于一般精度空调工程
3		双层百叶送风口：叶片可调节风量和送风方向，用于较高精度空调工程	6		条缝形风口：常配合静压箱使用，用于一般精度的民用建筑空调工程

（a）方形散流器　　（b）圆形散流器

图 7.23　散流器

7.3.1.2　散流器

如图 7.23 所示，散流器送风可以进行平送和侧送。它也是在空气回流区进行热交换。射流和回流流程较短，通常沿顶栅形成贴附式射流时效果较好，它适用于设置顶栅的房间。

7.3.1.3　喷口送风

如图 7.24 所示，经热、湿处理的空气由房间一侧或两侧的数个喷口高速喷出，经过一定的距离后返回。工作区处于回流过程中，这种送风方式风速高，射程远，速度、温度衰减缓慢，温度分布均匀。适用于大型体育馆、礼堂、剧院及高大厂房等公共建筑中。

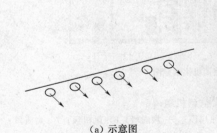
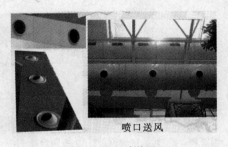

喷口送风

（a）示意图　　　　　　　　　（b）实物图

图 7.24　喷口送风

7.1.3.4　孔板送风

如图 7.25 所示，利用顶栅上面的空间作为静压箱。在压力的作用下，空气通过金属板上的小孔进入室内。回风口设在房间下部。经过孔板送风时，射流的扩散及室内空气混合速度较快，因此工作区内空气温度和流速都比较稳定，适用于对区域温差和工作区风速要求严格，室温允许波动较小的场合。

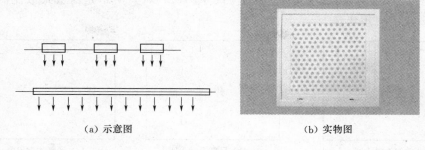

（a）示意图　　　　　　　　　　　（b）实物图

图 7.25　孔板送风

7.3.2　空调房间的气流组织形式

在空调房间中，经过处理的空气由送风口进入房间，与室内空气进行热质交换后，经回风口排出。空气的进入和排出，必然引起室内空气的流动，而不同的空气流动状况有着不同的空调效果。合理地组织室内空气的流动，使室内空气的温度、湿度、流速等能更好地满足工艺要求和符合人们的舒适感觉，这就是气流组织的任务。例如：在恒温精度要求高的计量室，应使工作区具有稳定和均匀的空气温度；区域温度小于一定值；体育馆的乒乓球赛场，除有温度要求外，还希望空气流速不超过某一定值；在净化要求很高的集成电路生产车间，则应组织车间空气的平行流动，把产生的尘粒压至工件的下风侧并排除掉，以保证产品质量。

空调区域对于温度、速度、湿度、洁净度均有要求，合理组织气流，主要靠送、排风口的设置，送风方式主要有上送下回、上送上回、中送上下回、下送上回等。

7.3.2.1　上送风、下回风

这是最基本的气流组织形式。送风口安装在房间的侧上部或顶棚上，而回风口设在房间的下部。如图 7.26 所示，图 7.26（a）所示是单侧上送风、下回风；图 7.26（b）所示是散流器上送风、下回风；图 7.26（c）所示是孔板上送风、双侧下回风。上送风、下回风方式的送风在进入工作区之前就已经与室内空气充分混合，宜形成均匀的温度场和速度场，适用于温湿度和洁净度要求较高的空调房间。

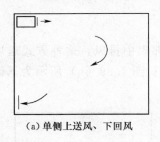　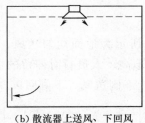　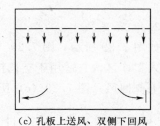

（a）单侧上送风、下回风　　　　　（b）散流器上送风、下回风　　　　　（c）孔板上送风、双侧下回风

图 7.26　上送风下回风

7.3.2.2　上送风、上回风

上送风、上回风方式的送风口和回风口均设置在房间上部顶棚或侧墙等处，气流从上部送出，进入空调区后再从上部回风口排出。这种气流分布形式，主要适用于以夏季降温为主且房间层高较低，下部无法布置回风口的场所。如图 7.27 所示，图 7.27（a）所示是单侧

上送上回；图 7.27（b）所示是异侧上送上回；图 7.27（c）所示是送吸式散流器，适用于有一定美观要求的民用建筑。

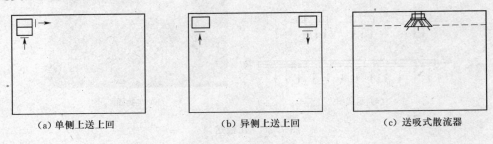

（a）单侧上送上回　　　　　（b）异侧上送上回　　　　　（c）送吸式散流器

图 7.27　上送风上回风

7.3.2.3　中送风

对于某些高大空间，如采用上述的方式，则要大量送风，耗冷（热）量也大。因此，没必要将整个空间作为控制调节的对象，可采用在房间高度的中部位置上，用侧送风口或喷口送风。如图 7.28 所示，图 7.28（a）所示为中部送风、下部回风方式；图 7.28（b）所示为中部送风、下部回风加顶部排风方式。这种送风方式对于高大的空间，有明显的节能效果，但竖向空间存在着温度"分层"现象，通常称之为"分层空调"。

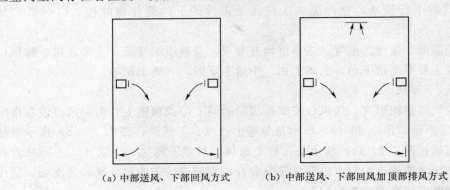

（a）中部送风、下部回风方式　　　（b）中部送风、下部回风加顶部排风方式

图 7.28　中送风

7.3.2.4　下送风

如图 7.29 所示，图 7.29（a）所示为地面均匀送风、上部集中排风，这种方式送风直接进入工作区，它适用于空调精度不高、人员暂时停留的场所；图 7.29（b）所示为下侧送风、上侧回风；图 7.29（c）所示为下侧送风、下侧回风。

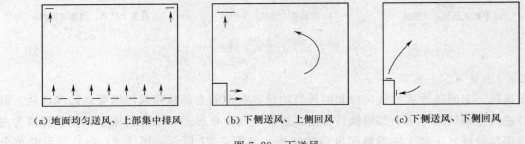

（a）地面均匀送风、上部集中排风　　（b）下侧送风、上侧回风　　（c）下侧送风、下侧回风

图 7.29　下送风

7.4 空调冷源及制冷设备

7.4.1 空调冷源

空调冷源包括天然冷源和人工冷源两类。

天然冷源指一切可能提供低于正常环境温度的天热事物，如深井水、地下水、深海水和天然冰等。目前普遍采用的是地道风和深井水，深井水可作为舒适性空调冷源处理空气，但如果水量不足，则不能普遍采用，而地道风主要是利用地下洞穴、人防地道内冷空气送入使用场所达到通风降温的目的。利用深井水及地道风的特点是节能、造价低，但由于受到各种条件的限制，不是任何地方都能应用。

人工冷源主要是采用各种型式的制冷机制备低温冷水来处理空气或者直接处理空气。人工制冷的优点是不受条件的限制，可满足所需要的任何空气环境，因而被用户普遍采用。其缺点是初投资较大，运行费较高。

7.4.2 制冷原理和制冷设备

7.4.2.1 压缩式制冷

压缩式制冷机由压缩机、冷凝器（凝汽器）、制冷换热器（蒸发器）、膨胀机或节流机构和一些辅助设备组成，如图 7.30 所示。这类制冷机的制冷剂在常温和普通低温下能够液化，在制冷机的工作过程中制冷剂周期性地冷凝和蒸发。常用的蒸气压缩式制冷机有单级的、两级的和复叠式 3 种。

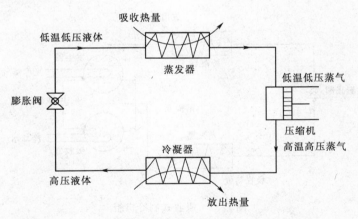

图 7.30 压缩式制冷系统

单级蒸气压缩式制冷机：制冷剂从蒸发压力提高到冷凝压力只经过一级压缩的蒸气压缩式制冷机，简称单级制冷机。单级制冷机由压缩机、冷凝器、节流机构和蒸发器等组成。由压缩机排出的高压蒸气经冷凝器放出热量而冷凝成液体。接着，液体制冷剂经节流阀（膨胀阀）节流，压力和温度同时降低，进入蒸发器中，吸取载冷剂（用它去再冷却被冷却物体）的热量而蒸发成蒸气。然后，蒸气进入压缩机继续压缩，如此循环。为提高经济性，有的单级制冷机还在冷凝器后设置过冷器和回热器。单级制冷机的蒸发温度通常在 $-30\sim 5$℃ 之间。

两级蒸气压缩式制冷机：制冷剂从蒸发压力提高到冷凝压力需要经过两级压缩的蒸气制冷机。它比单级制冷机多一台压缩机、一台中间冷却器和节流阀。经高压压缩机压缩后的制冷剂蒸气，在冷凝器中冷凝成液体，然后分成两路：一路经节流阀 A 进入中间冷凝器，冷却低压压缩机的排气和盘管中的液体，在中间冷凝器中蒸发的制冷剂蒸气连同低压压缩机的排气一同进入高压压缩机继续压缩；另一路在盘管内被冷却并经过节流阀 B 节流至蒸发压力，进入蒸发器中蒸发制冷，蒸发后的蒸气进入低压压缩机压缩至中间压力，进入中间冷凝器。与单级制冷机相比，两级制冷机可达到较低的蒸发温度，通常在-70～-30℃之间。

复叠式制冷机：用不同制冷剂作为工作介质的两台（或数台）单级或两级压缩蒸气压缩式制冷机，用冷凝蒸发器联系起来的复合制冷机。冷凝蒸发器是一个利用高温级制冷剂的蒸发来冷凝低温级制冷剂的换热器。复叠式制冷机能达到很低的蒸发温度，为两个单级制冷机组成的复叠式制冷机的工作原理。它的高温级由高温级压缩机、冷凝器、节流阀和冷凝蒸发器组成；低温级由低温级压缩机、冷凝蒸发器、回热器、节流阀和蒸发器组成。高温级和低温级各为一台单级制冷机。冷凝蒸发器将高温级与低温级联系起来：对高温级来说，它是蒸发器；对低温级来说，它是冷凝器。冷凝蒸发器使低温级的放热量转变为高温级的制冷量。在低温级中，通常使用沸点较低的制冷剂，停机后制冷剂将全部气化，并导致压力过分升高。为了防止这一现象，通常在低温级系统中装设一个平衡容器。

7.4.2.2 吸收式制冷

如图 7.31 所示，吸收式制冷机组靠吸收器-发生器组的作用完成制冷循环的制冷机。它用二元溶液作为工质，其中低沸点组用作制冷剂，即利用它的蒸发来制冷；高沸点组用作吸收剂，即利用它对制冷剂蒸气的吸收作用来完成工作循环。吸收式制冷机主要由几个换热器组成。常用的吸收式制冷机有氨水吸收式制冷机和溴化锂吸收式制冷机两种。

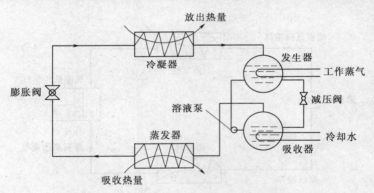

图 7.31　吸收式制冷机组

氨水吸收式制冷机用氨水溶液作为工质，其中氨用作制冷剂，水用作吸收剂。单级（只有一个吸收器）氨水吸收式制冷机的工作原理与吸收式制冷机的工作原理相同，只是根据氨水溶液的特性在发生器的上部装有蒸馏塔和分凝器，用来提高氨蒸气的纯度。单级氨水吸收式制冷机的蒸发温度一般可达-30℃左右；两级吸收（用两个吸收器）的蒸发温度则更低，可达-60℃。氨水吸收式制冷机由于蒸发温度较低，可用于冷藏和工业生产过程，在化学工业中曾被广泛应用。但这种制冷机设备较笨重，金属消耗量大，需要使用较高压力的加热蒸气；且氨有毒性，对有色金属起腐蚀作用，故应用日渐减少。在家用冰箱中还使用一种吸收-扩散式制冷机，它也用氨水溶液作为工质，并充有氢气起平衡压力的作用。这种制冷机可用电或煤油加热，无运动部件，使用方便，且无噪声。

溴化锂吸收式制冷机主要由发生器、冷凝器、蒸发器、吸收器、换热器及循环泵等几部分组成。在溴化锂吸收式制冷机运行过程中，当溴化锂水溶液在发生器内受到热媒水的加热后，溶液中的水不断汽化；随着水的不断汽化，发生器内的溴化锂水溶液浓度不断升高，进入吸收器；水蒸气进入冷凝器，被冷凝器内的冷却水降温后凝结，成为高压低温的液态水；当冷凝器内的水通过节流阀进入蒸发器时，急速膨胀而汽化，并在汽化过程中大量吸收蒸发器内冷媒水的热量，从而达到降温制冷的目的；在此过程中，低温水蒸气进入吸收器，被吸收器内的溴化锂水溶液吸收，溶液浓度逐步降低，再由循环泵送回发生器，完成整个循环。如此循环不息，连续制取冷量。由于溴化锂稀溶液在吸收器内已被冷却，温度较低，为了节省加热稀溶液的热量，提高整个装置的热效率，在系统中增加了一个换热器，让发生器流出的高温浓溶液与吸收器流出的低温稀溶液进行热交换，提高稀溶液进入发生器的温度。

溴化锂吸收式制冷机的发生器、冷凝器、蒸发器和吸收器可布置在一个筒体内（称单筒式），也可布置在两个筒体内（称双筒式）。双筒溴化锂吸收式制冷机为双筒式溴化锂吸收式制冷机的系统，它的工作原理与吸收式制冷机的工作原理相同，而差别在于：①使用蒸发器泵和吸收器泵，它们的作用是使冷剂水（制冷机）和吸收液分别在蒸发器和吸收器中循环流动，以强化与冷媒水（载冷剂）和冷却水的换热；②在冷凝器至蒸发器的冷剂水管路和发生器至吸收器的吸收液管路上均无节流阀，这是因为溴化锂吸收式制冷机高压部分与低压部分的压差很小，利用 U 形管中的水封和吸收液管路中的流动阻力即可将高低压力分开。在单筒式制冷机中，冷凝器与蒸发器之间甚至可以不用 U 形管，而用一个短管或几个喷嘴代替。

7.4.3 几种新型制冷技术

7.4.3.1 太阳能制冷

1. 背景

进入 21 世纪以来，电力、煤炭、石油等不可再生能源频频告急，据美国石油业协会估计，地球上尚未开采的原油储藏量已不足 20000 亿桶，可供人类开采时间不超过 95 年。在 2050 年到来之前，世界经济的发展将越来越多地依赖煤炭。其后至 2250—2500 年之间，煤炭也将消耗殆尽，矿物燃料供应枯竭。同时化石燃料燃烧后造成的排放污染问题日益凸显，能源问题日益成为制约国际社会发展的瓶颈。太阳能既是一次能源，又是可再生能源，可免费使用，又无需运输，对环境也没有污染，具有无可避免的自然优势。同时，我国幅员辽阔，有着十分丰富的太阳能资源，有 2/3 以上的地区日照时间大于 2000h，太阳能资源的理论储量大。

2. 分类及原理

太阳能制冷主要有吸收式、吸附式、冷管式、除湿式、喷射式和光伏式等制冷类型。

（1）太阳能吸收式制冷：用太阳能集热器收集太阳能来驱动吸收式制冷系统，利用储存液态冷剂的相变潜热来储存能量，利用其在低压低温下气化而制冷，是目前为止示范应用最多的太阳能空调方式。多为溴化锂—水系统，也有的采用氨—水系统。

（2）太阳能吸附式制冷：将收式制冷相结合的一种蒸发制冷，以太阳能为热源，采用的工质对通常为活性碳—甲醇、分子筛—水、硅胶—水及氯化钙—氨等，可利用太阳能集热器将吸附床加热后用于脱附制冷剂，通过加热脱附—冷凝—吸附—蒸发等几个环节实现制冷。

（3）太阳能除湿空调系统：是一种开放循环的吸附式制冷系统。基本特征是干燥剂除湿和蒸发冷却，也是一种适合于利用太阳能的空调系统。

（4）太阳能喷射式制冷：通过太阳能集热器加热使低沸点工质变为高压蒸汽，通过喷管时因流出速度高、压力低，在吸入室周围吸引蒸发器内生成的低压蒸汽进入混合室，同时制冷剂在蒸发器中汽化而达到制冷效果。

（5）太阳能冷管制冷：这是一种间歇式制冷，主要结构是由太阳能冷管、集热箱、制冷箱、蓄冷器和冷却水回路等组成，是一种特殊的吸附式制冷系统。

（6）太阳能半导体制冷：该系统由太阳能光电转换器（太阳能电池）、数控匹配器、储能设备（蓄电池）和半导体制冷装置4个部分组成。太阳能光电转换器输出直流电，一部分直接供给半导体制冷装置进行制冷运行，另一部分则进入储能设备储存，以供阴天或晚上使用，保证系统可以全天候正常运行。

3. 优点

热源温度要求低，可以在比较大的热源温度波动范围内工作；活动部件少；对环境无害，环保。吸附式制冷不需氯氟氢类物质，因而对环境不会产生破坏，同时可以节能。

4. 应用与发展

目前，我国的建筑能耗占社会总能耗25%以上，而在建筑能耗中，空调能耗占到50%以上，并且建筑物空调的需求量呈逐年上升趋势，给能源、电力和环境带来很大的压力，在这种情况下，推广和发展太阳能空调系统可以节约大量的一次能源并减少能源转换污染物的排放，符合可持续发展战略的要求。利用太阳能光热转换获取热量驱动空调制冷机组，具有良好的季节适应性，太阳辐射越强，系统制冷量越大，与建筑空调负荷变化一致。随着太阳能集热技术的不断发展和常规能源价格的持续上涨，太阳能空调系统的投资将越来越低，系统的性能将越来越好，运行经济性和环保效益将更加突出，将会有更多的行业在空调制冷系统中推广利用太阳能这一取之不尽的免费清洁能源。

7.4.3.2 地热制冷

1. 背景

地热是指地球内部所蕴藏的热能，它来源于地球的熔融岩浆和放射性元素衰变时发出的热量。地热资源是在当前技术经济条件和地质条件下，能够从地壳内科学、合理地开发出来的岩石热能量、地热流体热能量及其伴生的有用组分，与太阳能、风能、生物能、海洋能等统称为新能源，将太阳能、风能、潮汐能与地热能加以比较，地热能是新能源中最为现实的能源。我国是地热资源相对丰富的国家，地热资源总量约占全球的7.9%，可采储量相当于4626.5亿t标准煤。最新数据表明，我国287个地级以上城市浅层地热能资源量为每年2.78×10^{20} J，相当于95亿t标准煤。每年浅层地热能可利用资源量为2.89×10^{12} kW·h，相当于3.56亿t标准煤。扣除开发消耗电量，则每年可节能2.02×10^{12} kW·h，相当于标准煤2.48亿t，减少CO_2排放6.52亿t。

2. 原理

如图7.32所示，地源热泵空调系统主要是运用热泵从浅层地能中（土壤、地下水或地表水）吸取大量的低温位热量（或冷量），通过热泵系统循环把吸取的热量从低温位提升到高温位，为用户提供冬季供暖、夏季空调制冷、全年热水供应或空调制冷。

3. 应用与发展

地源热泵供热制冷节能环保系统应用技术在国外已推广50多年，技术成熟，普及程度高，效果显著。在我国，浅层地热能的开发利用目前总体上还处于起步阶段。随着我国能源

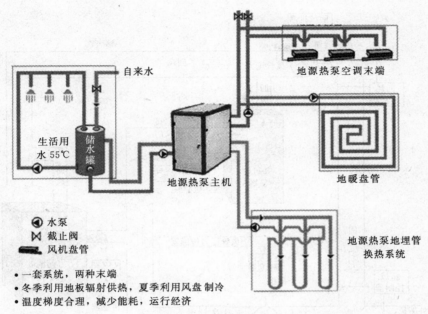

自来水

生活用
水 55℃

储水罐

地源热泵空调末端

地暖盘管

地源热泵主机

地源热泵地埋管
换热系统

◀ 水泵
⋈ 截止阀
▬ 风机盘管

- 一套系统，两种末端
- 冬季利用地板辐射供热，夏季利用风盘制冷
- 温度梯度合理，减少能耗，运行经济

图 7.32 地源热泵空调系统

结构的战略调整和热泵技术的逐步提高完善，浅层地热能也将成为一种备受重视、得到积极开发利用的新型能源。据统计，国内 5000m² 以上建筑应用地源热泵系统约 3000 项，总使用面积超过 5000 万 m²。随着技术的成熟和发展，地热源制冷技术必定会有广发的应用和普及。

7.5 常用中央空调系统

7.5.1 变风量空调系统

变风量空调系统（Variable Air Volume System，VAV）是随着空调的节能技术发展出来的一项新技术。变风量空调系统是目前主要应用于办公和商用建筑的舒适性空调。变风量空调系统通过改变送入各区域的风量来适应区域负荷变化。它可以根据空调负荷的变化及室内参数要求来变化，自动地调节空调送风量以满足室内人员的舒适要求或其他工艺要求，同时根据实际送风量，自动地调节送回风机的转速，以最大程度地减少风机动力，节约能耗。变风量空调技术综合了暖通技术、自动化技术、微电子技术和计算机技术等多门学科，从 20 世纪 60 年代中期诞生至今，随着这些学科技术的迅猛发展，变风量空调技术取得了长足的进步。

7.5.1.1 变风量空调系统的组成

变风量空调系统有多种类型，但一个完整的变风量空调系统均有 4 个部分组成：空气处理和输送设备、变风量末端装置、风管系统及自动控制系统，如图 7.33 所示。

1. 空气处理及输送设备

空气处理及输送设备，简称"空调器及风机"，其基本功能就是对室内空气进行热、湿处理，过滤和通风换气，并为空调系统的空气循环提供动力。变风量空调系统区别于定风量空调系统的一个显著特点就是：根据被控房间的需求，对系统总风量进行调节。最常见和最节能的方法就是采用变频器调节风机转速。变频器根据控制器的指令改变送回风机转速，调

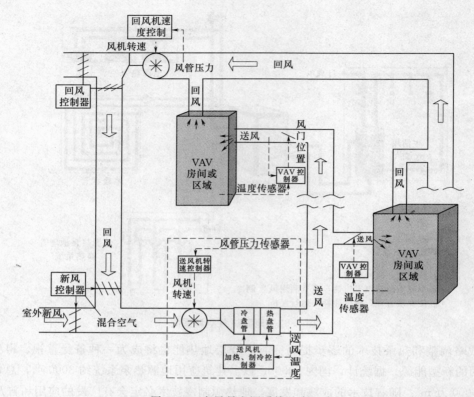

图 7.33　变风量空调系统基本组成

节总风量大小，它在变风量系统中是一个很重要的环节，风道中的静压、末端工作状况都受其影响。因此合理地控制变频器也能降低空调系统的能耗。

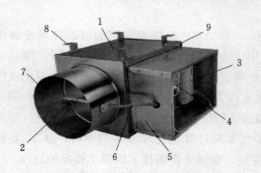

图 7.34　单风道变风量末端装置结构图
1—箱体；2—风速传感器；3—DDC 控制器；4—风阀驱动器；5—控制箱；6—风量测压管；7—进风圆风道；8—吊挂耳；9—出风口接口

2. 变风量末端装置

变风量末端装置是变风量空调系统的特征设备，其基本功能是根据房间或区域的显热负荷，调节送入该房间或区域的风量。一个变风量系统运行成功与否在很大程度上取决于所选用的末端装置的性能。末端装置的种类繁多，构造各异，但它们均由箱体、控制器、风速传感器、调节风阀等几个基本部分组成。有些末端装置还兼有二次回风、再热和空气过滤等功能，如图 7.34 所示为我国民用建筑中较多使用的单风道型变风量末端装置。

变风量末端装置应能满足以下基本要求：接收系统控制器指令，根据室温高低，自动调节一次风送风量；当室内负荷增大时，能自动维持房间送风量不超过设计最大送风量；当房间空调负荷减少时，能保持最小送风量，以满足最小新风量和气流组织要求；当所服务的房间不使用时，可以完全关闭末端装置的一次风阀。

3. 风管系统

风管系统是变风量空调系统中送风管、回风管、新风管、排风管、末端装置、支管及各种送风静压箱和送、回风口的总称。风管系统的基本功能是对系统空气进行输送和分布。风管系统要求强度大、密封性能好，以防止出现空气渗漏，以及由于风速较高而要防止因风管振动产生有害的噪声。

4. 自动控制系统

自动控制系统是变风量空调系统中的关键部分，其基本功能是对服务于各房间、区域的空调系统中的温度、湿度、风量、压力以及新风、排风量等物理量进行有效检测和控制，达到舒适，节能、稳定的目的。变风量空调自控系统具有机电一体化和监控网络化的特点，各种被控参数，如温度、风量、压力和阀位，相互关联，由自控系统进行优化控制。显然，变风量空调系统的全面自动化监控和定风量空调自动控制有着本质区别。

7.5.1.2 变风量空调系统的工作原理

在空调系统中冷机、风机、水泵是主要的耗电设备，要想降低空调系统的能耗，只能从这些设备中去考虑，而从根本上来说，空调系统的总能耗的多少最终是由室内达到的温湿度环境决定的，即空调系统的能耗维持着建筑物内温湿度与室外温湿度的差，要想降低空调系统能耗，必须首先从根本上，即合理的室内温湿度环境上进行分析研究，显然最理想的模式就是任何情况下所需求的等于所供给的，VAV变风量空调系统的基本原理是：变风量控制器和房间温控器一起构成室内串级控制，采用室内温度为主控制量，空气流量为辅助控制量。变风量控制器按房间温度传感器检测到的实际温度，与设定温度比较差值，以此输出所需风量的调整信号，调节变风量末端的风阀，改变送风量，使室内温度保持在设定范围。同时，风道压力传感器检测风道内的压力变化，通过变频器控制变风量空调机送风机的转速，消除压力波动的影响，维持送风量。

7.5.1.3 变风量空调系统的特点与适用范围

与定风量空调系统和风机盘管加新风系统相比，变风量空调系统具有区域空气温度可控，空气品质好、部分负荷时风机可调速节能和可利用低温新风冷却节能等优点，3种系统的比较见表7.4。

表7.4 常用舒适性空调系统比较表

比较项目	全 空 气 系 统		空气—水系统
	变风量空调系统	定风量空调系统	风机盘管＋新风系统
优点	(1) 区域空气温度可控制。 (2) 空气过滤等级高，空气品质好。 (3) 部分负荷时风机可变频调速节能运行。 (4) 可变新风化，利用低温新风冷却节能	(1) 空气过滤等级高，空气品质好。 (2) 可变新风比，利用低温新风冷却节能。 (3) 初期投资小	(1) 区域空气温度可控。 (2) 空气循环半径小，输送能耗低。 (3) 初期投资小。 (4) 安装所需空间小
缺点	(1) 初期投资大。 (2) 设计、施工、管理复杂。 (3) 调节末端风量时对新风量分配有影响	(1) 系统内各区域温度一般不可单独控制。 (2) 部分负荷时风机不可实现变频调速节能	(1) 空气过滤等级低，空气品质差。 (2) 一般不可利用变新风比实现新风自然冷却节能。 (3) 有滋生"细菌""霉菌"与出现"水害"的可能性

续表

比较项目	全 空 气 系 统		空气—水系统
	变风量空调系统	定风量空调系统	风机盘管＋新风系统
适用范围	(1) 区域温控要求高。 (2) 空气品质要求高。 (3) 高等级办公、商业场所。 (4) 大、中、小型空间	(1) 区域温控要求不高。 (2) 大厅、商场、餐厅等场所。 (3) 大、中型空间	(1) 空气品质要求不高。 (2) 有区域空气温度控制要求。 (3) 普通等级办公、商用场所。 (4) 中、小型空间

7.5.2 变制冷剂流量空调系统

变制冷剂流量（Varied Refrigerant Volume，VRV）空调系统是一种冷剂式空调系统，它以制冷剂为输送介质，室外主机由室外侧换热器、压缩机和其他制冷附件组成，末端装置是由直接蒸发式换热器和风机组成的室内机。一台室外机通过管路能够向若干个室内机输送制冷剂液体，如图7.35所示。通过控制压缩机的制冷剂循环量和进入室内各换热器的制冷剂流量，可以适时地满足室内冷、热负荷要求。VRV系统具有节能、舒适、运转平稳等诸多优点，而且各房间可独立调节，能满足不同房间不同空调负荷的需求。但该系统控制复杂，对管材材质、制造工艺、现场焊接等方面要求非常高，且初期投资比较高。

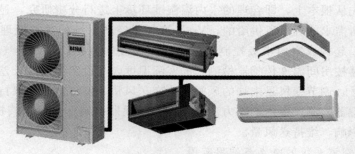

图7.35 变制冷剂流量空调系统

7.5.2.1 变制冷剂流量空调系统组成

1. 室内机

室内机是变制冷剂流量空调系统的末端装置部分，带蒸发器和循环风机的机组与常见的分体空调的室内机原理上是相同的。为了满足各种建筑的要求可做成多种形式，如立式明装、立式暗装、卧式明装、卧式暗装、吸顶式、壁挂式、吊顶嵌入式等。

2. 室外机

室外机是变制冷剂流量空调系统的关键部分，主要由风冷冷凝器和压缩机组成。当系统处于低负荷时，通过变频控制压缩机转速，使系统内冷媒的循环流量得以改变，对制冷量自动控制来说符合使用要求，对于容量较小的机组，通常只设一台变速压缩机；对于容量较大的机组，一般采用一台变速压缩机和一台定速压缩机联合工作。

3. 室内机和室外机的匹配

采用变制冷剂流量空调系统，可以把不同功能和不同使用时间的房间合在同一个空调系统中，主要应该考虑室内合理匹配问题，这就需要考虑同时使用系数的问题。同时使用系数多少视具体情况而定，但是，室内机和室外机的容量比既不能低于50%，也不能超过130%。要充分体现其既能灵活布置，又能节省平常运行费用的特点。

7.5.2.2 变制冷剂流量空调系统的工作原理

变制冷剂流量空调系统是在电力空调系统中，通过控制压缩机的制冷剂循环和进入室内换热器的制冷剂流量，适时地满足室内冷热负荷要求的高效率冷剂空调系统。其工作原理是：由控制系统采集室内舒适性参数、室外环境参数和表征制冷系统运行状况的状态参数，根据系统运行优化准则和人体舒适性准则，通过变频等手段调节压缩机输气量，并控制空调系统的风扇、电子膨胀阀等一切可控部件，保证室内环境的舒适性，并使空调系统稳定工作在最佳工作状态。

7.5.2.3 变制冷剂流量空调系统的特点

变制冷剂流量空调系统的特点如下：

（1）依据室内负荷在不同转速下连续运行，减少了因压缩机频繁启停而造成的能量损失。在制冷、制热工况下，能效比随频率的降低而升高，由于压缩机长时间工作在低频区域，故系统的季节能效比相对于传统空调系统有很大提高。采用压缩机低频启动，降低了启动电流，电气设备可较大节能，能避免对其他用电设备和电网的冲击。

（2）利用压缩机高频运行的方式系统调节容量，能有效调节室温与设定温度的差异，使室温波动变小，可改善室内的舒适程度。

（3）室内机风扇电机普遍采用直流无刷电机驱动，速度切换平滑，降低了室内机的噪声，极少出现传统空调系统在启停压缩机时所产生的振动噪声。

（4）结构紧凑，体积小，管径细，不需要设置水系统和水质管理设备，不需要专门的设备间和管道层，可降低建筑物造价，提高建筑面积的利用率。

（5）室内机的多元化可实现各个房间或区域的独立控制。热回收变制冷剂流量空调系统能在冬季和过渡季节向需要同时供冷和供热的建筑物提供冷、热源，将制冷系统的冷凝负荷和蒸发负荷同时利用，提高能源利用效率。因此，变制冷剂流量空调系统将是今后中小型楼宇空调系统的发展主流之一。

7.6 通风与空调工程施工图

7.6.1 通风与空调工程施工图的构成

通风与空调施工图包括图纸目录、选用图集（纸）目录、设计施工说明、图例、设备及主要材料表、总图、工艺图、系统图、平面图、剖面图、详图等。

7.6.1.1 图纸目录

包括在工程中使用的标准图纸或其他工程图纸目录和该工程的设计图纸目录。在图纸目录中必须完整地列出该工程设计图纸名称、图号、工程号图幅大小和备注等。

7.6.1.2 设计施工说明

通风与空调施工图的设计施工说明的内容有建筑概况、设计标准、系统及其设备安装要求、空调水系统、防排烟系统、空调冷冻机房等。

1. 建筑概况

介绍建筑物的面积、空调面积、高度和使用功能，对空调工程的要求。

2. 设计标准

室外气象参数，夏季和冬季的温湿度及风速。

室内设计标准，即各空调房间夏季和冬季的设计温度、湿度、新风量要求及噪声标准等。

3. 空调系统及其设备

对整栋建筑的空调方式和各空调房间所采用的空调设备进行简要说明。对空调装置提出安装要求。

4. 空调水系统

系统类型、所选管材和保温材料的安装要求，系统防腐、试压和排污要求。

5. 防排烟系统

机械送风、机械排风或排烟的设计要求和标准。

6. 空调冷冻机房

冷冻机组、水泵等设备的规格型号、性能和台数，它们的安装要求。

7.6.1.3　平面图和剖面图

平面图表示各层和各房间的通风（包括防排烟）与空调系统的风道、水管、阀门、风口和设备的布置情况，并确定它们的平面位置，包括风、水系统平面图，空调机房平面图，制冷机房平面图等。

剖面图主要表示设备和管道的高度变化情况，并确定设备和管道的标高、距地面的高度、管道和设备相互的垂直间距。

7.6.1.4　风管系统图

风管系统图表示风管系统在空间位置上的情况，并反映干管、支管、风口、阀门和风机等的位置关系，还标有风管尺寸和标高。与平面图结合可说明系统全貌。

7.6.1.5　工艺图（原理图）

工艺图一般反映空调制冷站制冷原理和冷冻水、冷却水的工艺流程，使施工人员对整个水系统或制冷工艺有全面了解。原理图（即工艺流程图）可不按比例绘制。

7.6.1.6　详图

因上述图中未能反映清楚，而国家或地区又无标准图，所以需用详图进行表示。例如，同一平面图中多管交叉安装，须用节点详图表达清楚各管在平面和高度上的位置关系。

7.6.1.7　材料表

材料（设备）表列出材料（设备）名称、规格或性能参数、技术要求、数量等。

7.6.2　通风与空调工程施工图

7.6.2.1　通风与空调工程施工图的图例

根据国家《暖通空调制图标准》（GB/T 50114—2000）的有关内容，对与通风空调施工图相关的一些规定进行阐述。图线、比例、水气管道及其阀门的常用图例与采暖工程相同，本小节介绍风道和通风空调设备图例，见表7.5～表7.9。

表 7.5　　　　　　　　　　　　　　　常 用 的 管 道 图 例

序号	名　称	图　例	序号	名　称	图　例
1	风管		4	矩形三通	
2	异径风管		5	矩形四通	
3	天圆地方		6	弯头	

表 7.6   常用的风管阀门图例

序号	名 称	图 例	序号	名 称	图 例
1	多叶调节阀		6	手动多叶调节阀	
2	斜插板阀		7	电动多叶调节阀	
3	帆布软管		8	防火阀	
4	蝶阀				
5	单向阀		9	排烟阀	

表 7.7   常用的管道阀门图例

序号	名 称	图 例	序号	名 称	图 例
1	截止阀		4	闸阀	
2	碟阀		5	单向阀	
3	阀门		6	球阀	

表 7.8   常 用 的 空 调 设 备

序号	名 称	图 例	序号	名 称	图 例
1	贯流空气幕		3	轴流风机	
2	离心风机		4	风机盘管	

表 7.9   常 用 的 空 调 风 口

序号	名 称	图 例	序号	名 称	图 例
1	单层百叶风口		4	方形散流器	
2	圆形散流器				
3	条形风口		5	侧送风百叶窗口	

7.6.2.2 通风与空调工程施工图的标注

1. 定位尺寸标注

平、剖面图中应标注设备、管道中心线与建筑定位轴线间的间距尺寸。

2. 风管规格标注

如图 7.36 所示,风管规格用管径或断面尺寸表示。圆形风管规格用其外径表示,直径

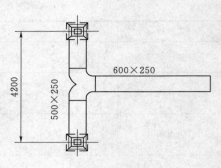

图 7.36 风管规格标注（单位：mm）

数字前冠以希腊字母 ϕ。如 $\phi650$ 表示外径 650mm 的圆形风管。矩形风管规格用截面尺寸用"截面宽×截面高"表示。如图 7.36，风管标注为 600×250，表示该风管截面宽 600mm，高 250mm。

3. 水管规格标注

焊接钢管规格用公称直径表示，DN××。如 DN32，表示管道公称直径为 32mm。无缝钢管和铜管的规格用"外径×壁厚"表示。金属软管和塑料软管用公称内径表示，De××。塑料硬管用外径表示，D××。

4. 标高

在空调施工图中，建筑各部分的高度和被安装物体（风管、水管、设备）的高度用标高来表示。它的符号为 ▽。下面的横线为某处高度的界限，三角形上的横线上标注为该处的高度，标高的单位为"m"。标高时先设定标高的零点，通常为底层标高，与该零点相比较，高于它的位置，标高为正；低于它的位置，标高为负。

7.6.2.3 通风与空调工程施工图的识图

识读通风与空调施工图时，先读设计说明，对整个工程建立全面的概念。再识读原理图，了解水系统的工艺流程后，识读风管系统图。领会两种介质的工艺流程后，再读各层、各通风空调房间、制冷站、空调机房等的平面图。在识读过程中，按介质的流动方向读，原理图、系统图及平面图相互结合交叉阅读，能达到较好效果。

对于风系统图可以先从空调箱开始阅读，逆风流动方向看到新风口，顺风流动方向看至房间，再至回风干管、空调箱，再看回风干管至排风管、排风口这一支路。对于风系统，送风管与回风管的区别在于：以房间为界，送风管一般将送风口在房间内均匀布置，管路复杂；回风管一般集中布置，管路相对简单。回风管一般与新风管相接，然后一起混合被空调箱吸入，经过空调箱处理后送至送风管。送风口一般为双层百叶、方形散流器、圆形散流器及条形送风口等，回风口一般为单层百叶和单层隔栅等。

某建筑为某公司技术中心，共五层，设计内容为空调、通风及防排烟设计。该工程夏季空调冷负荷为 520kW，冬季热负荷为 365kW，与其他建筑（矿业大厦）共用冷热源。本工程中采用了两种典型的中央空调，即全空气系统和风机盘管系统。

一层、二层的大实验室采用全空气系统，其余控制室和办公室采用风机盘管加独立新风系统。三层、四层、五层办公室采用风机盘管加新风系统。卫生间设置机械排风。

空调冷、热水系统采用一次泵系统，水管为二管制。空气处理机组均配变频器，回水管上均设电动二通平衡调节阀。风机盘管均设电动二通阀，回风口内置温度传感器，由温控器设定房间温度就地控制。该工程所用空调送、回风管道、新风管道均采用无甲醛高憎水环保复合消音保温玻纤风管。

图 7.37 为该工程的设计与施工说明，图 7.38 为一层空调平面图，图 7.39 为二层空调平面图，图 7.40 为三层空调平面图，图 7.41 为四层、五层空调平面图，图 7.42 为屋顶层空调平面图，图 7.43 为空调系统图。

一、设计说明

（一）概述：本工程为某矿业工发有限公司矿业基地、技术中心，地址位于某省某市。
共五层，本工种设计内容为本楼空调、通风及防排烟设计。

（二）设计依据
1.《中华人民共和国国家标准暖通空调术语部分》（2002年）。
2.《采暖通风与空气调节设计规范》GB 50019—2003（2003年版）。
3.《建筑设计防火规范》GB 50016—2006（2006年版）。
4.《公共建筑节能设计标准》GB 50189—2005。

（三）室内外设计参数
1.室内设计计算参数

房间名称	夏季 t_n/℃	夏季 φ/%	冬季 t_n/℃	冬季 φ/%	新风量 m³/h·人
实验室	26	55	20		25
办公室	26	55	20		30

2.室外设计计算参数
夏季空调计算干球温度 35.1℃
夏季空调计算湿球温度 28.2℃
通风计算温度 32.0℃
冬季空调计算温度 -7℃
室外相对湿度 75%

3.围护结构热工设计参数
玻璃幕墙：采用断热型铝合金低辐射中空玻璃窗 $K=2.8\text{W/(m}^2\cdot\text{K)}$
外墙：热水采用挤塑聚苯乙烯保温板 $K=0.65\text{W/(m}^2\cdot\text{K)}$
屋顶：挤塑聚苯板采用保温 $K=0.94\text{W/(m}^2\cdot\text{K)}$

（四）空调冷热负荷
荷为365kW。冬季热负荷为520kW，空调冷负荷
1.空调设计负荷及冷热源：本工程夏季空调冷负荷为
2.水系统：空调冷、热水系统采用一次泵系统，水源为二管制；
3.大实验室空调，其余采用风机盘管加新风系统。
4.空调控制：空气处理器均设电动二通阀，由温度控制器
定风机盘管均设电动二通阀，回风口内置温度传感器。

（五）卫生间设置机械排风。

二、通风设计
1.空调风管道
（一）水管
（二）水系统
连接：空调冷水管小于等于DN50时用热镀锌钢管，当管径大于DN80时，用无缝钢管焊接连接。当管径在400以下 $L_{\max}≤4.0\text{m}$。
防火阀安装处必须按其防火墙方向气流方向标明，防火阀安装
设见防火技术规程。当管径大于DN80时，
品种。

（三）其他
1.所有注明的支吊架为对水平地面处位置，风管为管底高，水管为管中高。
未标注高的支吊架为对水平地面主管中标高。

2.空调冷凝水管采用PVC管，粘接，安装见相关技术规范。

公称直径	80	100	125	150	200	250	300	400
外径×壁厚	89×3.5	108×4	133×4	159×4.5	219×6	273×7	325×8	426×8

3.管道穿墙或穿楼板处必须加设加套管。套管内径应比管道比管道层外径大10~20mm，套管处不得有接头。焊缝，在套管道填工程工时，用石棉绳填塞套管与之间空隙。
4.保温，水管大于10000，导热系数大于0.034W/(m·K)，保温材料保温。
湿阻因子大于10000，导热系数大于34.5%，氧指数大于 B1 级橡塑难燃，保温材料保温。

保温厚度如下表：

管径/mm	DN20	DN25	DN32	DN40	DN50
保温厚度/mm	24	26	26	27	28
管径/mm	DN70	DN80	DN100	DN125	≤DN50
保温厚度/mm	29	29	31	32	内20外25

冷凝水管采用10mm的橡塑保温。
5.水管支吊架采用国标88R420 水平管支吊架最大允许间距为：

管径/mm	≤25	25~50	70~100	125~500
间距/m	2	3	4	5

（二）空调风管道
管材：通风、空调风管采用镀锌钢板卷铁皮制作为。厚度如下：
当风管大边在320时，镀锌钢板厚0.5mm
当风管大边在320~630时，厚度为0.6mm
当风管大边在630~1000时，厚度为0.75mm
当风管大边在1000以上时，厚度为1.0mm
当风管大边在2000以上时，厚度为1.2mm
油漆：镀锌钢板风管不刷漆，其余当支管刷支支吊架钢板灰色磁漆防锈。
渣各两遍。镀锌钢板风管外表面刷银粉漆防锈漆，外表面不刷漆；其余当管板处及其它支吊架灰色磁漆两遍
再加刷两遍煤焦油沥青漆，新风风管道采用无甲醛高密度玻璃棉保温内贴，内表面
复合消声保温板作 $K=0.74\text{W/(m}^2\cdot\text{K)}$，特型防潮保温箔灯箔内贴参照国标08K132。吊架安装时以视现场情况灵活选择，吊点做法参见
设见防火技术规程。

三、
（一）水系统
水管油漆一遍，红丹一度，镀锌钢管组环氧，冷凝水管，热水管处理的供水回水管在保温层外刷黄红色
阀和阀门选用：风机盘管上均采用铜扣阀门 公称压力
16kg/cm²
油漆：无缝钢管、冷水管，冷水管流动方向。
直径≤DN100 铜丝制芯闸阀 公称压力 16kg/cm²
直径>DN100 衬胶隔膜，出水管集气处自动放气阀，系统最易集易气处，易集气处处设 Dg20 自动气阀，放水阀。
冷冻机组，水集水器处表外，系统最易集气处设 Dg25
除图示冷凝水阀门仪表外，系统最易集气处设 Dg25

2.本工程中冷凝水管干管坡度比 0.005，坡向排水口。
3.本工程中所风机盘管后级且为商静压防，后级 D 为内卡式机型，其
余不标准型。
4.本工程为装修工程。故风管走向和风口布置需含装修型。
5.本工程中新风源，空气处理机均设橡胶弹震减震风架，空气处理机房下设橡胶
减震垫，空调机房所需设消声措施。
6.施工及质量验收应按《通风与空调工程施工质量验收规范》GB 50243—2002 进行。

图例

空调供水管	冷水回水
空调回水管	冷水供水
膨胀水管	冷凝水
截止阀	
碟阀	
Y形过滤器	
电动两通阀	
电动调节阀	
自动排气阀	
放水阀	
温度表	
压力表	

防火排烟阀（280℃）	
防火调节阀（70℃）	
风管调节阀	
风管止回阀	
风管防火阀	
风管导流叶片	
风管消声器	
软管软接	
止回阀	
温度计	
压力表	

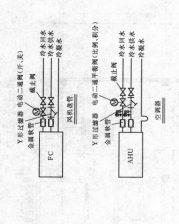

风机盘管 FC — Y形过滤器、金属软管、电动二通阀（开关）、截止阀、冷水回水、冷水供水、冷凝水

空调器 AHU — Y形过滤器、金属软管、电动二通阀

图7.37 设计与施工说明

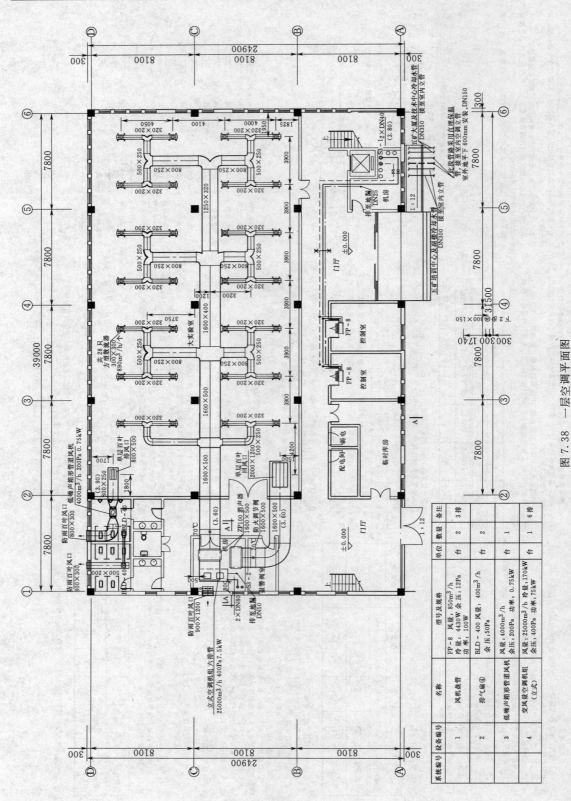

图7.38 一层空调平面图

系统编号 设备编号	名称	型号及规格	单位	数量	备注
1	风机盘管	FP-8 风量：850m³/h 冷量：4430W 余压：12Pa 功率：100W	台	3	3排
2	排气扇④	BLD-400 风量：400m³/h 余压：50Pa	台	2	2排
3	低噪声箱形管道风机	风量：4000m³/h 余压：200Pa 功率：0.75kW	台	1	
4	空风量空调机组（立式）	风量：25000m³/h 冷量：170kW 余压：400Pa 功率：75kW	台	1	6排

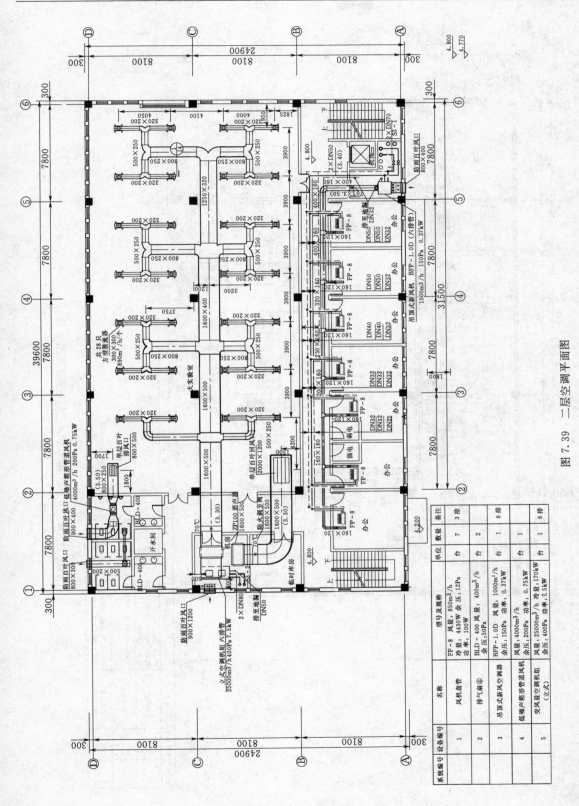

图7.39　二层空调平面图

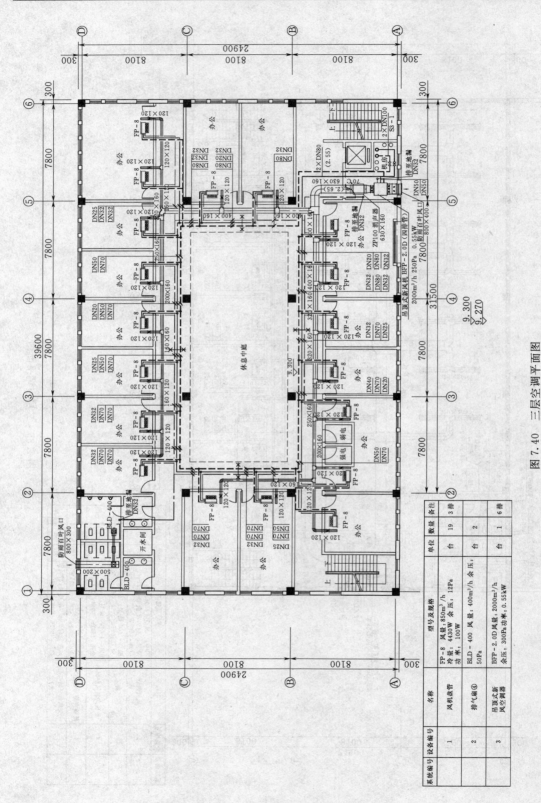

图 7.40 三层空调平面图

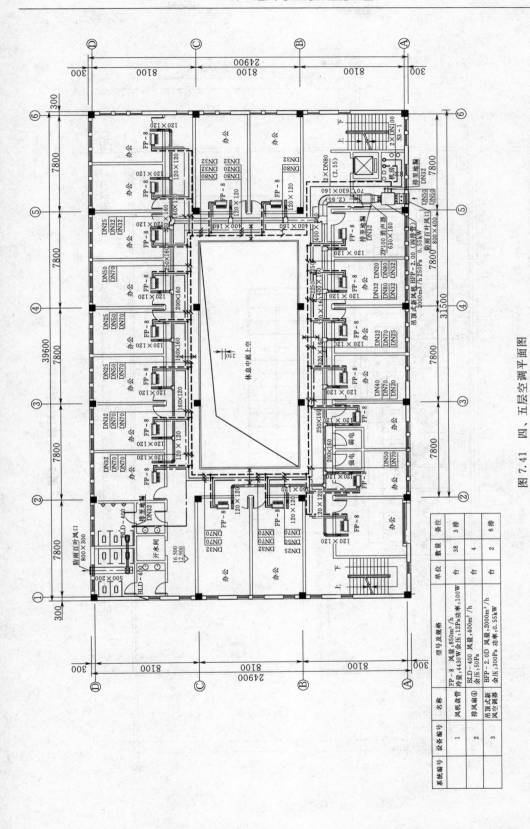

图7.41 四、五层空调平面图

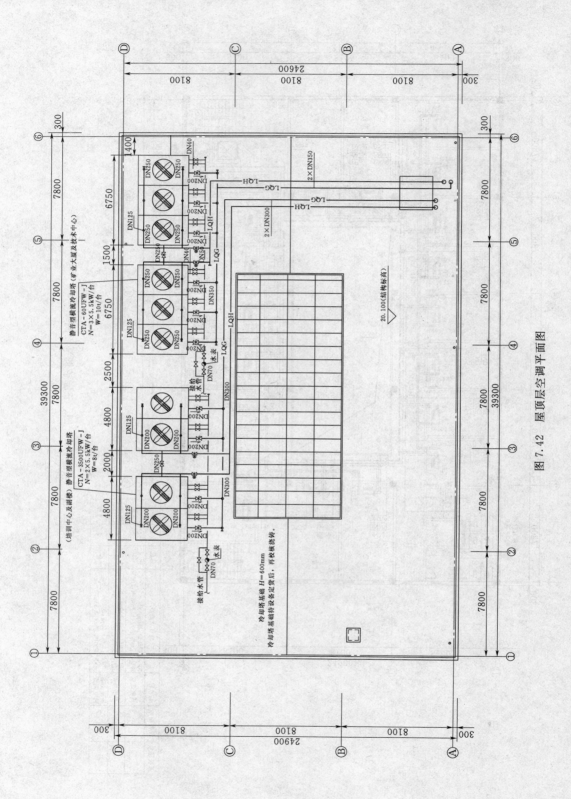

图7.42 屋顶层空调平面图

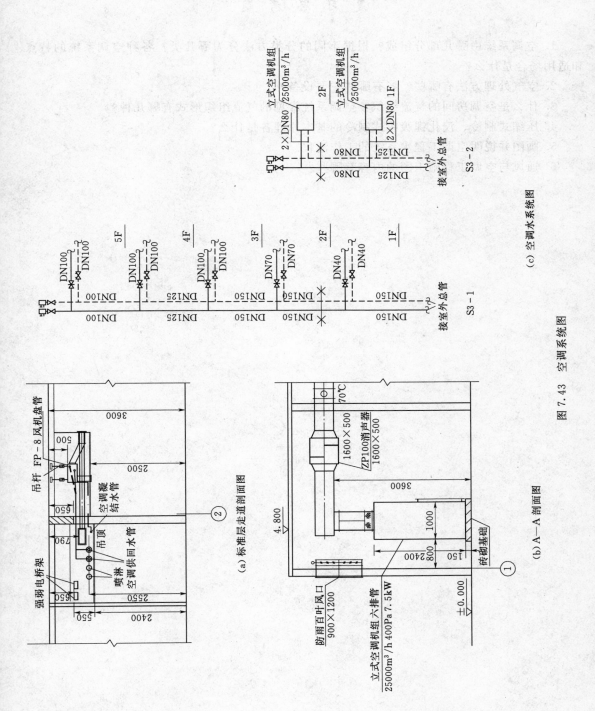

（a）标准层走道剖面图

（b）A—A 剖面图

（c）空调水系统图

图 7.43　空调系统图

复 习 思 考 题

1. 空调系统由哪几部分组成？根据不同的分类方法分为哪几类？各种空调系统的特点和适用场合是什么？

2. 空气处理方法有哪些？各有哪些主要设备？

3. 什么是空调房间的气流组织？空调系统常见的气流组织形式有哪几种？

4. 压缩式制冷、溴化锂吸收式制冷的基本原理各是什么？

5. 画图并说明空调工程水系统的工作流程。

6. 通风与空调工程施工图的内容有哪些？

第8章 建 筑 电 气

8.1 建筑电气系统概述

8.1.1 建筑电气的含义和作用

建筑电气是建筑物及其附属物的各类电气系统的设计与施工以及所用产品、材料与技术的生产和开发的总称。建筑电气的主要功能是以电能、电气设备和电气技术为手段，创造、维持与改善室内空间的电、光、热、声环境。

随着建筑技术的迅速发展和现代化建筑的出现，建筑电气所涉及的范围已由原来单一的供配电、照明、防雷和接地，发展成为以近代物理学、电磁学、无线电电子学、机械电子学、光学、声学等理论为基础的应用于建筑工程领域内的一门新兴学科，而且还在逐步应用新的数学和物理知识结合电子计算机技术向综合应用的方向发展。这不仅使建筑物的供配电系统、保安监视系统实现自动化，而且对建筑物内的给水排水系统、空调制冷系统、自动消防系统、保安监视系统、通信及闭路电视系统、经营管理系统等实行最佳控制和最佳管理。

8.1.2 建筑电气系统的组成

各类建筑电气系统虽然作用各不相同，但它们一般都是由用电设备、配电线路、控制和保护设备3大基本部分所组成。

1. 用电设备

如照明灯具、家用电器、电动机、电视机和电话等，种类繁多，作用各异，体现出各类系统的功能特点。

2. 配电线路

各种型号的导线或电缆，用于传输电能和信号。敷设方式有明敷设和暗敷设。

3. 控制、保护等设备

控制、保护等设备是对相应系统实现控制保护等作用的设备。常集中安装在一起，组成如配电盘、柜等。若配电盘、柜常集中安装在同一房间中，即形成各种建筑电气间，如变配电室、共用电视天线系统前端控制室、消防中心控制室等。

8.1.3 建筑电气的分类

8.1.3.1 建筑电气设备的分类

根据在建筑中所起的作用不同，可将建筑电气中的设备大致分为如下4类。

1. 创造环境的设备

为人们创造良好的光、温湿度、空气和声音环境的设备，如照明设备、空调设备、通风换气设备和广播设备。

2. 追求方便的设备

追求方便的设备是可以为人们提供生活、工作的方便以及缩短信息传递时间的设备，如电梯和通信设备等。

3. 增强安全性的设备

增强安全性的设备主要包括保护人身与财产安全和提高设备与系统本身可靠性的设备，如报警、防火、防盗和保安设备等。

4. 提高控制性及经济性的设备

提高控制性及经济性的设备主要包括延长建筑物使用寿命，增强控制性能的设备，以及降低建筑物维修、管理等费用的管理性能的设备，如自动控制设备和电脑管理。

8.1.3.2 建筑电气系统的分类

从电能的供入、分配、运输和消耗使用来看，全部建筑电气系统可分为供配电系统和用电系统。

1. 建筑的供配电系统

接收发电厂电源输入的电能，并进行检测、计量、变压等，然后向用户和用电设备分配电能的系统，称为供配电系统。

2. 建筑的用电系统

建筑用电系统根据用电设备的特点和系统中所传递能量的类型，分为建筑照明系统、建筑动力系统、建筑弱电系统。

(1) 建筑电气照明系统。建筑电气照明系统是将电能转换为光能的电光源进行采光，以保证人们在建筑物内外正常从事生产和生活活动，以及满足其他特殊需要的照明设施，称为建筑电气照明系统。建筑电气照明系统分为电气系统和照明系统。

1) 电气系统。它是指电能的产生、输送、分配、控制和消耗使用的系统。它是由电源（市供交流电源、自备发电机或蓄电池组）、导线、控制和保护设备与用电设备（各种照明灯具）组成。

2) 照明系统。它是指光能的产生、传播、分配（反射、折射和透射）和消耗吸收的系统。它是由光源、控制器、室内空间、建筑内表面，建筑形状和工作面等组成。

电气和照明是相互独立又紧密联系的两套系统，连接点就是灯具。

(2) 建筑动力系统。建筑动力系统是将电能转换为机械能的电动机，为整个建筑提供舒适、方便的生产与生活条件而设置的各种系统，统称为建筑动力系统。建筑动力系统实质就是向电动机配电，以及对电动机进行控制的系统。动力工程主要是指建筑内由电动机作为动力的设备、装置、控制电器和为其配电的电气线路等的安装工程。

(3) 建筑弱电系统。建筑弱电系统是建筑电气的重要组成部分。在电气应用技术中，人们习惯将建筑物的动力、照明灯输送能量的电力称为"强电"，其处理对象是能源，特点是电压高、电流大、功率大及频率低，主要考虑的问题是减少损耗、提高效率及安全用电；而把传输信号、进行信息交换的电能称为"弱电"，其处理对象主要是信息，特点是电压低、电流小、功率小及频率高，主要考虑的问题是信息传递的效果问题，例如信息传递的保真度、速度、广度和可靠性等。如共用电视天线系统、广播系统、通信系统、火灾报警系统、智能保安系统、综合布线系统和办公自动化等。建筑物智能化的高低取决于它是否具有完备的建筑弱电系统。

8.2 供配电系统

8.2.1 电力系统基本概念

电力系统是由发电厂、电力线路、变配电所和电能用户等环节组成的电能生产与消费系统，如图8.1所示。它的功能是将自然界的一次能源通过发电动力装置转化成电能，再经输电、变电和配电将电能供应到各用户。为实现这一功能，电力系统在各个环节和不同层次还具有相应的信息与控制系统，对电能的生产过程进行测量、调节、控制、保护、通信和调度，以保证用户获得安全、优质的电能。

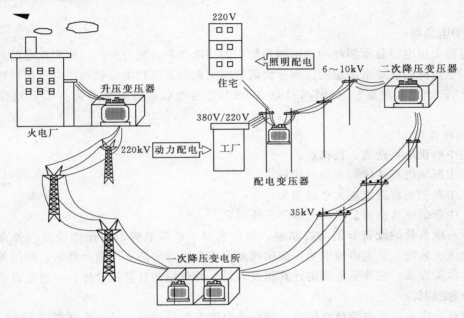

图8.1 电力系统示意图

8.2.1.1 发电厂

发电厂又称发电站，是将自然界蕴藏的各种一次能源转换为电能（二次能源）的工厂。现在的发电厂有多种发电途径：靠火力发电的称为火电厂，靠水力发电的称为水电厂，还有些靠太阳能（光伏）和风力与潮汐发电的电厂等；以核燃料为能源的核电厂已在世界许多国家发挥越来越大的作用。目前，在我国接入电力系统的发电厂主要是火力发电厂和水力发电厂。

8.2.1.2 电力线路

由于各种类型的发电厂多建于自然资源丰富的地方，一般距电能用户较远，所以需要各种不同电压等级的电力线路，将发电厂生产的电能源源不断地输送到各电能用户。电力线路的作用是输送电能，并把发电厂、变配电所和电能用户连接起来。

电力线路按其用途及电压等级分为输电线路和配电线路。电压在35kV及以上的电力线路称为输电线路；电压在10kV及以下的电力线路称为配电线路。电力线路按其架设方法可分为架空线路和电缆线路；按其传输电流的种类又可分为交流线路和直流线路。

8.2.1.3 变配电所

引入电源不经过电力变压器变换，直接以同级电压重新分配给附近的变电所或供给各用电设备的电能供配场所称为配电所；而将引入电源经过电力变压器变换成另一级电压后，再由配电线路送至各变电所或供给各用电负荷的电能供配场所称为变配电所，简称为变电所。

8.2.1.4 电能用户

电能用户又称电力负荷。在电力系统中，一切消费电能的用电设备均称为电能用户。

用电设备按其用途可分为动力用电设备（如电动机等）、工艺用电设备（如电解、电镀、冶炼、电焊、热处理等）、电热用电设备（如电炉、干燥箱、空调等）、照明用电设备和试验用电设备等，它们将电能转换为机械能、热能和光能等不同形式，以满足生产、生活的不同需要。

8.2.2 用电负荷

电力网上用电设备所消耗的功率称为用户的用电负荷或电力负荷，用户供电的可靠性程度是由用电负荷的性质来决定的。划分负荷等级需根据建筑物的类别和用电负荷的性质，按《建筑电气设计技术规范》（JBJ/T 16—2008）对用电负荷等级划分为 3 类，划分的标准如下。

1. 一级负荷

（1）中断供电将造成人员伤亡。

（2）中断供电将造成重大政治影响。

（3）中断供电将造成重大经济损失。

（4）中断供电将造成公共场所秩序严重混乱。

属于一级负荷的设备有消防控制室、消防水泵、消防电梯、防排烟设施、火灾自动报警、自动灭火装置、火灾事故照明、疏散指示标志和电动的防火门窗、卷帘、阀门等消防用电设备；保安设备；主要业务用的计算机及外设、管理用的计算机及外设，通信设备；重要场所的应急照明。

一级负荷应由两个电源独立供电，当一个电源发生故障时，另一个电源应不致同时受到损坏。一级负荷容量较大或有高压用电设备时，应采用两路高压电源。一级负荷中的特别重要负荷，除上述两个电源外，还应增设应急电源。为保证对特别重要负荷的供电，严禁将其他负荷接入应急供电系统。

2. 二级负荷

（1）中断供电将造成较大政治影响。

（2）中断供电将造成较大经济损失。

（3）中断供电将造成公共场所秩序混乱。

属于二级负荷的设备有客梯、生活供水泵房等。

二级负荷的供电系统，宜由两回线路供电。在负荷较小或地区供电条件困难时，二级负荷可由一回 6kV 及以上专用的架空线路或电缆供电。当采用架空线时，可为一回架空线供电；当采用电缆线路时，应采用两根电缆组成的线路供电，其每根电缆应能承受 100％的二级负荷。

3. 三级负荷

不属于一级、二级的负荷称为三级负荷。

属于三级负荷的设备有空调、照明等。

三级负荷可由单电源供电。

民用建筑常用的重要电力负荷级别见表8.1。

表 8.1   民用建筑常用重要电力负荷级别

建筑类别	建筑物名称	用电设备及部位	负荷级别
住宅建筑	高层普通住宅	电梯、照明	二级
旅馆建筑	高级旅馆	宴会厅、新闻摄影、高级客房电梯等	一级
	普通旅馆	主要照明	二级
办公建筑	省、市、自治区级办公室	会议室、总值班室、电梯、档案室、主要照明	一级
	银行	主要业务用计算机及外部设备电源、防盗信号电源	一级
教学建筑	教学楼	教室及其他照明	二级
	实验室		一级
科研建筑	科研所重要实验室、计算中心、气象台	主要用电设备	一级
		电梯	二级
文娱建筑	大型剧院	舞台、电声、贵宾室、广播及电视转播、化装照明	一级
医疗建筑	县级及以上医院	手术室、分娩室、急症室、婴儿室、理疗室、广播照明	一级
		细菌培养室、电梯等	二级
商业建筑	省辖市及以上百货大楼	营业厅主要照明	一级
		其他附属	二级
博物建筑	省、市、自治区及以上博物馆、展览管	珍贵展品室的照明、防盗信号电源	一极
		商品展览用电	二级
商业仓库建筑	冷库	大型冷库、有特殊要求的冷酷压缩机及附属设备、电梯、库内照明	二级
司法建筑	监狱	警卫信号	一极

8.2.3 电源引入

8.2.3.1 单相电与三相电

单相电即一根相线（俗称火线）和一根零线构成的电能输送形式，必要时会有第三根线（地线）。

三相交流电是电能的一种输送形式，简称为三相电。三相交流电源，是由 3 个频率相同、振幅相等、相位依次互差 $120°$ 的交流电势组成的电源（均为火线）。三相交流电的用途很多，工业中大部分的交流用电设备，例如电动机，都采用三相交流电，也就是经常提到的三相四线制。而在日常生活中，多使用单相电源，也称为照明电。

三相四线制，在低压配电网中，输电线路一般采用三相四线制，其中 3 条线路分别代表A、B、C 三相（均为火线），另一条是中性线 N。如果该回路电源侧的中性点接地，则中性线 N 也称为零线（老式叫法，应逐渐避免，改称 PEN，如果不接地，则从严格意义上来说，中性线不能称为零线）。在进入用户的单相输电线路中，有两条线，一条称为相线 L，另一条称为中线 N，中线正常情况下要通过电流以构成单相线路中电流的回路。而三相系统中，三相平衡时，中性线（零线）是无电流的，故称三相四线制。

三相五线制是指 A、B、C、N 和 PE 线，其中，PE 线是保护地线，也叫安全线，是专门用于接到诸如设备外壳等保证用电安全之用的。PE 线在供电变压器侧和 N 线接到一起，但进入用户侧后绝不能当作零线使用，否则，发生混乱后就与三相四线制无异了。由于这种混乱容易让人丧失警惕，可能在实际中更加容易发生触电事故。零线与 PE 线的根本区别在于：零线构成回路，PE 线仅起保护作用。

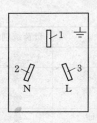 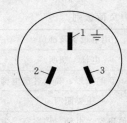

图 8.2　三相插头
1—地线；2—火线；3—零线

日常生活中使用的电插头主要有两种，两项插头和三相插头（图 8.2）。当用电设备采用两相插头电源时，左边插头所接的是三相电中的一相电，也称作为火线，而右边的插头所接的是零线。当采用三相插头时，下面的两个插头和两项插头所接的线是一样的，上面中间的插头接的是地线，也称作大地。

8.2.3.2　电源引入方式

建筑用电属于动力系统的一部分，低压供配电系统的供电线路包括低压电源引入及主接线，常以引入线（通常为高压断路器）和电力网分界。

电源向建筑物内的引入方式应根据建筑物内的用电量大小和用电设备的额定电压数值等因素确定。引入方式有以下几种。

（1）建筑物较小或用电设备负荷量较小，而且均为单相。低压用电设备时，可由电力系统柱上变压器引入单相 220V 的电源。

（2）建筑物较大或用电设备的容量较大，但全部为单相和三相低压用电设备时，可由电力系统的柱上变压器引入三相 380V/220V 的电源。

（3）建筑物很大或用电设备的容量很大，虽全部为单相和三相低压用电设备，从技术和经济因素考虑，应由变电所引入三相高压 6kV 或 10kV 的电源经降压后供用电设备使用。并且在建筑物内设置变压器，布置变电室。若建筑物内有高压用电设备时，应引入高压电源供其使用，同时装置变压器，满足低压用电设备的电压要求。

8.2.4　建筑低压配电系统的配电方式

低压配电系统的配电线路由配电装置（配电盘）及配电线路（干线及分支线）组成。配电方式有放射式、树干式及混合式等数种，如图 8.3 所示。

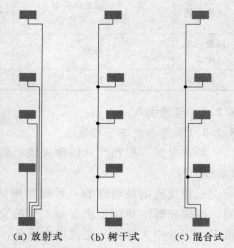

(a) 放射式　　(b) 树干式　　(c) 混合式

图 8.3　低压配电系统的配电方式

8.2.4.1　放射式

放射式配电是指从前级配电箱分出若干条线路，每条线路连接一个后级配电箱（或一台用电设备）。

（1）优点：各个负荷独立受电，其特点是配电线路相互独立，因而具有较高的可靠性，故障范围一般仅限于本回路，线路发生故障需要检修时也只切断本回路而不影响其他回路；

同时回路中电动机的起动引起的电压波动对其他回路的影响也较小。

（2）缺点：所需开关和线路较多，因而建设费用较高。

放射式配电多用于比较重要的负荷，如空调机组和消防水泵等。

8.2.4.2 树干式

树干式配电是指从前级配电箱引出一条供电干线，在供电干线的不同地方分出支路，连接到后级配电箱或用电设备。

（1）优点：有色金属耗量少、造价低。

（2）缺点：干线故障时影响范围大，可靠性较低。

一般用于用电设备的布置比较均匀、容量不大、又无特殊要求的场合，如用于一般照明的楼层分配电箱等。

8.2.4.3 混合式

混合式配电方式兼顾了放射式和树干式两种配电方式的特点，是将两者进行组合的配电方式，如高层建筑中，当每层照明负荷都较小时，可以从低压配电屏放射式引出多条干线，将楼层照明配电箱分组接入干线，局部为树干式。

实际工程中确定配电方式时，应按照供电可靠、用电安全、配电层次分明、线路简单、便于维护、工程造价合理等原则进行。

8.2.5 建筑低压配电线路

在配电系统中，用来传输电能的导线主要是电线和电缆两大类，按敷设地点不同可分为室外线路和室内线路。

8.2.5.1 室外线路

1. 架空线路

当城市配电系统为架空线路时，建筑物的电源宜采用架空线路的引入方式，如图8.4所示。

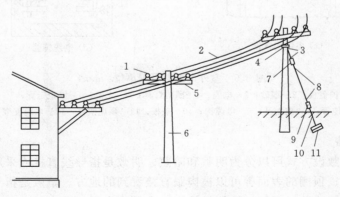

图 8.4 架空线路

1—绝缘子；2—导线；3—上把；4—拉线抱箍；5—横担；6—电杆；

7—拉线绝缘子；8—腰把；9—花篮螺杆；10—拉杆；11—拉盘

架空线路主要由导线、电杆、横担、绝缘子和线路附件组成。其优点是设备材料简单、成本低、容易发现故障、维护方便；缺点是易受外界环境影响、供电可靠性较差、影响环境的整洁美观。

2. 电缆线路

当城市配电线路为电缆线路时，建筑物的电源常采用地下电缆引入方式。

电缆线路的优点是不受外界环境影响，供电可靠性高，不占用土地，有利于环境美观；缺点是材料和安装成本高。

电缆敷设有直埋、电缆隧道、电缆沟、电缆排管等方式，如图8.5所示。直埋电缆必须采用有铠装保护的电缆，埋设深度不小于0.7m。电缆敷设应选择路径最短，转弯最少，受外界因素影响小的路线。地面上在电缆拐弯处或进建筑物处要埋设标示桩，以备日后施工维护时参考。

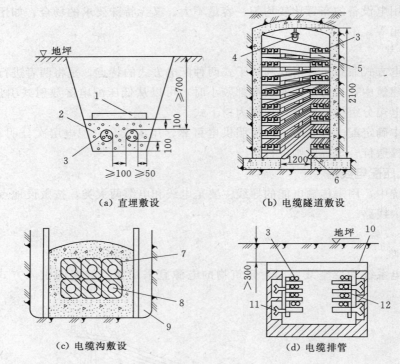

(a) 直埋敷设　　　　　　　　(b) 电缆隧道敷设

(c) 电缆沟敷设　　　　　　　　(d) 电缆排管

图8.5　室外电缆敷设（单位：mm）

1—保护盖板；2—细砂；3—电缆；4—照明灯具；5—支架；6—维护走廊；7—水泥
排管；8—电缆孔；9—电缆沟；10—盖板；11—预埋铁件；12—电缆支架

8.2.5.2　室内线路

室内配线按照敷设方式可以分为明敷和暗敷。明敷是指导线直接或采用管子、线槽等保护体，敷设于墙壁、顶棚的表面等可以被肉眼直接看到的地方。暗敷是指导线在管子、线槽等保护体内，敷设于墙壁、顶棚、地坪及楼板的内部等肉眼无法直接看到的地方。

1. 瓷（塑料）线夹、鼓形绝缘子、针式绝缘子布线

瓷（塑料）线夹、鼓形绝缘子、针式绝缘子布线适用于正常环境的室内外场所和挑檐下。

2. 绝缘导线直接敷设

绝缘导线直接敷设可用于正常环境室内场所和挑檐下的室外场所。

直敷布线的护套绝缘电线，应采用线卡沿墙体、顶棚或建筑物构件表面直接敷设；建筑物顶棚内、墙体及顶棚的抹灰层、保温层及装饰面板内，严禁采用直敷布线。

3. 绝缘导线穿管敷设

在潮湿场所明敷或埋地敷设的金属管布线，应采用钢管；明、暗敷于干燥场所的布线，可采用电线管或半硬聚氯乙烯塑料管，如图 8.6 所示。

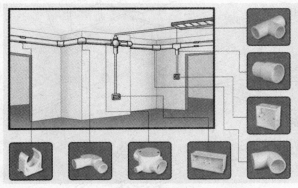
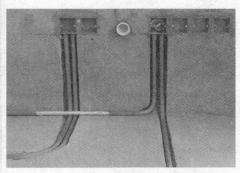

（a）绝缘导线穿管敷设示意图　　　　　（b）绝缘导线穿管敷设实物图

图 8.6　绝缘导线穿管暗敷

金属导管布线宜用于室内、外场所，不宜用于对金属导管有严重腐蚀的场所。

明敷于潮湿场所或埋地敷设的金属导管，应采用管壁厚度不小于 2mm 的厚壁钢导管。明敷或暗敷于干燥场所的金属导管宜采用管壁厚度不小于 1.5mm 的电线管。

暗敷于地下的管路不宜穿过设备基础，当穿过建筑物基础时，应加保护管保护；当穿过建筑物变形缝时，应设补偿装置。

4. 线槽布线

用于配线的线槽，按材质可分为金属线槽和塑料线槽，如图 8.7 所示。

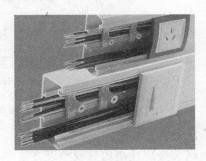

（a）金属线槽　　　　　　　　　　（b）塑料线槽

图 8.7　线槽布线

（1）金属线槽一般适用于正常环境（干燥和不易受机械损伤）的室内场所明敷设。金属线槽组装成统一整体并经清扫后才可敷设导线。按规定将导线放好，并将导线按回路（或按系统）用尼龙绳绑扎成束，分层排放在线槽内，做好永久性编号标志。

为了适应现代化建筑内电气线路的日趋复杂、配线出口位置又多变的实际需要，特制一种壁厚为 2mm 的封闭式矩形金属线槽，可直接敷设在混凝土地面、现浇钢筋混凝土楼板或预制混凝土楼板的垫层内，称地面内暗装金属线槽，如图 8.8 所示。

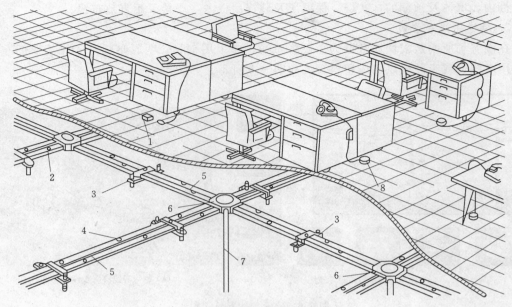

(a) 地面内暗装金属线槽示意图

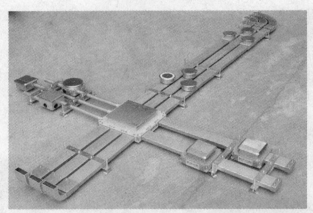

(b) 地面内暗装金属线槽实物图

图 8.8 地面内暗装金属线槽

1—电源插座出线口；2—出线口；3—支架；4—出线口；5—线槽；6—分线盒；7—钢管；8—电话插座出线口

地面内暗装金属线槽内导线敷设方法和管内穿线方法相同。亦应注意导线在线槽中间不应有接头，接头应放在分线盒内，线头预留长度不宜小于 150mm。

金属线槽应可靠接地或接零，但不应作为设备的接地导体。

（2）塑料线槽布线。塑料线槽布线一般适用于正常环境的室内场所，在高温和易受机械损伤的场所不宜采用。弱电线路可采用难燃型带盖塑料线槽在建筑顶棚内敷设。强、弱电线路不应敷设于同一线槽内。电线、电缆在槽内不得有分接头，分支接头应在接线盒内进行。

5. 电缆布线

建筑室内采用的电缆敷设方式有直接埋地、电缆沟敷设、沿墙敷设和电缆桥架（托盘）

敷设等几种。

（1）当沿同一路径敷设的室外电缆不大于8根且场地有条件时，宜采用电缆直接埋地敷设。

（2）电缆在电缆沟内敷设。当电缆与地下管网交叉不多、地下水位较低或道路开挖不便且电缆需分期敷设的地段，当同一路径的电缆根数不大于18根时，宜采用电缆沟布线，如图8.9所示。

图8.9　电缆沟敷设

电缆沟盖板应满足可能承受荷载和适合环境且经久耐用的要求，可采用钢筋混凝土盖板或钢盖板，可开启的地沟盖板的单块重量不宜超过50kg。

（3）电缆桥架布线。电缆桥架布线适用于电缆数量较多或较集中的场所（图8.10）。在有腐蚀或特别潮湿的场所采用电缆桥架布线时，应根据腐蚀介质的不同采取相应的防护措施，并宜选用塑料护套电缆。

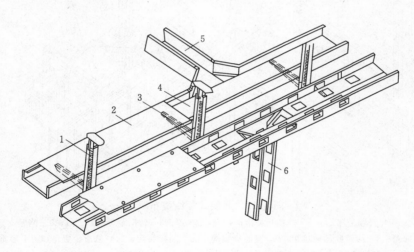

图8.10　电缆桥架
1—支架；2—盖板；3—支臂；4—线槽；5—水平分支线槽；6—垂直分支线槽

电缆桥架水平敷设时的距地高度不宜低于2.5m，垂直敷设时距地高度不宜低于1.8m。除敷设在电气专用房间内外，当不能满足要求时，应加金属盖板保护。

电缆桥架不宜敷设在腐蚀性气体管道和热力管道的上方及腐蚀性液体管道的下方。当不能满足上述要求时，应采取防腐、隔热措施。

电缆桥架不得在穿过楼板或墙壁处进行连接。

金属电缆桥架及其支架和引入或引出电缆的金属导管应可靠接地，全长不应少于两处与接地干线（PE）相连。

6.封闭式母线槽

封闭式母线槽是由金属板（钢板或铝板）作为保护外壳、导电排、绝缘材料及有关附件

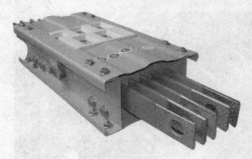

图 8.11 封闭母线槽

组成的母线系统，如图 8.11 所示。它可制成每隔一段距离设有插接分线盒的插接型封闭母线，也可制成中间不带分线盒的馈电型封闭式母线。

封闭式母线布线适用于干燥和无腐蚀气体的室内场所，如图 8.12 所示。

封闭式母线水平敷设时，底边至地面的距离不应小于 2.2m。除敷设在电气专用房间内外，垂直敷设时，距地面 1.8m 以下部分应采取防止机械损伤措施。

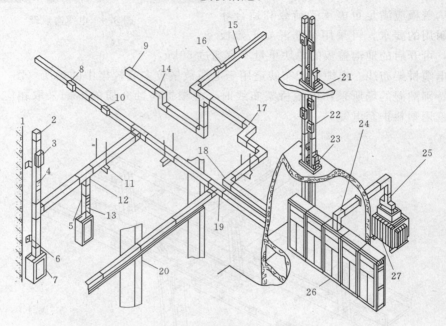

图 8.12 封闭式母线槽布线

1—墙（柱）；2—终端盖（Z）；3—插接开关箱；4—插孔口盖；5—转向节母线（ZA）；6—侧壁支架（PJ）；
7—始端接线箱；8—带熔断器插接箱；9—直通母线槽；10—插接头箱；11—悬吊装置；12—T 形垂直三通；
13—带插孔始端母线槽；14—垂直偏差；15—墙（柱）托架；16—变容量母线（BY）；17—Z 形水平弯通；
18—L 形水平弯通；19—T 形水平三通；20—墙（柱）托架（PJ）；21—防水台阶；22—插接开关箱；
23—支撑器；24—始端立式硬接接头；25—始端卧式连接直通；26—配电柜；27—变压器

封闭式母线不宜敷设在腐蚀气体管道和热力管道的上方及腐蚀性液体管道下方。当不能满足上述要求时，应采取防腐、隔热措施。

封闭式母线的连接不应在穿过楼板或墙壁处进行。

多根封闭式母线并列水平或垂直敷设时，各相邻封闭母线间应预留维护、检修距离。

封闭式母线外壳及支架应可靠接地，全长不应少于 2 处与接地保护导体（PE）相连。

7. 竖井布线

电气竖井内布线适用于多层和高层建筑内强电及弱电垂直干线的敷设。可采用金属管、金属线槽、电缆、电缆桥架及封闭式母线等布线方式，如图 8.13 所示。

竖井的位置和数量应根据建筑物规模、用电负荷性质、各支线供电半径及建筑物的变形

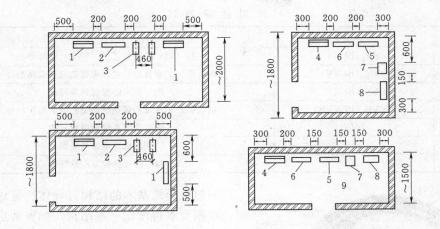

图 8.13 竖井布线

1—配电箱（盘）；2—强电用电缆桥架；3—母线槽；4—控制箱（盘）；5—弱电用电缆桥架；

6—通信用电缆桥架；7—金属线槽；8—接线端子箱；9—弱电竖井配电间

缝设置和防火分区等因素确定，并应符合下列要求：宜靠近用电负荷中心；不应和电梯井、管道井共用同一竖井；邻近不应有烟道、热力管道及其他散热量大或潮湿的设施；在条件允许时宜避免与电梯井及楼梯间相邻。

电缆在竖井内敷设时，不应采用易延燃的外护层。

8.2.6 常用电线、电缆及设备

8.2.6.1 常用电线和电缆

电线、电缆产品的种类有成千上万，应用在各行各业中。它们总的用途有两种，一种是传输电流，一种是传输信号。传输电流类的电缆最主要控制的技术性能指标是导体电阻、耐压性能；传输信号类的电缆主要控制的技术性能指标是传输性能——特性阻抗、衰减及串音等。当然传输信号主要也靠电流（电磁波）作载体，现在随着科技发展可以用光波作载体来传输。

室内配电线路大多采用绝缘导线，但配电干线则多采用裸导线（母线），少数采用电缆。

规定在三相交流系统中 A、B、C 三相分别涂黄、绿、红色；N 线、PEN 线涂淡蓝色；PE 线涂黄绿双色；在直流系统中，正极用赭色，负极用蓝色。给裸导线涂色，不仅有利于识别相序，而且有利于防腐蚀及改善散热条件。

1. 绝缘导线

绝缘导线按芯线材料分为铜芯和铝芯两种，民用建筑内推荐采用铜芯绝缘导线。绝缘导线按绝缘材料分为橡皮绝缘导线和塑料绝缘导线两种。见表 8.2 列举了几种常用绝缘导线。

BLX - 500 -(3×50+1×25+PE25)，表示铝芯塑料绝缘导线，额定电压 500V，三根相线截面均为 50mm²，一根中性线截面为 25mm²，一根保护线截面为 25mm²。

2. 电缆

电缆按电压分为高压电缆和低压电缆；按线芯数分为单芯、双芯、三芯、四芯和五芯电缆；按芯线材料分为铜芯和铝芯电缆；按绝缘材料分为油浸纸绝缘、塑料绝缘和橡胶绝缘电缆。

表8.2 常用绝缘导线

序号	导线型号	名　称
1	BV（BLV）	铜（铝）芯聚氯乙烯（PVC）绝缘导线
2	BVV（BLVV）	铜（铝）芯聚氯乙烯绝缘聚氯乙烯护套圆型导线
3	BX（BLX）	铜（铝）芯橡皮绝缘导线
4	BVVB（BLVVB）	铜（铝）芯聚氯乙烯绝缘聚氯乙烯护套平型导线
5	BVR	铜芯聚氯乙烯绝缘软导线
6	BXR	铜芯橡皮绝缘软导线
7	BXS	铜芯橡皮绝缘双股软导线

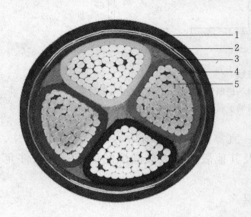

图 8.14　电力电缆结构示意图
1—外护层；2—铠装层；3—内护层；
4—绝缘层；5—导体

一般电缆最基本的结构有导体、绝缘层及外护层，根据要求再增加一些结构，如屏蔽层、内护层或铠装层等，为了电缆有圆整性再辅加一些填充材料，如图 8.14 所示。导体是传输电流或信号的载体，其他结构都是作防护用。防护的性能根据电缆产品的需要总体上有 3 种：①保护电缆本身各单元不相互或减少影响，如耐压、耐热、防电磁场产生的损耗、通信电缆防信号相互干扰等；②防护是保护导体中的电流不对外部产生影响，如防止电流外泄、防电磁波外泄等；③保护外界不对电缆内部产生影响，如抗压、抗拉、耐热、耐寒、耐燃、防水及抗电磁波干扰等。

表 8.3 列举了常用电缆的型号组成及含义。

表8.3 电缆型号组成及含义

类　别	导体	绝缘	内护套	特征
电力电缆（省略不表示） K：控制电缆 P：信号电缆 ZT：电梯电缆 U：矿用电缆 Y：移动式软缆 H：市内电话电缆 UZ：电钻电缆 DC：电气化车辆用电缆	T：铜线 （可省略） L：铝线	Z：油浸纸 X：天然橡胶 (X) D：丁基橡胶 (X) E：乙丙橡胶 V：聚氯乙烯 Y：聚乙烯 YJ：交联聚乙烯 E：乙丙胶	Q：铅套 L：铝套 H：橡套 (H) P：非燃性 HF：氯丁胶 V：聚氯乙烯护套 Y：聚乙烯护套 VF：复合物 HD：耐寒橡胶	D：不滴油 F：分相 CY：充油 P：屏蔽 C：滤尘用或重型 G：高压

<table>
<tr><td colspan="4" align="center">外护层代号</td></tr>
<tr><td colspan="2" align="center">第一个数字</td><td colspan="2" align="center">第二个数字</td></tr>
<tr><td>代号</td><td>铠装层类型</td><td>代号</td><td>外被层类型</td></tr>
<tr><td>0</td><td>无</td><td>0</td><td>无</td></tr>
<tr><td>1</td><td>钢带</td><td>1</td><td>纤维线包</td></tr>
<tr><td>2</td><td>双钢带</td><td>2</td><td>聚氯乙烯护套</td></tr>
<tr><td>3</td><td>细圆钢丝</td><td>3</td><td>聚乙烯护套</td></tr>
<tr><td>4</td><td>粗圆钢丝</td><td>4</td><td>—</td></tr>
</table>

（1）导体（或称导电线芯）。导体的作用是传导电流。有实心和绞合之分。材料有铜、铝、银、铜包钢、铝包钢等，主要用的是铜与铝，铜的导电性能比铝要好很多。

（2）绝缘层。绝缘层包覆在导体外，其作用是隔绝导体，承受相应的电压，防止电流泄漏。

绝缘材料有多种多样，如聚氯乙烯（PVC）、聚乙烯（PE）、交联聚乙烯（XLPE）、橡皮（橡皮材质的种类较多，有丁腈橡胶、氯丁橡胶、丁苯橡胶、乙丙橡胶等）、氟塑料、尼龙、绝缘纸等。这些材料最主要的性能就是绝缘性能要好，其他的性能要求根据电缆使用要求各有不同，有的要求介电系数要小，以减少损耗，有的要求有阻燃性能或能耐高温，有的要求电缆在燃烧时不会或少产生浓烟或有害气体，有的要求能耐油、耐腐蚀，有的则要求柔软等。

（3）内护层。内护层作用是保护绝缘线芯不被铠装层或屏蔽层损伤。内护层有挤包、绕包和纵包等几种形式。对要求高的采用挤包形式，要求低的采用绕包或纵包形式。

（4）铠装层。铠装层作用是保护电缆不被外力损伤。最常见的是钢带铠装与钢丝铠装，还有铝带铠装、不锈钢带铠装等。钢带铠装主要作用是抗压用，钢丝铠装主要是抗拉用。根据电缆的大小，铠装用的钢带厚度是不一样的，这在各电缆标准中都有规定。

（5）填充层。填充层的作用主要是让电缆圆整、结构稳定，有些电缆的填充物还起到阻水、耐火等作用。主要的材料有聚丙烯绳、玻璃纤维绳、石棉绳、橡皮等，种类很多，但有一个主要的性能要求是非吸湿性材料，并且还不能导电。

（6）外护层。外护层在电缆最外层起保护作用的部件。主要有 3 种类型：塑料类、橡皮类及金属类。其中塑料类最常用的是聚氯乙烯塑料、聚乙烯塑料。还可根据电缆特性分为阻燃型、低烟低卤型和低烟无卤型等。

（7）其他结构层。

1）耐火层。只有耐火型电缆有此结构。其作用是在火灾中电缆能经受一定燃烧，给人们逃生时多一些用电的时间。现在使用的材料主要是云母带。火灾中，电缆会很快燃烧，因云母带的云母片耐高温，且又有绝缘作用，在火灾中能保护导体运行一定的时间。

2）屏蔽层。屏蔽层在绝缘层外，外护层内，其作用是限制电场和电磁干扰。对于不同类型的电缆，屏蔽材料也不相同，主要有铜丝编织、铜丝缠绕、铝丝（铝合金丝）编织、铜带、铝箔、铝（钢）塑带、钢带等绕包或纵包等。

8.2.6.2　常用供配电设备

供配电设备主要有变压器、高压配电装置和低压配电装置。

1. 变压器

变压器（图 8.15），简单说就是用来改变电压的设备。改变后的电压如果高于改变前的电压，则称为升压变压器，反之称为降压变压器。

由于变压器在正常工作时都会放热，所以，需要在变压器上放置冷却装置，按照冷却方式不同，可以把变压器分为油浸式变压器和干式变压器。油浸式变压器常用在独立建筑的变配电所或户外安装，干式变压器常用在高层建筑内的变配电所。

箱式变压器（通常简称"箱变"）将传统变压器集中设计在箱式壳体中，具有体积小、重量轻、低噪声、低损耗和高可靠性的特点，广泛应用于住宅小区、商业中心、轻站、机场、厂矿、企业、医院及学校等场所，如图 8.16 所示。

（a）油浸式变压器　　　（b）干式变压器

图8.15　变压器

图8.16　箱式变压器

　　箱式变压器并不只是变压器，它相当于一个小型变电站，属于配电站，直接向用户提供电源。包括高压室，变压器室，低压室；高压室就是电源侧，一般是35kV或者10kV进线，包括高压母排、断路器或者熔断器、电压互感器、避雷器等，变压室里都是变压器，是箱式变压器的主要设备，低压室里面有低压母排、低压断路器、计量装置、避雷器等，从低压母排上引出线路对用户供电。

　　2. 高压设备

　　（1）高压断路器。高压断路器（图8.17）是一种开关电器，不仅能够接通和断开正常负荷的电流，还能在保护装置的作用下自动跳闸，切除故障电流。由于电路中电流较大，在断开电路的时候，会有电弧产生（晚上关灯的时候，有时候可以看到开关里有火花产生，高压电所产生的电火花更大），所以高压断路器里会安装灭弧装置，灭弧装置会把开关的触头挡住，致使高压断路器无可见触头，一般高压断路器经常和高压隔离开关配合使用。

　　高压断路器按其采用的灭弧装置可分为油断路器、空气断路器、六氟化硫断路器及真空断路器等。

　　（2）高压隔离开关（图8.18）。在对设备和线路进行检修时，为了保证人员和设备的安

图8.17　高压断路器

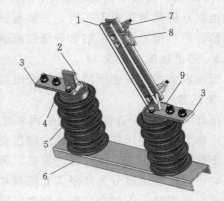

图8.18　高压隔离开关

1—触刀片；2—锁扣板；3—触头座；4—缓冲纸垫；
5—绝缘子；6—槽钢；7—触头弹簧；8—锁扣装置；
9—分闸限位板

全需要电路中有一个明显的断开点，高压隔离开关就起到这样一个作用，把设备和线路同带电线路隔离开。隔离开关没有设置灭弧装置，所以不能在线路中带负荷操作，否则可能会造成严重的事故。

（3）高压熔断器（图 8.19）。熔断器主要由金属熔体（熔件）、支持熔体的载流部分（触头）和外壳（熔管）等组成。有些熔断器内还装有特殊的灭弧介质，如产气纤维管、石英砂等用来熄灭熔件熔断时形成的电弧。

熔断器的工作原理是熔断器串联接入被保护电路中，在正常工作情况下，由于通过熔体的电流较小，熔体温度虽然上升，但不会熔化，电路可靠接通；当电路发生过负荷或短路，电流增大时，熔体温度上升超过熔点而熔断并迅速熄灭电弧，切断电路。

（4）高压负荷开关（图 8.20）。高压负荷开关是一个开关器件，主要用在高压线路中，负责接通和断开正常工作的负荷电流，但由于灭弧能力不强，故不能切断断路电流，必须和高压熔断器串联使用，由熔断器切断电路电流。

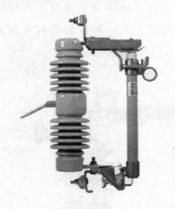

图 8.19　高压熔断器

图 8.20　高压负荷开关

（5）高压开关柜（图 8.21）。高压开关柜是按照一定的接线方案将有关的一次、二次设备组装而成的一种高压成套配电装置。高压开关柜里面的设备可以进行不同的组合，所以可以组成几十种主接线方式。

（a）固定式

（b）手车式

图 8.21　高压开关柜

高压开关柜有固定式和手车式两大类。固定式高压开关柜中所有的电器都是固定安装、固定接线，具有简单、经济的特点，故应用广泛。而手车式高压开关柜的优势在于主要设备可以拉出柜外，同时推入备用设备，从而提高了开关柜的安全性和可靠性，缺点是价格较贵。

3. 低压设备

（1）低压断路器。低压断路器（图 8.22）也称空气开关或自动空气开关，它是一种用于低压线路的开关设备，具有良好的灭弧装置，能够在电流或电压超过额定值时自动切断线路，起到保护线路和设备的作用。

由于它既可以作为开关，又能够保护线路，而且在断开线路时没有其他损耗（熔断器断开线路后，需要更换熔断丝），因此渐渐地取代了闸刀开关和熔断器的组合，广泛应用于现代的建筑电气中。

（2）低压隔离开关（图 8.23）。在安装或检修时，为了保证线路和设备绝对不带电，要在低压线路中安装隔离开关，以达到线路和设备隔离的目的。由于其触点可见，所以很容易判断线路是闭合还是断开，方便线路安装和维修。低压隔离开关一般安装在配电柜或配电箱内，起到保护人员和设备安全的作用。

图 8.22 低压断路器　　　　　　　　　图 8.23 低压隔离开关

（3）低压负荷开关。低压负荷开关是使用在低压线路中，可以带负荷操作的开关器件。它可以切断有设备正在运行的线路，也可以在短路时断开线路。

低压负荷开关分为胶盖闸刀开关［图 8.24（a）］和铁壳开关［图 8.24（b）］两种。胶盖闸刀开关一般多用于临时线路（如建筑工地的供电）。铁壳开关外部是一个坚固的铁外壳。为了安全起见，开关手柄与箱盖有连锁机构，开关合闸后，铁壳盖不能打开，所以其安全性相对较高。

（4）低压熔断器。低压熔断器是常用的一种简单的保护电器，与高压熔断器一样，主要用于短路保护，在一定条件下也可以起过负荷保护的作用。其工作原理同高压熔断器一样，当线路中出现故障时通过的电流大于规定值，熔体产生过量的热而被熔断，电路由此被分断。

低压熔断器的种类很多，按结构形式来划分，RC 系列瓷插式熔断器、RL 系列螺旋式熔断器、有 RM 系列无填料密封管式熔断器和 RT 系列有填料密封管式熔断器，如图 8.25 所示。此外还有引进技术生产的有填料管式 gF 系列、aM 系列以及高分断能力的 NT 系列等。

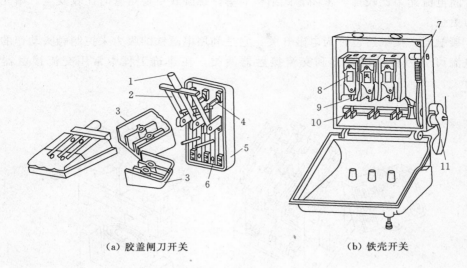

（a）胶盖闸刀开关　　　　　　　　（b）铁壳开关

图 8.24　低压负荷开关

1—瓷手柄；2—动触头；3—胶盖；4—静触头；5—瓷底座；6—出线座；7—连段弹簧；

8—熔断器；9—夹座；10—闸刀；11—手柄

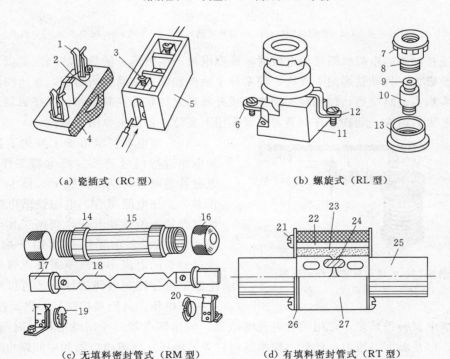

（a）瓷插式（RC 型）　　　　　　（b）螺旋式（RL 型）

（c）无填料密封管式（RM 型）　　（d）有填料密封管式（RT 型）

图 8.25　低压熔断器

1—动触头；2—熔丝；3—静触头；4—瓷座；5—瓷盖；6—底座；7—瓷帽；8—金属管；9—色片；10—熔丝管；

11—上接线端；12—下线接端；13—瓷套；14—黄铜圈；15—纤维管；16—黄铜帽；17—刀座；

18—特种垫圈；19—熔管；20—刀形接触片；21—指示器熔丝；22—指示器；23—盖板；

24—瓷管；25—闸刀；26—石英砂；27—熔体

瓷插式灭弧能力差，只是在故障电流较小的线路末端使用。其他几种类型的熔断器均有灭弧措施，分断电流能力比较强，密闭管式结构简单，螺旋式更换熔管时比较安全，填充料式的断流能力更强。

（5）接触器。接触器也称为电磁开关，它是利用电磁铁的吸力来控制触头动作的。接触器按其电流可分为直流接触器和交流接触器两类，在建筑工程中常用交流接触器，如图8.26所示。

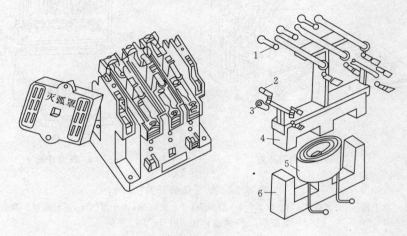

图8.26　交流接触器

1—常开主触点；2—常闭辅助触点；3—常开辅助触点；4—衔铁；5—吸引线圈；6—铁芯

当交流接触器的电磁线圈接通电源时，线圈电流产生磁场，使静铁芯产生足以克服弹簧反作用力的吸力，将动铁芯向下吸合，使常开主触头和常开辅助触头闭合，常闭辅助触头断开。主触头将主电路接通，辅助触头则接通或分断与之相联的控制电路。当接触器线圈断电时，静铁芯吸力消失，动铁芯在弹簧力的反作用下复位，各触头也随之复位。

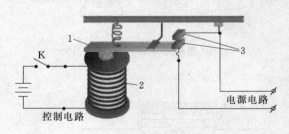

图8.27　电磁继电器工作原理图

1—衔铁；2—电磁铁；3—触点

（6）继电器。继电器主要用于控制与保护电路进行信号转换。继电器工作原理是：电磁铁通电时，把衔铁吸下来使上下两触点接触，工作电路闭合。电磁铁断电时失去磁性，弹簧把衔铁拉起来，切断工作电路，如图8.27所示。由于继电器用于控制电路，流过触头的电流小，故不需要灭弧装置。用电磁继电器控制电路的好处是可以用低电压控制高电压，远距离控制且可自动控制。

控制继电器种类繁多，常用的有电流继电器、电压继电器、中间继电器、时间继电器、热继电器，以及温度、压力、计数、频率继电器等。电压、电流继电器和中间继电器属于电磁式继电器。其结构、工作原理与接触器相似，由电磁系统、触头系统和释放弹簧等组成。

（7）漏电保护器［图8.28（a）］。漏电保护器可以防止线路漏电。其工作原理是单相漏保时，火线流向零线，那么火线电流便等于零线电流，当火线漏电时，有一部分电流通过火线漏电流向了大地，那么这时火线的电流便不等于零线电流，当这个误差大于漏电保护的动作值时，漏电保护器就会自动切断线路 [图 8.28（b）]；三相漏电保护时，漏电保护器有一根地线接在用电器上，当电器出现漏电时，漏电流就会顺着地线流向漏电保护器，那么漏电保护器检测到这个电流的大小，超过漏保动作值，就会自动切断电路。

（a）单相漏电保护器

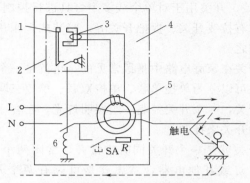

（b）单相漏电保护器工作原理图

图 8.28　单相漏电保护器

1—衔铁；2—脱扣器；3—电磁铁；4—漏电开关；5—零序电流互感器；6—弹簧

（8）低压配电柜。低压开关柜是按照一定的接线方案将有关的一次、二次设备组装而成的一种低压成套配电装置。一般用在低压照明和动力配电中，起到配电作用。

低压配电柜根据断路器是否可以抽出，分为固定式和抽出式两种。

（9）配电盘。在整个建筑内部的公共场所和房间内大量设置有配电盘，其内装有所管范围内的全部用电设备的控制和保护设备，其作用是接受和分配电能。

各层配电盘的位置应在多层建筑中相同的平面位置处，以利于配线和维护，且设置在操作维护方便、干燥通风、采光良好处，并注意不要影响建筑美观和结构合理的配合。

（10）电表柜。在建筑供配电系统中，通常将同个楼层的电表及支路开关集中安装在同一个箱柜内，即电表柜（箱），如图 8.29 所示。

电表柜（箱）内的主要设备是电能表，简称电表，如图 8.30 所示。电能表是用来测量电能的仪表，又称电度表、火表、千瓦时表。

图 8.29　电表箱

图 8.30　电能表

电能表在用电管理中是不可缺少的，凡是计量用电的地方均应设电能表。目前应用较多的是感应式电能表，它是利用固定的交流磁场与由该磁场在可动部分的导体中所感应的电流之间的作用力而工作的，主要由驱动元件（电压元件和电流元件）、转动元件（铝盘）、制动元件（制动磁铁）和积算元件等组成。

（11）照明灯具开关和插座。

1）开关。开关用于对单个或多个灯具进行控制。根据安装形式分为明装式和暗装式两种。明装式有拉线开关、扳把开关等；暗装式多采用跷板式开关，翘板式又有单极和多极、单控和双控之分。

单控开关在家庭电路中是最常见的，也就是一个开关控制一件或多件电器，根据所联电器的数量又可以分为单控单联、单控双联、单控三联、单控四联等多种形式。如厨房使用单控单联的开关，一个开关控制一组照明灯光。在客厅可能会安装 3 个射灯，那么可以用一个单控三联的开关来控制。

双控开关就是一个开关同时带常开、常闭两个触点（即为一对）。通常用两个双控开关控制一个灯或其他电器，意思就是可以有两个开关来控制灯具等电器的开关，比如，在下楼时打开开关，到楼上后关闭开关。如果是采取传统的开关的话，想要把灯关上，就要跑下楼去关，采用双控开关，就可以避免这个麻烦。另外双控开关还用于控制应急照明回路需要强制点燃的灯具，双控开关中的两端接双电源，一端接灯具，即一个开关控制一个灯具。

2）插座。在生活、工作及某些生产场所，需要对大量的小型移动电器供电，对这类电器的供电一般采用电源面板插座。一般插座是长期带电的，在设计和使用时要注意。插座根据线路的明敷设和暗敷设的要求，也有明装式和暗装式两种。插座按所接电源相数分三相和三相两类，如图 8.31 所示。单相插座按孔数可分为二孔、三孔。二孔插座的左边是零线、右边是相线；三孔也一样，只是中间孔接保护线。

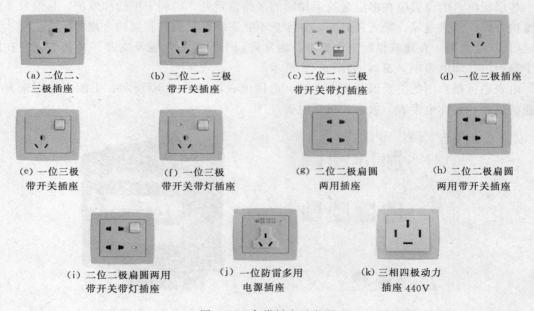

（a）二位二、三极插座	（b）二位二、三极带开关插座	（c）二位二、三极带开关带灯插座	（d）一位三极插座
（e）一位三极带开关插座	（f）一位三极带开关带灯插座	（g）二位二极扁圆两用插座	（h）二位二极扁圆两用带开关插座
（i）二位二极扁圆两用带开关带灯插座	（j）一位防雷多用电源插座	（k）三相四极动力插座 440V	

图 8.31　各类插座示意图

开关、插座安装必须牢固，接线要正确，容量要合适。它们是电路的重要设备，直接关系到安全用电和供电。

8.2.7　建筑低压配电系统

8.2.7.1　照明配电系统

照明配电系统的特点是按建筑物的布局选择若干配电点，一般情况下，在建筑物形成的每个沉降与伸缩区内设 1~2 个配电点，其位置应使照明支路线路的长度不超过 40m，如条件允许最好将配电点选在负荷中心。

建筑物为平房时，一般按所选的配电点连接成树干式配电系统。

当建筑物为多层楼房时，可在底层设进线电源配电箱或总配电室，其内设置可切断整个建筑照明供电的总开关和 3 只单相电度表，作为紧急事故或维护干线时切断总电源和计量建筑用电时使用。建筑的每层均设置照明分配配电箱，设置分配电箱时要做到三相负荷基本平衡。分配电箱内设照明支路开关及便于切断各支路电源的总开关，考虑短路和过流保护均采用空气开关或熔断器，并要考虑设置漏电保护装置。每个支路开关应注明负荷容量、计算电流、相别及照明负荷的所在区域。当支路开关不多于 3 个时，也可不设总开关。

如图 8.32 所示为某公寓楼宿舍内的照明配电箱配电系统。配电箱进线引至底层配电柜，经宿舍配电箱后引出 4 条支路，分别是照明、插座、热水器、空调支路。

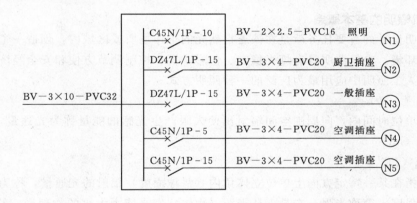

图 8.32　某公寓楼宿舍内的照明配电箱配电系统

以上所述为一般照明的配电系统，当有事故照明时，需与一般照明的配电分开，另按消防要求自成系统。

8.2.7.2　动力配电系统

动力负荷的电价为两种，即非工业电力电价及照明电价。动力负荷的使用性质分为多种，如建筑设备（电梯和自动门）、建筑设备机械（水泵和通风机等）、各种专业设备（炊事、医疗和实验设备等）。动力负荷的配电需按电价、使用性质归类，按容量及方位分线路。对集中负荷采取放射式配电干线；对分散负荷采用树干式配电，依次连接各个动力负荷配电盘。

多层建筑物当各层均有动力负荷时，宜在每个伸缩沉降区的中心各层设置动力配电点，并设分总开关作为检修或紧急事故切断电源用。电梯设备的配电，一般直接由总配电装置引至屋顶机房。如图 8.33 所示为某动力控制中心的配电系统。

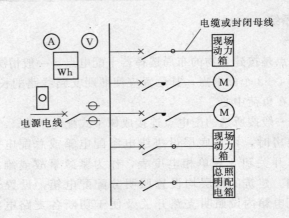

图 8.33　某动力控制中心的配电系统
A—额定电流表；V—额定电压表；M—电动机；Wh—电能表

8.3　电气照明系统

8.3.1　电气照明的基本概念

电气照明设计的首要任务就是在缺乏自然光的工作场所或区域内，创造一个适宜于进行视觉工作的环境。电气照明具有灯光稳定、色彩丰富、控制调节方便和安全经济等优点，因而成为现代人工照明中应用最为广泛的一种照明方式。

1. 光通量（Φ）

光源在单位时间内，向周围空间辐射出使人眼产生光感的能量称为光通量，符号为 Φ，单位为流明（lm）。

2. 光强（I）

光源是指在某一特定方向上单位立体角内（每球面度）辐射的光通量，称为光源在该方向上的发光强度，简称光强。它是表征光源（物体）发光能力大小的物理量，符号为 I，单位为坎德拉（cd）。

3. 照度（E）

当光通量投射到物体表面时，即可把物体表面照亮，因此对于被照面，常用落在它上面的光通量多少来衡量它被照射的程度。照度就是受照物体表面单位面积投射的光通量，称为照度，符号为 E，单位为勒克斯（lx）。

4. 亮度（L）

被视物体表面在某一视线方向或给定方向单位投影面上的发射或反射的光强称为亮度，用符号 L 表示，单位为尼特（nt）或坎德拉每平方米（cd/m^2）。

5. 色温（K）

当光源的发光颜色与黑体（能吸收全部光能的物体）加热到某一个温度所发出的光的颜色相同时，称该温度为光源的颜色温度，简称色温，用符号 K 表示，单位为开尔文（K）。

6. 色表

观察光源本身给人的颜色印象。根据色温的大小可以将光源色表分为 3 类：暖色、中间色和冷色。

7. 显色性、显色指数（Ra）

同一颜色的物体在具有不同光谱功率分布的光源照射下，会显示出不同的颜色。显色性是指在某种光源照射下，与作为标准光源的照明相比，各种颜色在视觉上的失真程度，用显色指数 Ra 来表示。一般将日光作为标准光源，显色指数定义为 100。不同光源的显色性不同，显色指数越高，显色性越好，被照物体颜色的失真程度越小，越接近物体本身颜色。

8. 反射比（ρ）

当光通量 Φ 投射到被照物体表面时，一部分光通量从物体表面反射回去，一部分光通量被物体所吸收，而余下的一部分光通量则透过物体。这就是在相同照度下，不同物体有不同亮度的原因。

9. 光源的发光效能

发光效率是指光源所发出的光通量与光源所消耗的电功率的比值，单位为 lm/W。

8.3.2 照明方式和种类

8.3.2.1 照明方式

照明方式有以下几种。

（1）整体照明。为照亮整个场地，照度基本上均匀的照明。对于工作位置密度很大而对光照方向又无特殊要求，或受工艺技术条件限制不适合装设局部照明的，宜采用整体照明。

（2）局部照明。局限于工作部位的固定或移动的照明。局部照明只能照射有限面积，对于局部地点需要高照度时或对照射方向有要求时可装设局部照明。

（3）混合照明。由整体照明与局部照明共同组成的照明。是在整体照明的基础之上再加局部照明，有利于节约能源。混合照明在现代室内照明设计上应用非常普遍，如商场、展览馆和医院等。

8.3.2.2 照明种类

照明按功能可分成以下几类。

（1）工作照明。正常工作时使用的室内外、值班照明同时使用，但控制线路必须分开。

（2）事故照明。当工作照明由于电气事故而断电后，为了继续工作或从房间内疏散人员而设置的照明。

（3）值班照明。在非生产时间内为了保护建筑物及生产的安全，供值班人员使用的照明。

（4）障碍照明。装设在建筑物上作为障碍标志用的照明。

（5）装饰照明。装饰照明是为美化和装饰某一特定空间而设置的照明。

（6）艺术照明。艺术照明是通过运用不同的灯具、不同的投光角度和不同的光色制造出一种特定空间气氛的照明。

8.3.3 电光源

8.3.3.1 电光源的分类

光源根据发光的原理不同，可以大致分成 3 种方式，即热辐射发光、气体放电发光和场致发光。在照明设计中，与之对应的有 3 种不同光源发光原理的工作原理，可分为 3 大类：

（1）第一类为热辐射光源。物体被加热而发光，包括燃烧发光。主要有白炽灯和卤钨灯。

（2）第二类为气体放电发光。放电是在电场作用下，载流子在气体（或蒸气）中产生和运动，而使电流通过气体（或蒸气）的过程。这个过程导致光的发射，可作为光源，即放电光源。这种光源具有发光效率高、使用寿命长等特点，很有发展前途。

按放电形式可分为：

1）弧光放电灯。是由弧光放电产生光，进一步细分为低压放电光源和高压放电光源。前者主要有荧光灯和低压钠灯，后者主要有高压汞灯、金属卤化物灯和高压钠灯。

2）辉光放电灯。这种灯由辉光放电产生光。放电要有阳极和阴极。放电时，阴极温度不高，但要有足够的电子发射，又叫冷阴极灯。主要有霓虹灯和气灯。

（3）第三类为场致发光和激光，主要指 LED 光源和激光。

场致发光是将电能直接转换为光能的发光现象，由于场致发光是在电场激发下产生的，通常将场致发光称为电致发光。

8.3.3.2 常见电光源

常见的电光源如下。

1. 白炽灯

（1）白炽灯的构造。白炽灯的构造如图 8.34 所示，它主要由玻璃壳、灯丝、玻璃支架、引线和灯头（卡扣、螺口）组成。灯丝一般都用钨丝制成。

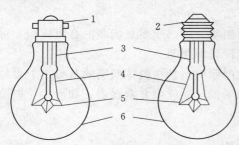

图 8.34　白炽灯的构造示意图
1—卡扣；2—螺口；3—玻璃支架；
4—引线；5—灯丝；6—玻璃壳

（2）白炽灯的工作原理。白炽灯的发光原理就是当钨丝通过电流时，产生大量的热，使灯丝温度升高到白炽的程度而发光。

（3）白炽灯的特点。白炽灯具有显色性好，结构简单，使用灵活，能瞬时点燃，无频闪现象，可调光，可在任意位置点燃，价格便宜等特点。因其极大部分辐射为红外线，故光效最低；由于灯丝的蒸发很快，所以寿命也较短，一般白炽灯的平均寿命为 1000h。

白炽灯丝亮度很高，这样的亮度能够造成眩光。为了减少灯泡的表面亮度，有些灯泡其玻璃壳用磨砂玻璃或乳白玻璃制造。

（4）白炽灯的应用。白炽灯使用时受环境影响很小，因而应用很广泛，通常用于日常生活照明、工矿企业照明、剧场、宾馆、商店、酒吧等地方，特别是在需要直射光束的场合。

2. 卤钨灯

卤钨灯除在灯泡内充入惰性气体外还充入有少量的卤族元素（氟、氯、溴、碘），这样对防止玻壳黑化具有较高的效能。

（1）卤钨灯的结构。卤钨灯是由钨丝、充入卤素的玻璃泡和灯头等构成。卤钨灯有双端、单端之分，如图 8.35 所示为常见卤钨灯的结构示意图。

为了使管壁处生成的卤化物处于气态，管壁温度要比普通白炽灯高得多，相应地卤钨灯的玻壳尺寸就要小得多，温度也高得多，因而必须使用耐高温石英玻璃或高硅氧

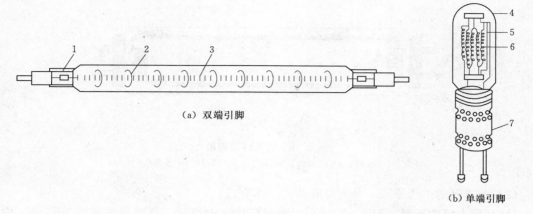

图 8.35 卤钨灯
1—铝箔；2—支架；3—灯丝；4—石英玻璃罩；5—金属支架；6—排丝状灯丝；7—散热罩

玻璃。

（2）卤钨灯的工作原理。白炽灯的钨丝在热辐射过程中蒸发并附着在灯泡内壁，使灯泡射出的光通量愈来愈低。为了减缓这种进程，通常在灯泡内充以惰性气体以抑制钨丝的蒸发。如果在玻壳内所充填的惰性气体另加入微量的卤素物质，利用卤钨的再生循环作用，被蒸发的钨与卤素结合成卤化钨，因灯管内壁具有很高的温度而不能附着其上，通过扩散或对流到高温的灯丝附近又被分解为卤素和钨，其中钨吸附在灯丝表面，卤素又和蒸发出来的钨反应，防止管壁发黑。

灯管所充的卤素为碘或溴。溴比碘的化学性活泼，所以清洁管壁的效果更好。溴乃无色透明，故溴钨灯较碘钨灯的光效高，色温也有所提高。

（3）卤钨灯的特点。由于卤钨循环作用，而能防止管壁发黑，改进了灯的工作特性，使灯的光效比普通白炽灯有显著的提高（约为 $18\sim211\mathrm{m/W}$）。由于卤钨灯的充气压力比普通白炽灯高，所以寿命指数较低，并且容易受震动、冲击而产生机械断丝。显色性好，一般显色指数为 $Ra=97$，色温为 $3000\sim3200K$。

（4）卤钨灯的应用。由于卤钨灯与白炽灯相比，具有光效高、体积小、便于控制且具有良好的色温和显色性、寿命长、输出光通量稳定、输出功率大等优点，所以在各个照明领域中都具有广泛的应用，尤其是被广泛地应用在大面积照明与定向投影照明场合，如建筑工地施工照明，展厅、广场、舞台、影视照明和商店橱窗照明及较大区域的泛光照明等。

3. 荧光灯

荧光灯属于放电光源，是靠低压汞蒸气放电，利用放电过程中的电致发光和荧光质的光致发光，形成光源。

荧光灯按其荧光粉的不同可分为：日光色（6500K），与微阴的天空光相似；白色（4500K）与日出 2h 后的太阳直射光相似；暖白色（3000K），与白炽灯光接近。按外形不同可分为直管形、环形和 U 形。

（1）荧光灯的结构。常见的普通荧光灯是圆形截面的直长玻璃管子。在管子两端各放一个电极。荧光灯接线的典型结构如图 8.36 所示。

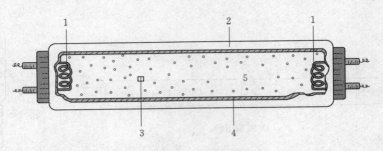

图 8.36　荧光灯结构图

1—电极；2—玻璃管；3—原子；4—磷层；5—汞蒸气

（2）荧光灯的工作原理。荧光灯有两种工作方式：

1）利用电感镇流器［图 8.37（b）］。荧光灯接通电源时，启辉器［图 8.37（a）］内的双金属片产生辉光放电，玻璃泡内的温度骤然升高，同时双金属片因放电被加热膨胀而发热变形，当双金属片与固定触点接触时，电路被接通，玻管内的汞热气外加电压作用下产生弧光放电时发出大量的紫外线和少许的可见光，再靠紫外线激励涂覆在灯管内壁的荧光粉，从而发出可见光束，如图 8.38（a）所示接线图。

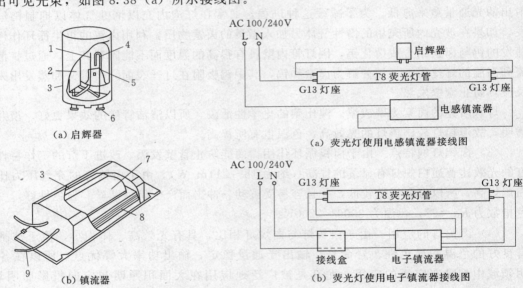

（a）启辉器

（b）镇流器

图 8.37　启辉器和镇流器

1—静触头；2—电容器；3—外壳；4—双金属片；

5—玻璃壳内充惰性气体；6—电极；

7—线圈；8—铁芯

（a）荧光灯使用电感镇流器接线图

（b）荧光灯使用电子镇流器接线图

图 8.38　荧光灯接线图

2）利用电子镇流器。电子镇流器省略了启辉器。因为它在加电的瞬时依靠电容上的充放电，可以给灯管一个瞬时高电压（约千伏左右，使得灯管内的汞蒸气导通）。灯管导通后，又能利用电容和限流作用使得灯管不会过流。并且，它的电子整流电路有很高的效率，能够使灯管在高频下工作，不但消除了闪烁，也提高了功率因数及电压适应范围，如图 8.38（b）所示接线图。

（3）荧光灯的特性。荧光灯具有结构简单、表面温度低、光效高、寿命长、显色性较好、价格便宜等特点，它的发光效率比白炽灯高 3 倍，寿命可达 3000h。但是荧光灯在低温或者高温环境下启动困难，另外荧光灯由于有镇流器，功率因数较低，受电网电压影响很大，如果电网电压偏移太大，会影响光效和寿命，甚至不能启动。

（4）荧光灯的应用。荧光灯具有良好的显色性和光效，因此被广泛用于进行精细工作、照度要求高或进行长时间紧张视力工作的场所。

荧光灯的额定寿命是指每开关一次燃点 3h 而言。开关频繁时，使灯丝所涂发射物质很快耗尽，缩短了灯管的使用寿命，因此它不适宜用于开关频繁的场所。

4. 高压汞灯

高压汞灯又名高压水银灯，它是靠高压汞蒸气放电而发光。这里所说的"高压"是指工作状态下的气体压力为 1～5 个 Pa，以区别于一般低压荧光灯。与白炽灯相比，高压汞灯的优点是光效高、寿命长、省电、耐震。

（1）高压汞灯的构造。高压汞灯主要由灯头、石英密封电弧管和玻璃泡壳组成。高压汞灯的结构分外镇流高压汞灯和自镇流高压汞灯两种。自镇流高压汞灯的构造如图 8.39 所示。

（2）高压汞灯的工作原理。高压汞灯的放电管又细又短、只有人的手指大小、内装高压汞蒸气，放电管外面有一棉球形的荧光泡壳。通电后放电管产生很强的可见光和紫外线，紫外线照射在荧光泡壳上，发出大量可见光。高压汞灯工作时，电流通过高压汞蒸气，使之电离激发，形成放电管中电子、原子和离子间的碰撞而发光。

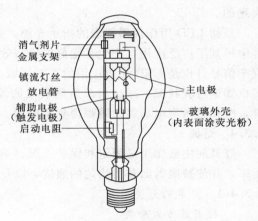

图 8.39　自镇流高压汞灯的结构

（3）高压汞灯的特性。高压汞灯具有光效高、耐震、耐热、寿命长等优点，其有效寿命可达 5000h，如果开关频繁则寿命缩短，但是存在尺寸较大、显色性差、不能瞬间点燃、受电压波动影响大等缺点。高压汞灯的光色为淡蓝-绿色，缺乏红色成分。

（4）高压汞灯的应用。高压汞灯启动时间较长，不宜于作室内照明光源，也不能单独作为事故照明光源。多用于车间、礼堂、展览馆等室内照明，或道路、广场的室外照明。

5. 其他常用灯

（1）氙灯。氙灯也是一种弧光放电灯。它具有功率大、光色好、体积小、亮度高、启动方便等优点，被称为"小太阳"。

氙气灯指内部充满包括氙气在内的惰性气体混合体，没有卤素灯所具有的灯丝的高压气体放电灯，简称 HID 氙气灯，可称为重金属灯或氙气灯，其发光原理是通过启动器和电子镇流器，在两个电极之间形成电弧并发光。氙气灯的发光原理是在抗紫外线水晶石英玻璃管内，以多种化学气体充填，其中大部分为氙气与碘化物等，利用精密的镇流器瞬间产生交流23kV 以上高压电，经过高压振幅激发石英管内的氙气电子游离，在两电极之间产生光源，这就是所谓的气体放电。由氙气所产生的白色超强电弧光，可提高光线色温值，类似白昼的太阳光芒，HID 工作时所需的电流量仅为 3.5A，亮度是传统卤素灯泡的 3 倍，使用寿命比传统卤素灯泡长 10 倍。

氙气灯的英文简称是 HID 气体放电灯，其最早应用于航空运输上。市面上应用比较广泛的氙气灯有两个类目，一个是汽车照明，另一个是摩托照明。氙气灯由于技术含量较高，所以其价格比普通的卤素灯和白炽灯都高。

（2）LED 灯。LED 的心脏是一块半导体的晶片，晶片的一端附在一个支架上，另一端连接到电源的正极，使整个晶片被环氧树脂封装起来。半导体晶片由两部分组成，一部分是 P 型半导体，在其中空穴占主导地位；另一部分是 N 型半导体，主要是电子。但这两种半导体连接起来的时候，它们之间就形成一个 P-N 结。当电流通过导线作用于这个晶片的时候，电子就会被推向 P 区，在 P 区里电子跟空穴复合，然后就会以光子的形式发出能量，这就是 LED 灯发光的原理。而光的波长也就是光的颜色，是由形成 P-N 结的材料决定的。

最初 LED 用作仪器仪表的指示光源，后来各种光色的 LED 在交通信号灯和大面积显示屏中得到了广泛应用，产生了很好的经济效益和社会效益。LED 在建筑室内也越来越普及。汽车信号灯也是 LED 光源应用的重要领域，由于 LED 响应速度快，可以及早让尾随车辆的司机知道行驶状况，减少汽车追尾事故的发生。另外，LED 灯在室外红、绿、蓝全彩显示屏，匙扣式微型电筒等领域都得到了应用。

8.3.4　灯具

灯具的主要作用是固定和保护光源，重新分配光源发出光通量，提高电光源光通量的利用率，并使被照射面获得均匀的照度，以及防止和减少眩光，装饰和美化环境等。

8.3.4.1　灯具的分类

1. 按安装方式分类

按安装方式可分为悬吊式、吸顶式、壁式、嵌入式、半嵌入式、落地式、台式、庭院式及道路广场式，如图 8.40 所示。

2. 按灯具用途分类

（1）实用照明灯具。实用照明灯具指符合高效率和低眩光的要求，以照明功能为主的灯具。

（2）应急照明灯具。应急照明灯具指公共场所设置的火灾事故及其他危险情况下用于应急和疏散诱导指示照明的灯具。

（3）障碍照明灯具。障碍照明灯具指为了保证飞机在空中飞行的安全或船只在水运航道中航行的安全，在高建筑物或构筑物的顶端或水运航道的两边设置的障碍照明灯具。

（4）装饰照明灯。灯具以装饰照明为主，一般由装饰性零部件围绕着电光源组合而成，具有优美的造型和华丽的外表，能起到美化环境或制造特殊氛围的效果。

3. 按灯具结构形式分类

（1）开启型灯具。灯具是敞口的或无罩的，光源与外界环境直接相通，如图 8.41（a）所示。

（2）闭合型灯具。具有闭合的透光罩，但内外仍能自由通气，尘埃易进入透光罩内，如

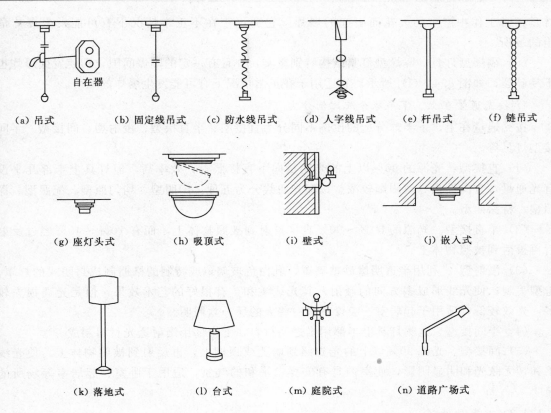

图 8.40 灯具的安装方式

图 8.41（b）所示。常作为天棚灯和庭院灯。

（3）密闭型灯具。透光罩在密闭处加以密封，将灯具内电光源与外界隔绝，内外空气不能流通，如图 8.41（c）所示。可作为需要防潮、防水和防尘场所照明灯具。

（4）防爆型灯具。符合《防爆型电气设备制造检验规程》（GB 1336—1977），能安全地在有爆炸危险的场所中使用，如图 8.41（d）所示。

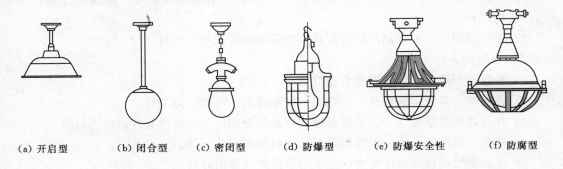

图 8.41 照明灯具按结构形式分类

（5）安全型灯具。透光罩将灯具内外隔绝，在任何条件下，不会因灯具引起爆炸危险，如图 8.41（e）所示。这种灯具使周围环境中的爆炸气体不能进入灯具内部，可避免灯具正常工作中产生的火花而引起的爆炸。它适用于在不正常情况下有可能发生爆炸危险的场所。

（6）隔爆型灯具。隔爆型灯具结构特别坚实，并且有一定的隔爆间隙，即使发生爆炸也不易破裂，如图8.41（f）所示。它适用于在正常情况下有可能发生爆炸的场所。

4. 按光通量在上、下半球分配比例分类

按光通量在上、下半球分配的比例不同分为直接型、半直接型、漫射型、间接型、半间接型灯具等。

（1）直接型：光源的90％以上的光通量向下直接照射，效率高，但灯具上半部几乎没有光通量，方向性强导致阴影较浓。按配光曲线分为五种：广照型、均匀照型、配照型、深照型、特深照型。

（2）半直接型。光源的60％～90％直接投射到被照物体上，而有10％～40％经过反射后再投射到被照物体上。

（3）漫射型。利用半透明磨砂玻璃罩、乳白色玻璃罩或特制的格栅制成封闭式的灯罩，造型美观，使光线形成多方向的漫射，其光线柔和，有很好的艺术效果，但是光通损失较多，光效较低，适用于起居室、会议室和一些大的厅、堂照明。

（4）半间接型。这类灯具上半部用半透明材料，下半部用漫射透光材料制成。

（5）间接型。光源90％以上的光先照到墙上或顶棚上，再反射到被照物体上，使光线柔和，无眩光和明显阴影，使室内具有安详、平和的气氛，适用于卧室、起居室等场所的照明。

8.3.4.2 灯具的选择

照明灯具的选择是照明系统安装的基本内容之一，应考虑按以下几方面进行选择：

1. 电光源的选择

电光源的种类选择应考虑照明的要求和使用的环境条件以及电光源的特点。

2. 按配光曲线选择灯具

（1）一般生活和工作场所，可选择直接型、半直接型、漫射型及荧光灯具。

（2）在高大建筑物内，灯具安装高度在4～6m时，宜采用深照型、配照型灯具，也可选用广照型灯具。

（3）室外照明，一般选用广照型灯具，道路照明可选用投光灯。

3. 根据环境条件选择灯具

（1）在正常环境中，可选用开启型灯具。

（2）在潮湿、多灰尘的场所，应选用密闭型防水、防潮、防尘灯。

（3）在有爆炸危险的场所，可根据爆炸危险的级别适当地选择相应的防爆灯具。

（4）在化学腐蚀的场所，可选用耐腐蚀性材料制成的灯具。

（5）在易受机械损伤的环境中，应采用带保护网罩的灯具。

4. 灯具形状应与建筑物风格相协调

（1）按建筑物的建筑艺术风格可分为古典式和现代式、中式和欧式等建筑艺术风格。

（2）按建筑物的结构形式分为直线形、曲线形和圆形等。

（3）按建筑物的功能分为民用建筑物、工业建筑物和其他用途建筑物等。

8.3.4.3 照明设备的安装

1. 灯具的安装

(1) 灯具安装的技术要求。

1) 安装的灯具应配件齐全，灯罩无损坏。

2) 螺口灯头接线必须将相线接在中心端子上，零线接在螺纹的端子上；灯头外壳不能有破损和漏电。

3) 灯具安装高度。室内一般不低于 2.5m，室外不低于 3.0m。

4) 地下建筑内的照明装置，应有防潮措施，灯具低于 2.0m 时，灯具应安装在人不易碰到的地方，否则应采用 36V 及以下的安全电压。

5) 嵌入顶棚内的装饰灯具应固定在专设的框架上，电源线不应贴近灯具外壳，灯线应留有裕量，固定灯罩的框架边缘应紧贴在顶棚上，嵌入式日光灯管组合的开启式灯具、灯管应排列整齐，金属间隔片不应有弯曲扭斜等缺陷。

6) 配电盘及母线的正上方不得安装灯具，事故照明灯具应有特殊标志。

(2) 吊灯安装。大的吊灯安装于结构层上，如楼板、屋架下弦和梁上，小的吊灯常安装在搁棚上或补强搁棚上，无论单个吊灯或组合吊灯，都由灯具厂一次配套生产，所不同的是，单个吊灯可直接安装，组合吊灯要在组合后安装或安装时组合。

安装吊灯需在结构层中预埋铁件和木砖（水砖垂重除外）。埋设位置应准确，并应有足够的调整余地。在铁件和木砖上设过渡连接件，以便调整理件误差，可与理件钉、焊、拧穿。吊杆、吊索与过渡连接件连接。

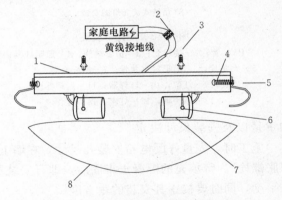

图 8.42　吸顶灯安装示意图
1—吸顶盘；2—接线端子；3—胀管螺栓；
4—螺丝和弹簧；5—一个可伸缩的卡扣；
6—自攻螺丝；7—E27 灯头；
8—艺术灯罩

(3) 吸顶安装（图 8.42）。吸顶灯有圆形、方形工矩形底座（底盘），底座大小不等。灯具底座可以用胀管螺栓紧固，也可以用木螺丝在预埋木砖上紧固。如果灯座底座直径超过 100mm，必须用 2 枚螺钉。灯具底座安装如果采用预埋螺栓、穿透螺栓，其螺栓直径不得小于 6mm。图 8.42 为吸顶灯安装示意图。

(4) 壁灯安装。壁灯安装方法比较简单，待位置确定好后，主要是壁灯灯座的固定，往往采用预埋件或打孔的方法，将壁灯固定在墙壁上。

(5) 荧光灯安装。荧光灯（日光灯）的安装方式有嵌入式、吸顶式、吊链式和吊管式 4 种。安装时应按电路图正确接线；灯具要固定牢固。图 8.43（a）为嵌入式荧光灯安装示意图，图 8.43（b）为吊链式荧光灯安装示意图。

2. 照明配电箱的安装

照明配电箱的安装方式有明装和嵌入式暗装两种。

(1) 照明配电箱安装的技术要求。

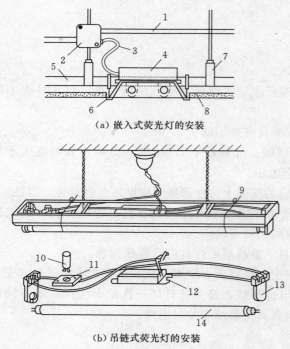

（a）嵌入式荧光灯的安装

（b）吊链式荧光灯的安装

图 8.43　荧光灯安装

1—PVC管；2—接线盒；3—护套软线；4—照明灯具；
5—大龙骨；6—T形轻钢龙骨；7—吊杆金属；8—轻
质板；9—灯架；10—启辉器；11—启辉器座；
12—镇流器；13—灯座；14—灯管

1）在配电箱内，有交、直流或不同电压时，应有明显的标志或分设在单独的板面上。

2）导线引出板面，均应套设绝缘管。

3）配电箱安装垂直偏差不应大于3mm。暗设时，其面板四周边缘应紧贴墙面，箱体与建筑物接触的部分应刷防腐漆。

4）照明配电箱安装高度，底边距地面一般为1.5m；配电板安装高度，底边距地面不应小于1.8m。

5）三相四线制供电的照明工程，其各相负荷应均匀分配。

6）配电箱内装设的螺旋式熔断器（RL1），其电源线应接在中间触点的端子上，负荷线接在螺纹的端子上。

7）配电箱上应标明用电回路名称。

（2）悬挂式配电箱的安装。悬挂式配电箱可安装在墙上或柱子上。直接安装在墙上时，应先埋设固定螺栓，固定螺栓的规格和间距应根据配电箱的型号和重量以及安装尺寸决定。

施工时，先量好配电箱安装孔尺寸，在墙上划好孔位，然后打洞，埋设螺栓（或用金属膨胀螺栓）。待填充的混凝土牢固后，即可安装配电箱。安装配电箱时，要用水平尺校正其水平度，同时要校正其安装的垂直度。

（3）嵌入式暗装配电箱的安装。嵌入式暗装配电箱的安装，通常是按设计指定的位置，在土建砌墙时先把与配电箱尺寸和厚度相等的木框架嵌在墙内，使墙上留出配电箱安装的孔洞，待土建结束，配线管预埋工作结束，敲去木框架将配电箱嵌入墙内，校正垂直和水平，垫好垫片将配电箱固定好，并做好线管与箱体的连接固定，然后在箱体四周填入水泥砂浆。

（4）配电箱的落地式安装。配电箱落地安装时，在安装前先要预制一个高出地面一定高度的混凝土空心台，这样可使进出线方便，不易进水，保证运行安全。进入配电箱的钢管应排列整齐，管口高出基础面50mm以上。

开关的作用是接通或断开照明灯具电源。根据安装形式分为明装式和暗装式两种。明装式有拉线开关、扳把开关等；暗装式多采用扳把开关（跷板式开关）。

插座的作用是为移动式电器和设备提供电源。有单相三极三孔插座、三相四极四孔插座等种类。开关、插座安装必须牢固，接线要正确，容量要合适。它们是电路的重要设备，直接关系到安全用电和供电。

3. 开关、插座的安装

(1) 开关安装的要求。

1) 同一场所开关的切断位置应一致，操作应灵活可靠，接点应接触良好。

2) 开关安装位置应便于操作，安装高度应符合下列要求：

a. 拉线开关距地面一般为 2～3m，距门框为 0.15～0.2m；

b. 其他各种开关距地面一般为 1.3m，距门框为 0.15～0.2m。

3) 成排安装的开关高度应一致，高低差不大于 2mm；拉线开关相邻间距一般不小于 20mm。

4) 电器、灯具的相线应经开关控制。

5) 跷板开关的盖板应端正严密，紧贴墙面。

6) 在多尘、潮湿场所和户外应用防水拉线开关或加装保护箱。

7) 在易燃、易爆场所，开关一般应装在其他场所控制，或采用防爆型开关。

8) 明装开关应安装在符合规格的圆木或方木上。

(2) 插座安装要求。

1) 交、直流或不同电压的插座应分别采用不同的形式，并有明显标志，且其插头与插座均不能互相插入。

2) 单相电源一般应用单相三极三孔插座，三相电源应用三相四极四孔插座，在室内不导电地面可用两孔或三孔插座。

3) 插座的安装高度应符合下列要求：

a. 一般距地面高度为 1.3m，在托儿所、幼儿园、住宅及小学等场所不应低于 1.8m，同一场所安装的插座高度应尽量一致。

b. 车间及试验室的明、暗插座一般距地面高度不低于 0.3m，特殊场所暗装插座一般不应低于 0.15m，同一室内安装的插座高低差不应大于 5mm，成排安装的插座不应大于 2mm。

4) 舞台上的落地插座应有保护盖板。

5) 在特别潮湿，有易燃、易爆气体和粉尘较多的场所，不应装设插座。

6) 明装插座应安装在符合规格的圆木或方木上。

7) 插座的额定容量应与用电负荷相适应。

8) 单相二孔插座接线时，面对插座左孔接工作零线，右孔接相线；单相三孔插座接线时，面对插座左孔接工作零线，右孔接相线，上孔接保护零线或接地线，严禁将上孔与左孔用导线相连接；三相四孔插座接线时，面对插座左、下、右三孔分别接 A、B、C 相线，上孔接保护零线或接地线。

9) 明装插座的相线上容量较大时，一般应串接熔断器。

10) 暗装的插座应有专用盒，盖板应端正，紧贴墙面。

(3) 开关和插座的安装。明装时，应先在定位处预埋木榫或膨胀螺栓以固定木台（方木或圆木），然后在木台上安装开关或插座。暗装时，应设有专用接线盒，一般是先行预埋，再用水泥砂浆填充抹平，接线盒口应与墙面粉刷层平齐，等穿线完毕后再安装开关或插座，其盖板或面板应端正，紧贴墙面。

安装开关的一般方法如图 8.44 所示。

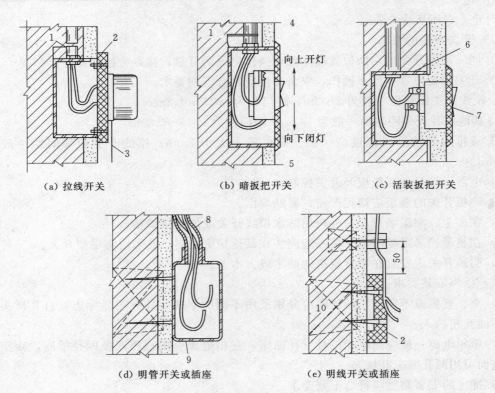

图 8.44　开关和插座安装方法
1—焊接；2—木台；3—拉线；4—接线盒；5—开关板；6—塑料盒；7—开关；
8—铁管；9—明开关盒；10—木砖

8.4　建筑防雷接地系统和安全用电

8.4.1　建筑防雷

雷电是一种常见自然现象，能产生强烈的闪光、霹雳；落到地面上会击毁房屋、杀伤人畜，给人类带来极大危害。防雷，是指通过组成拦截、疏导最后泄放入地的一体化系统方式防止由直击雷或雷电的电磁脉冲对建筑物本身或其内部设备造成损害的防护技术。

防雷是现代建筑物、电气设备和线路必须采用的重要安全保护措施，防雷接地工程图是建筑电气工程图中不可缺少的图纸。

8.4.1.1　雷电的形成和危害

1. 雷电的形成

雷电是由雷云（带电的云层）对地面建筑物及大地的自然放电引起的，它会对建筑物或设备产生严重破坏。因此，对雷电的形成过程及其放电条件应有所了解，从而采取适当的措施，保护建筑物不受雷击。

在天气闷热潮湿的时候，地面上的水受热变为蒸汽，并且随地面的受热空气而上升，在空中与冷空气相遇，使上升的水蒸气凝结成小水滴，形成积云。云中水滴受强烈气流吹袭，分裂为一些小水滴和大水滴，较大的水滴带正电荷，小水滴带负电荷。细微的水滴随风聚集形成了带负电的雷云；带正电的较大水滴常常向地面降落而形成雨，或悬浮在空中。由于静电感应，带负电的雷云，在大地表面感应有正电荷。这样雷云与大地间形成了一个大的电容器。当电场强度很大，超过大气的击穿强度时，即发生了雷云与大地间的放电，就是一般所说的雷击。

2. 雷电的危害

（1）直接雷击。直接雷击指雷电对电气设备或建筑物直接放电，放电时雷电流可达几万甚至几十万安培。强大的雷电流通过被击物体时产生大量的热量，凡是雷电流流过的物体，金属被熔化，树木被烧焦，建筑物被炸裂。尤其是雷电流通过易燃易爆物体时，还会引起火灾或者爆炸，造成建筑物倒塌、设备损坏以及人身伤害等重大事故。其后果在雷电危害中最为严重。直击雷一般采用由接闪器、引下线、接地装置构成的防雷装置防雷。

（2）雷电感应。雷电放电时，在附近导体上产生的静电感应和电磁感应，它可能使金属部件之间产生火花从而损害设备。

雷电感应分静电感应和电磁感应两种。静电感应是由于雷云接近地面，在地面凸出物顶部感应出大量异性电荷所致。在雷云与其他部位放电后，凸出物顶部的电荷失去束缚，以雷电波的形式，沿凸出物极快地传播。电磁感应是由于雷击后，巨大的雷电流在周围空间产生迅速变化的强大磁场所致，这种磁场能在附近金属导体上感应出很高的电压。如在送电线路附近发生雷云对地放电时，在送电线路上就会产生电磁感应过电压。当雷击杆塔时，在导线上也会产生电磁感应过电压。防止雷电感应造成伤害的主要措施是将建筑物内的金属设备、管道、结构、钢筋等进行接地。

（3）雷电波侵入。雷电波侵入是指由于线路、金属管道等遭受直接雷击或感应雷而产生的雷电波沿线路、金属管道等侵入变电站或建筑物而造成危害。

防雷电波侵入措施：可采取在进户处装设避雷器（图8.45）、过电压保护器（图8.46），或将其金属护物埋地长度不小于15m等办法。

图8.45 避雷器　　　　　　　图8.46 过电压保护器

（4）雷电"反击"。雷击直击雷防护装置时，雷电流经接闪器，沿引下线流入接地装置的过程中，由于各部分阻抗的作用，接闪器、引下线、接地装置上将产生不同的较高对地电位，若被保护物与其间距不够时，会发生直击雷防护装置对被保护物的放电现象，称为"反击"。

预防雷电"反击"的措施如下：

1）将建筑物的金属物体（含钢筋）与防雷装置的接闪器、引下线分隔开，并且保持一定的距离。

2）将建筑物内的金属管道系统，在其主干管道处与靠近的防雷装置相连接，有条件时，宜将建筑物每层的钢筋与所有的防雷引下线连接。

8.4.1.2 建筑物的防雷分类

根据建筑物的重要程度、使用性质、雷击可能性大小以及所造成后果的严重程度，建筑物的防雷分级，共分3级。

1. 在可能发生对地闪击的地区，遇下列情况之一时，应划为第一类防雷建筑物

（1）凡制造、使用或储存火炸药及其制品的危险建筑物，因电火花而引起爆炸、爆轰，会造成巨大破坏和人身伤亡者。

（2）具有0区或20区爆炸危险场所的建筑物。

（3）具有1区或21区爆炸危险场所的建筑物，因电火花而引起爆炸，会造成巨大破坏和人身伤亡者。

2. 在可能发生对地闪击的地区，遇下列情况之一时，应划为第二类防雷建筑物

（1）国家级重点文物保护的建筑物。

（2）国家级的会堂、办公建筑物、大型展览和博览建筑物、大型火车站和飞机场（不含停放飞机的露天场所和跑道）、国宾馆，国家级档案馆、大型城市的重要给水泵房等特别重要的建筑物。

（3）国家级计算中心、国际通信枢纽等对国民经济有重要意义的建筑物。

（4）国家特级和甲级大型体育馆。

（5）制造、使用或储存火炸药及其制品的危险建筑物，且电火花不易引起爆炸或不致造成巨大破坏和人身伤亡者。

（6）具有1区或21区爆炸危险场所的建筑物，且电火花不易引起爆炸或不致造成巨大破坏和人身伤亡者。

（7）具有2区或22区爆炸危险场所的建筑物。

（8）有爆炸危险的露天钢质封闭气罐。

（9）预计雷击次数大于0.05次/a的部、省级办公建筑物和其他重要或人员密集的公共建筑物以及火灾危险场所。

（10）预计雷击次数大于0.25次/a的住宅、办公楼等一般性民用建筑物或一般性工业建筑物。

3. 在可能发生对地闪击的地区，遇下列情况之一时，应划为第三类防雷建筑物

（1）省级重点文物保护的建筑物及省级档案馆。

（2）预计雷击次数不小于0.01次/a，且不大于0.05次/a的部、省级办公建筑物和其他重要或人员密集的公共建筑物，以及火灾危险场所。

（3）预计雷击次数不小于0.05次/a，且不大于0.25次/a的住宅、办公楼等一般性民用建筑物或一般性工业建筑物。

（4）在平均雷暴日大于15d/a的地区，高度在15m及以上的烟囱、水塔等孤立的高耸建筑物；在平均雷暴日不大于15d/a的地区，高度在20m及以上的烟囱、水塔等孤立的高耸建筑物。

8.4.1.3　建筑物的防雷装置

防雷装置的作用是将雷击电荷或建筑物感应电荷迅速引入大地，以保护建筑物、电气设备及人身不受损害。一个完整的防雷装置都是由接闪器、引下线和接地装置3个部分组成，如图8.47所示。

1. 接闪器

接闪器是专门用来接受直击雷的金属物体。接闪的金属杆称为接闪杆〔以前的叫法是避雷针，但是避雷针严格意义上不会避雷，只会引雷，所以最新规范《建筑物防雷设计规范》（GB 50057—2010）上把避雷针改为接闪杆，下同〕；接闪的金属线称为接闪线，或称为架空地线；接闪的金属带、网称为接闪带、接闪网。

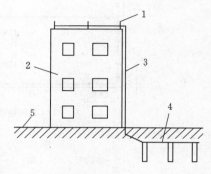

图8.47　防雷装置
1—接闪器；2—建筑物；3—引下线；
4—接地装置；5—地面

（1）接闪杆。安装在建筑物突出部位或独立装设的针形导体，可以吸引雷电流进行放电，从而保护建筑物免受雷击，如图8.48所示。

接闪杆宜采用圆钢或焊接钢管制成，其直径不应小于下列数值：

图8.48　各种形状接闪杆

1）针长1m以下：圆钢为12mm；钢管为20mm。

2）针长1～2m：圆钢为16mm；钢管为25mm。

3）烟囱顶上的针：圆钢为20mm；钢管为40mm。

（2）接闪带和接闪网。接闪带是设置于屋脊、屋檐、屋角、女儿墙和山墙等条形长带。接闪网相当于纵横交错的接闪带叠加在一起，即可防直击雷，又可防感应雷，如图8.49所示。

接闪网和接闪带宜采用圆钢或扁钢，优先采用圆钢。圆钢直径不应小于8mm。扁钢截面不应小于48mm²，其厚度不应小于4mm。当烟囱上采用接闪环时，其圆钢直径不应小于12mm。扁钢截面不应小于100mm²，其厚度不应小于4mm。

（3）接闪线。架设在架空线路之上，保护架空线路免受直接雷击，如图8.50所示。

2. 引下线

引下线是连接接闪器和接地装置的金属导体。

引下线宜采用圆钢或扁钢，宜优先采用圆钢，圆钢直径不应小于8mm。扁钢截面不应小于48mm²，其厚度不应小于4mm。

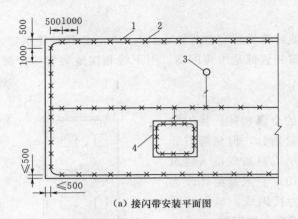

（a）接闪带安装平面图

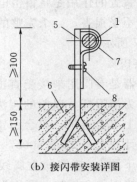

（b）接闪带安装详图

图 8.49 接闪带在挑檐板上安装平面示意图

1—接闪带；2—支架；3—凸出屋面的金属管道；4—建筑物凸出物；5—支持件；

6—女儿墙；7—卡码；8—螺钉

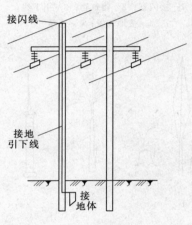

图 8.50 接闪线

当烟囱上的引下线采用圆钢时，其直径不应小于 12mm；采用扁钢时，其截面不应小 100mm²，厚度不应小于 4mm。

引下线应沿建筑物外墙明敷，并经最短路径接地；建筑艺术要求较高者可暗敷，但其圆钢直径不应小于 10mm，扁钢截面不应小于 80mm²。

除设计要求外，兼做引下线的承力钢结构构件、混凝土梁、柱内钢筋与钢筋的连接，应采用土建施工的绑扎法或螺丝扣的机械连接，严禁采用热加工连接（采用焊接连接时可能会降低建筑物结构的负荷能力）。

建筑物的钢梁、钢柱和消防梯等金属构件以及幕墙的金属立柱宜作为引下线，但其各部件之间均应连成电气贯通。

采用多根引下线时，宜在各引下线上于距地面 0.3~1.8m 之间装设断接卡（图 8.51、图 8.52）。当利用混凝土内钢筋、钢柱作为自然引下线并同时采用基础接地体时，可不设断接卡，利用钢筋作引下线时应在室内外的适当地点设若干连接板，该连接板可供测量、接人工接地和作等电位连接用。当仅利用钢筋作引下线并采用埋于土壤中的人工接地体时，应在每根引下线上于距地面不低于 0.3m 处设接地体连接板。采用埋于土壤中的人工接地体时应设断接卡，其上端应与连接板或钢柱焊接。连接板处宜有明显标志。

在易受机械损坏和防人身接触的地方，地面上 1.7m 至地面下 0.3m 的一段接地线应采取暗敷或镀锌角钢、改性塑料管或橡胶管等保护设施。

3. 接地装置

接地体和接地线组成的总体称为接地装置。

（1）接地体或接地极。直接与土壤接触的金属导体称为接地体或接地极。接地体可分为人工接地体和自然接地体。人工接地体是指专门为接地而装设的接地体；自然接地体是指兼

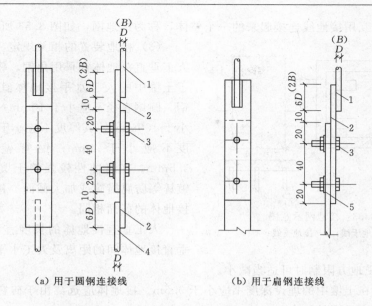

（a）用于圆钢连接线　　　　（b）用于扁钢连接线

图 8.51　明装引下线断接卡安装

D—圆钢直径；B—扁钢厚度

1—圆钢引下线；2—25×4；L＝90＋6D(2B)连接板；3—M8×30镀锌螺栓；
4—圆钢接地线；5—扁钢接地线

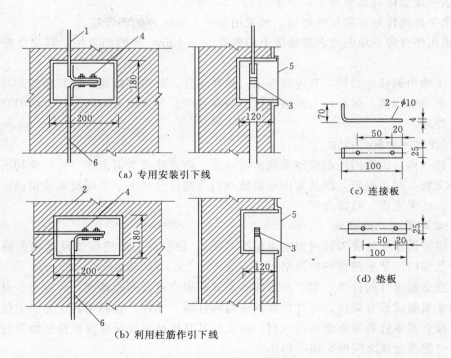

（a）专用安装引下线

（c）连接板

（b）利用柱筋作引下线

（d）垫板

图 8.52　暗装引下线断接卡安装

1—专用引下线；2—至柱筋引下线；3—断接卡；4—M10×30镀锌螺栓；5—断接卡箱；6—接地线

作接地体用的直接与大地接触的各种金属构件、金属管道及建筑物的混凝土基础内钢筋等。

（2）接地线。连接于电气设备接地部分与接地体间的金属导线称为接地线。由若干个接地体在大地中相互用接地线连接起来的一个整体，称为接地网，如图8.53所示。

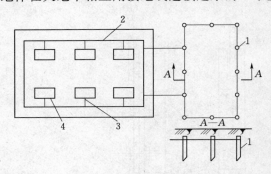

图8.53　接地网示意图

1—接地体；2—接地干线；3—接地支线；4—电气设备

（3）接地装置的相关规定。埋于土壤中的人工垂直接地体宜采用角钢、钢管或圆钢；埋于土壤中的人工水平接地体宜采用扁钢或圆钢。圆钢直径不应小于10mm；扁钢截面不应小于100mm²，其厚度不应小于4mm；角钢厚度不应小于4mm；钢管壁厚不应小于3.5mm。在腐蚀性较强的土壤中，应采取热镀锌等防腐措施或加大截面。接地线应与水平接地体的截面相同。

人工垂直接地体的长度宜为2.5m。人工垂直接地体间的距离及人工水平接地体间的距离宜为5m，当受地方限制时可适当减小。

人工接地体在土壤中的埋设深度不应小于0.5m。接地体应远离由于砖窑、烟道等高温影响使土壤电阻率升高的地方。

防直击雷的人工接地体距建筑物出入口或人行道不应小于3m。当小于3m时应采取下列措施。

1）水平接地体局部深埋不应小于1m。

2）水平接地体局部应包绝缘物，可采用50～80mm厚的沥青层。

3）采用沥青碎石地面或在接地体上面敷设50～80mm厚的沥青层，其宽度应超过接地体2m。

埋在土壤中的接地装置，其连接应采用放热焊接，放热焊接是一种新型的焊接方法，把焊接点包裹起来焊接、焊好后直接就做好了防腐处理；当采用通常的焊接方法时，应在焊接处作防腐处理。

8.4.1.4　建筑物的防雷措施

为使建（构）筑物因地制宜地采取防雷措施，防止或减少雷击建（构）筑物所发生的人身伤亡和文物、财产损失，以及雷击电磁脉冲引发的电气和电子系统损坏或错误运行，做到安全可靠、技术先进、经济合理。

1. 一类防雷建筑物措施

（1）应装设独立的避雷针或架空避雷线（网），使被保护的建筑物及其相关装置在接闪器的保护范围内。架空避雷网的网格尺寸不应大于5m×5m或6m×4m。

（2）独立避雷针的杆塔、架空避雷线的端部和架空避雷网的各支柱处应至少设一根引下线。对用金属制成或有焊接、绑扎连接钢筋网的杆塔、支柱，宜利用其作为引下线。

（3）独立避雷针和架空避雷线（网）的支柱及其接地装置至被保护建筑物及与其有联系的管道、电缆等金属之间的距离不得小于3m。

（4）架空避雷线至屋面和各种突出屋面的风帽、放散管等物体之间的距离不得小于3m。

（5）当建筑物高于30m时，还应采取防侧击措施。

（6）当树木高于建筑物且不在接闪器保护范围之内时，树木与建筑物之间的净距不应小于5m。

2. 二类防雷建筑物措施

　　（1）宜采用装设在建筑物上的避雷针或架空避雷线（网）或由其混合组成的接闪器，避雷网（带）应沿屋角、屋脊和檐角等易受雷击的部位敷设，并应在整个屋面组成不大于 10m×10m 或 12m×8m 的网格。

　　（2）引下线不少于两根，并应沿建筑物四周均匀或对称布置，其间距不应大于 18m。

　　（3）高度超过 45m 的建筑物，应采取防侧击和等电位保护措施。

　　（4）有爆炸危险的露天钢质封闭气罐，当其壁厚不小于 4mm 时，可不装设接闪器，但应接地，且接地点不应少于两处；两接地点间距不宜大于 30m，冲击接地电阻不应大于 30Ω。

　　3. 三类防雷建筑物措施

　　（1）宜采用装设在建筑物上的避雷针或架空避雷线（网）或由其混合组成的接闪器，避雷网（带）应沿屋角、屋脊和檐角等易受雷击的部位敷设，并应在整个屋面组成不大于 20m×20m 或 24m×16m 的网格。平屋面的建筑物，当其宽度不大于 20m 时，可仅沿周边敷设一圈避雷带。

　　（2）引下线不少于两根，并应沿建筑物四周均匀或对称布置，其间距不应大于 25m。周长不超过 25m，高度不超过 40m，可只设一根引下线。

　　（3）砖烟囱、钢筋混凝土烟囱，宜在烟囱上装设避雷针或避雷环保护。多支避雷针应连接在闭合环上。金属烟囱应作为接闪器和引下线。

　　（4）高度超过 60m 的建筑物，应采取防侧击和等电位措施。

8.4.1.5　建筑物内部的防雷措施

　　1. 安装电涌保护器（SPD）

　　SPD 中文简称电涌保护器，又称浪涌保护器，是一种为各种电子设备、仪器仪表、通信线路提供安全防护的电子装置。当电气回路或者通信线路中因为外界的干扰突然产生尖峰电流或者电压时，浪涌保护器能在极短的时间内导通分流，从而避免浪涌对回路中其他设备的损害。

　　2. 等电位连接

　　等电位连接是建筑物内电气装置的一项基本安全措施，可以消除建筑物外从电源线路或金属管道引入建筑物的危险电压。

　　等电位连接技术是我国 20 世纪 90 年代出现的新技术。在具体的实践中，等电位连接就是把建筑物内和附近的所有金属物，如建筑物的基础钢筋、自来水管、煤气管及其金属屏蔽层，电力系统的零线、建筑物的接地系统，用电气连接的方法连接起来，使整座建筑物成为一个良好的等电位体，如图 8.54 所示。

　　等电位连接的目的就是使整个建筑物的正常非带电导体处于电气连通状态，防止设备与设备之间、系统与系统之间危险的电位差，确保设备和人员的安全。

　　3. 屏蔽

　　屏蔽有遮蔽、阻挡和隔离的意思。防雷屏蔽就是利用金属形成的网格，阻挡或减弱外界雷击电磁脉冲对内部设备的影响，屏蔽措施应当分层设置。

　　如在计算机系统中所有的金属导线，包括电力电缆、通信电缆和信号线均要采用屏蔽线或穿金属管屏蔽（且强电线路与弱电线路不能同槽或同沟敷设，分别做好屏蔽后并保持相应

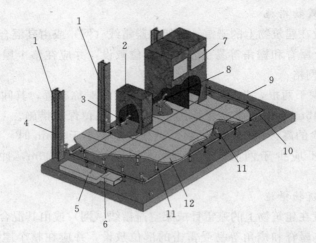

图 8.54　等电位连接

1—主筋（至建筑接地）；2—供电设备；3—外壳接地；4—等电位铜排；5—桥架、电管以及水管等
金属物均与等电位铜排连接；6—桥架；7—计算机设备；8—用电设备外壳与等电位铜排连接；
9—水泥地面；10—等电位联结；11—静电地板支撑脚；12—静电地板

的安全距离），在机房建设中，利用建筑物钢筋网和其他金属材料，使机房形成一个屏蔽笼（即法拉第笼）。用以防止外来电磁波（含雷电的电磁波和静电感应）干扰机房内设备。网络机柜和设备外壳（都是金属）均是良好的屏蔽层，屏蔽层应要良好接地。

4. 合理布线

整个布线必须采取屏蔽处理，或埋地布线，并将屏蔽层两端接地。进出建筑物的线路必须采取埋地并采取屏蔽措施，禁止架空进出。布线必须远离电话或其他电源等线路，以防其他未作防雷的线路上的感应效应对信号线路产生二次感应。带金属加强芯的光纤作信号传输时，应对金属加强芯两端接地。

8.4.2　接地

电气设备的某部分与大地之间做良好的电气连接称为接地。埋入地中并直接与土壤相接触的金属导体，称为接地体或接地极。如埋地的钢管、角钢等。接地线是连接接地体与电气设备接地部分的金属导体。

8.4.2.1　接地的类型

1. 按功能分类

（1）工作接地（图 8.55）。在正常情况下，为保证电气设备的可靠运行，并提供部分电气设备和装置的所需要的相电压，将电力系统中的变压器低压侧中性点通过接地装置与大地直接相连，这种接地方式称为工作接地。

各种工作接地都有其各自的功能，如变压器、发电机的中性点直接接地能在运行中维持三相系统中相线对地电压不变；又如电压互感器一次线圈中性点接地是为了测量一次系统相对地的电压源，中性点经消弧线圈接地能防止系统出现过电压等。

（2）保护接地（图 8.56）。将电气设备的金属外壳、配电装置的构架、线路的塔杆等正常情况下不带电，但可能因绝缘损坏而带电的所有部分接地。因为这种接地的目的是保护人身安全，故称为保护接地或安全接地。

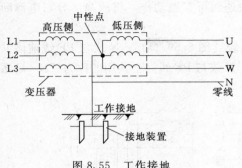

图 8.55 工作接地

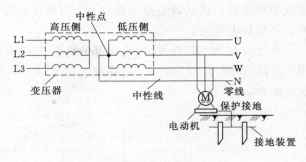

图 8.56 保护接地

（3）保护接零（图 8.57）。为了防止电气设备绝缘损坏而使人身遭受触电危险，将电气设备的金属外壳与电源的中性线（俗称零线）用导线连接起来，称为保护接零。其连接线也称为保护线（PE）或保护零线。

（4）防雷接地。给防雷保护装置向大地泄放雷电流提供通道。

（5）防静电接地。为了防止静电引起易燃易爆气体或液体发生火灾或爆炸，而对储气体或液体管道、容器等设置的接地。

（6）重复接地（图 8.58）。三相四线制的零线（或中性点）一处或多处经接地装置与大地再次可靠连接，称为重复接地。

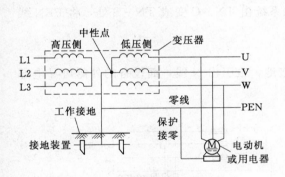

图 8.57 保护接零

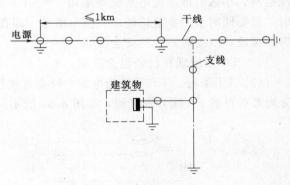

图 8.58 重复接地

2. 按接线方式分类

按国际电工委员会（IEC）的规定低压电网有 5 种接地方式（TN 系统又分为 3 种）。TN 系统：TN－S 系统，TN－C－S 系统，TN－C 系统；TT 系统；IT 系统。

第一个字母表示电源中性点的对地关系：

T——中性点直接接地。

I——中性点与地绝缘，或经高阻抗接地。

第二个字母表示装置的外露可导电的部分对地关系；

T——外露可导电部分对地直接电气连接。

N——外露可导电部分经过保护线与接地点相连。

横线后面的字母（S、C 或 C－S）表示保护线与中性线的结合情况。

（1）TN 系统。当设备带电部分与外壳相连时，短路电流经外壳和 N 线（或 PE 线）而形成单相短路，显然该短路电流较大，可使保护线快速而可靠地动作，将故障部分与电源断开，消除触电危险。

中性线 N 和保护线 PE 完全分开的称为 TN－S 系统［图 8.59（a）］；N 线与 PE 线前段共用、后段分开的称为 TN－C－S 系统［图 8.59（b）］；N 线与 PE 线完全共用的称为 TN－C 系统［图 8.59（c）］。

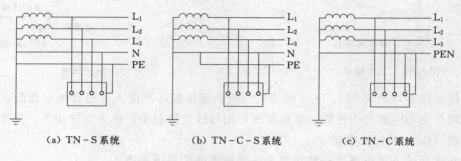

（a）TN－S 系统　　　　（b）TN－C－S 系统　　　　（c）TN－C 系统

图 8.59　TN 系统

TN－S 系统是我国现在应用最为广泛的一种系统。在自带变配电所的建筑中，几乎无一例外地采用了 TN－S 系统；在建筑小区中，也有一些采用了 TN－S 系统。

TN－C－S 系统也是现在应用比较广泛的一种系统。工厂的低压配电系统、城市公共低压电网、小区的低压配电系统等采用 TN－C－S 系统的较多。一般在采用 TN－C－S 系统时，都要同时采用重复接地这一技术措施，即在系统由 TN－C 变成 TN－S 处，将 PEN 线再次接地，以提高系统的安全性能。

TN－C 系统现在已经很少采用。

（2）TT 系统。TT 系统的电源中性点直接接地，也引出 N 线，而设备的外露可导电部分则经各自的 PE 线分别接地，如图 8.60 所示。

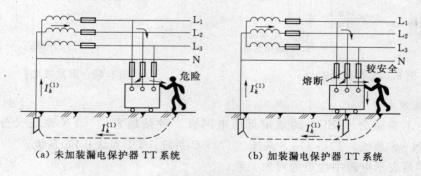

（a）未加装漏电保护器 TT 系统　　　　（b）加装漏电保护器 TT 系统

图 8.60　TT 系统

TT 系统的使用能减少人体触电的危险，但是不够安全。为保障人身安全，根据 IEC 标准应加装漏电保护器（漏电开关）。

在有些国家中，TT 系统的应用十分广泛，工业与民用的配电系统都大量采用 TT 系统。在我国 TT 系统主要用于城市公共配电网和农网。在实施剩余电流保护的基础上，TT 系统有很多的优点，是一种值得推广的接地形式。在农网改造中，使用 TT 系统已比较普遍。

（3）IT 系统。IT 系统又称为三相三线制系统。当电气设备发生单相接地故障时，接地电流将通过人体和电网、大地之间的电容构成回路，如图 8.61 所示。一般情况下，此电流不是很大。但是，如果电网绝缘强度显著下降，这个电流可能达到危险程度。

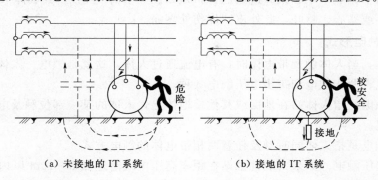

（a）未接地的 IT 系统　　　　　（b）接地的 IT 系统

图 8.61　IT 系统

　　IT 系统常用于对供电连续性要求较高的配电系统，或用于对电击防护要求较高的场所。前者如矿山巷道的供电，后者如医院手术室的配电等。

8.5　安全用电

8.5.1　安全电压

　　当人体电阻一定时，人体接触的电压越高，通过人体的电流就越大，对人体的损害也就越严重。但并不是人一接触电源就会对人体产生伤害。在日常生活中我们用手触摸普通干电池的两极，人体并没有任何感觉，这是因为普通干电池的电压较低（直流 15V）。用于人体的电压低于一定数值时，在短时间内，电压对人体不会造成严重的伤害事故，我们称这种电压为安全电压。

　　为确定安全条件，往往不采用安全电流，而是采用安全电压来进行估算。一般情况下，在干燥而触电危险性较小的环境中，安全电压规定为 36V；对于潮湿而触电危险性较大的环境（如金属容器、管道内施焊检修）中，安全电压规定为 12V。这样，触电时通过人体的电流，可被限制在较小范围内，在一定的程度上保障人身安全。12V、24V、36V 为我国规定的安全电压 3 个等级。

8.5.2　触电的伤害形式

　　人体是导电的，触电后电流会对人体造成伤害。伤害的形式一般有两种，即电击和电伤。

1. 电击

电击是指电流通过人体时，破坏人的心脏、神经系统、肺部等的正常工作而造成的伤害。它可以使肌肉抽搐，内部组织损伤，造成发热发麻、神经麻痹等，甚至引起昏迷、窒息、心脏停止跳动而死亡。触电死亡大部分事例是由电击造成的。人体触及带电的导线、漏电设备的外壳或其他带电体，以及由于雷击或电容放电，都可能导致电击。

2. 电伤

电伤是指电流的热效应、化学效应、机械效应作用对人体造成的局部伤害，它可以是电流通过人体直接引起，也可以是电弧或电火花引起。

电伤包括电弧烧伤、烫伤、电烙印、皮肤金属化、电气机械性伤害、电光眼等不同形式的伤害（电工高空作业不小心跌下造成的骨折或跌伤也算作电伤），其临床表现为头晕、心跳加剧、出冷汗或恶心、呕吐，此外皮肤烧伤处疼痛。

8.5.3 常见的触电形式

人体是导体，当人体触及带电体时，有电流通过人体，这就是触电。人体触电方式，主要分为单相触电、两相触电和跨步电压触电 3 种。

（1）单相触电是指人体站在地面或其他接地体上，人体的某一部位触及电气装置的任一相所引起的触电。

（2）两相触电是指人体同时触及任意两相带电体的触电方式。

（3）跨步电压触电。如果人或牲畜站在距离高压电线落地点 8～10m 以内，两脚之间的电位不同，就形成跨步电压，跨步电压通过人体的电流就会使人触电。当一个人发觉跨步电压威胁时，应赶快把双脚并在一起，然后马上用一条腿或两条腿跳离危险区。

8.5.4 触电急救

触电急救的步骤如下：

（1）使触电者迅速脱离电源。

对于低压触电事故，应立即切断电源或用有绝缘性能的木棍棒挑开和隔绝电流，如果触电者的衣服干燥，又没有紧缠住身上，可以用一只手抓住他的衣服，拉离带电体；但救护人不得接触触电者的皮肤，也不能抓他的鞋。

对高压触电者，应立即通知有关部门停电，不能及时停电的，也可抛掷裸金属线，迫使保护装置动作，断开电源。

（2）应根据触电者的具体情况，迅速对症救护。

一般人触电后，会出现神经麻痹、呼吸中断、心脏停止跳动等征象，外表上呈现昏迷不醒的状态，但这不是死亡，是假死状态，这时要对其进行现场急救。触电急救现场应用的主要救护方法是人工呼吸法和胸外心脏挤压法。

1）人工呼吸法（图 8.62）。

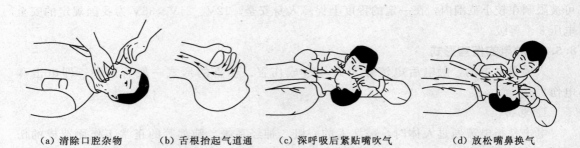

（a）清除口腔杂物　　　（b）舌根抬起气道通　　　（c）深呼吸后紧贴嘴吹气　　　（d）放松嘴鼻换气

图 8.62　人工呼吸法示意图

2）胸外按压心脏的人工循环法（图 8.63）。

在进行上述抢救工作的同时，应尽快请医生或送医院。采用人工呼吸或心脏挤压一时收不到效果要坚持不懈，不要半途而废，即使在送医院的途中也不要停止抢救。

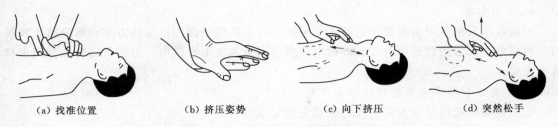

| （a）找准位置 | （b）挤压姿势 | （c）向下挤压 | （d）突然松手 |

图 8.63 胸外按压心脏的人工循环法示意图

8.6 建筑施工现场的电力供应

建筑施工现场的电力供应是指为建筑施工工地现场提供电力，以满足工程建设用电的需求。这种用电需求一般由两大部分组成，一部分是建筑工程施工设备的用电，另一部分是施工现场照明用电。当建设工程施工正常进行时，这个供电系统必须能保证正常工作，以满足施工用电的要求；当建设工程施工完成时，这个供电系统的工作也告结束。它特别明显地具有临时供电的性质，所以施工现场的电力供应是临时性供电。建筑施工现场供电虽然是临时性的，但从电源引进一直到用电设备，仍然形成了一个完整的供电系统。

建筑施工现场的电气系统应满足用电设备对供电可靠性、供电质量及供电安全的要求；结线方式应力求简单可靠，操作方便及安全。

8.6.1 施工现场供配电

8.6.1.1 施工现场的供电形式

1. 独立变配电所供电

对一些规模比较大的项目，如规划小区、新建学校、新建工厂等工程，可利用配套建设的变配电所供电。即先建设好变配电所，由其直接供电，这样可避免重复投资，造成浪费。永久性变配电所投入使用，从管理的角度上看比较规范，供电的安全性有了基本的保障。变配电所主要由高压配电屏（箱、柜、盘）、变压器和低压配电屏（箱、柜、盘）组成。

2. 自备变压器供电

目前，城市中高压输电的电压一般为 10kV，而通常用电设备的额定电压为 220V/380V。因此，对于建筑施工现场的临时用电，可利用附近的高压电网，增设变压器等配套设备供电。变电所的结构形式一般可分为户内与户外变电所两种，为了节约投资，在计算负荷不是特别大的情况下，施工现场的临时用电均采用户外式变电所。户外变电所又以杆上变电所居多。

户外式变电所的结构比较简单，主要由降压变压器、高压开关、低压开关、母线、避雷装置、测量仪表、继电保护等组成。

3. 低压 220V/380V 供电

对于电气设备容量较小的建设项目，若附近有低压 220V/380V 电源，在其余量允许的情况下，可到有关部门申请，采用附近低压 220V/380V 直接供电。

4. 借用电源

若建设项目电气设备容量小，施工周期短，可采取就近借用电源的方法，解决施工现场的临时用电。如借用就近原有变压器供电或借用附近单位电源供电，但需征得有关部门审核批准方可。

8.6.1.2 施工现场供电线路结构形式及施工要求

施工现场配电线路分为架空线配线和电缆配线两种。

1. 架空线配线

架空线配线由于投资费用低，施工方便、分支容易，所以得到广泛应用。特别是在建筑施工现场。但架空线受气候、环境影响较大，故供电可靠性较差。

建筑工地上的低压架空线主要由导线、横担、拉线、绝缘子和电杆组成。

架空线必须架设在专用电杆上，即木杆和钢筋混凝土杆，严禁架设在树木、脚手架及其他设施上，钢筋混凝土杆不得有露筋、宽度大于 0.4mm 的裂纹和扭曲，木杆不得腐朽，其梢径不应小于 140mm。

架空线必须采用绝缘导线，导线截面的选择应符合规范要求。

架空线路必须有短路保护。采用熔断器做短路保护时，其熔体额定电流不应大于明敷绝缘导线长期连续负荷允许载流量的 1.5 倍。采用断路器做短路保护时，其瞬时过流脱扣器脱扣电流整定值应小于线路末端单相短路电流。

架空线路必须有过载保护。采用熔断器或断路器做过载保护时，绝缘导线长期连续负荷允许载流量不应小于熔断器熔体额定电流或断路器长延时过流脱扣器脱扣电流整定值的 1.25 倍。

2. 电缆配线

电力电缆可采用埋地敷设和在电缆沟内敷设两种，它与架空线相比，供电可靠，受气候、环境影响小，且线路上的电压损失也比较小，故是一种比较安全可靠的供配电线路，但是，由于电力电缆成本较高，且线路分支困难，检修不方便，所以，选择时应多方面考虑而定。

电缆中必须包含全部工作芯线和用作保护零线或保护线的芯线。需要三相四线制配电的电缆必须采用五芯电缆。五芯电缆必须包含淡蓝、绿/黄两种颜色绝缘芯线。淡蓝色芯线必须用作 N 线；绿/黄双色芯线必须用作 PE 线，严禁混用。

电缆线路应采用埋地或架空敷设，严禁沿地面明设，并应避免机械损伤和介质腐蚀。埋地电缆路径应设方位标志。

电缆类型应根据敷设方式、环境条件选择。埋地敷设宜选用铠装电缆；当选用无铠装电缆时，应能防水、防腐。架空敷设宜选用无铠装电缆。

电缆直接埋地敷设的深度不应小于 0.7m，并应在电缆紧邻上、下、左、右侧均匀敷设不小于 50mm 厚的细砂，然后覆盖砖或混凝土板等硬质保护层。

埋地电缆在穿越建筑物、构筑物、道路、易受机械损伤、介质腐蚀场所及引出地面从 2.0m 高到地下 0.2m 处，必须加设防护套管，防护套管内径不应小于电缆外径的 1.5 倍。

在建工程内的电缆线路必须采用电缆埋地引入，严禁穿越脚手架引入。电缆垂直敷设应充分利用在建工程的竖井、垂直孔洞等，并宜靠近用电负荷中心，固定点每楼层不得少于一处。电缆水平敷设宜沿墙或门口刚性固定，最大弧垂距地不得小于 2.0m。

装饰装修工程或其他特殊阶段，应补充编制单项施工用电方案。电源线可沿墙角、地面敷设，但应采取防机械损伤和防火措施。

室内配线必须采用绝缘导线或电缆，非埋地明敷主干线距地面高度不得小于 2.5m。

室内配线所用导线或电缆的截面应根据用电设备或线路的计算负荷确定，但铜线截面不应小于 1.5m²，铝线截面不应小于 2.5m²。

电缆配线必须有短路保护和过载保护，整定值要求与架空线相同。

8.6.1.3 施工现场电力负荷计算

负荷计算的目的是为了合理地选择供配电系统中的导线截面、开关、变压器及保护设备的型号规格等。由于接在线路上的各种用电设备一般不会同时投入使用，所以线路上的最大负荷总要小于设备容量的总和。因此，在选择供配电设备时必须对负荷进行统计计算，通过统计计算得出的负荷值称为计算负荷。

建筑施工现场的电力负荷分为动力负荷和照明负荷两大类。动力负荷主要指各种施工机械用电；照明负荷是指施工现场及生活照明用电，一般占工地总电力负荷的比重很小，通常在动力负荷计算后，再加 10% 作为照明负荷。

8.6.1.4 变电所位置的选择

选择变电所位置时应考虑运行安全可靠、操作维护方便等因素。故选择其位置时，应该遵循以下原则：

（1）变电所应尽量靠近负荷中心，以减少线路上的电能损耗和电压损失；同时也节省输电导线，有利于节约投资。

（2）高压进线方便，尽量靠近高压电源。

（3）为保障安全，防止人身触电事故的发生，变电所要远离交通要道和人畜活动频繁的地方。

（4）变电所应选择地势较高而又干燥的地方，并要求运输方便，易于安装。

（5）露天变电所不应设置在有腐蚀气体或容易沉积可燃粉尘、可燃纤维、导电尘埃的场所。

8.6.1.5 配电变压器的选择

在选择配电变压器时，首先应根据当地高压电源的电压和用电负荷需要的电压来确定变压器原、副边的额定电压，在我国，一般用户电压均为 10kV，而拖动施工机械的电动机的额定电压一般都是 380V 或 220V，所以施工现场选择的变压器、高压侧额定电压为 10kV，低压侧的额定电压为 380V/220V。

8.6.2 施工现场的电力供应实例

施工现场的用电设备主要包括照明和动力两大类，在确定施工现场电力供应方案时，首先应确定电源形式，再确定计算负荷、导线规格型号，最后确定配电室、变压器位置及容量等内容。下面我们对某一学校教学楼的具体项目来确定施工现场电力供应的方案。

该学校教学大楼施工现场临时电源由附近杆上 10kV 电源供给。根据施工方案和施工进度的安排，需要使用下列机械设备：

（1）国产 JZ350 混凝土搅拌机 1 台，总功率 11kW。

（2）国产 QT25-1 型塔吊 1 台，总功率 21.2kW。

（3）蛙式打夯机4台，每台功率1.7kW。

（4）电动振捣器4台，每台功率2.8kW。

（5）水泵1台、电动机功率2.8kW。

（6）钢筋弯曲机1台，电动机功率4.7kW。

（7）砂浆搅拌机1台，电动机功率2.8kW。

（8）木工厂电动机械，总功率10kW。

根据以上给定的这些条件以及施工总平面图，就可以做出施工现场供电的设计方案。

8.6.2.1 施工现场的电源确定

施工现场的电源要视具体情况而定，现给出架空线0kV的电源，该项目电源可采取安装自备变压器的方法引出低压电源，电杆上一般应配备高压油开关或跌落式熔断器、避雷器等，这些工作应与主管电力部门协商解决。

8.6.2.2 估算施工现场的总用电量

施工现场实际用电负荷即计算负荷，可以采用需要系数法来求得，也可采用更为简单的估算法来计算。

8.6.2.3 选用变压器和确定变电站位置

根据生产厂家制造的变压器的等级，以及选择变压器的原则，查有关变压器产品目录，选用满足要求的电力变压器。

本例中，工地东北角较偏僻，离人们工作活动中心较远，比较隐蔽和安全，并且接近高压电源，距各机械设备用电地点也较适中，交通也方便，而且变压器的进出线和运输较方便，故工地变电站位置设在工地东北角是较合适的。

8.6.2.4 供电线路的布置

从经济、安全的角度考虑，供电线路采用 BLXF 型橡胶绝缘线架空敷设。根据设备布置情况，在初步设计的供电平面图中，1号配电箱控制的设备有钢筋弯曲机和木工厂电动机械，总功率为14.7kW；2号配电箱控制的设备有塔吊，总功率为21.2kW；3号配电箱控制的设备有打夯机和振捣机，总功率为18kW；4号配电箱控制的设备有水泵，总功率为2.8kW；5号配电箱控制的设备有混凝土搅拌机和砂浆搅拌机，总功率为13.8kW。

8.6.2.5 配电箱的数量和位置的确定

配电系统应设置配电柜或总配电箱、分配电箱、开关箱，实行三级配电。根据设备布置情况，共设分配电箱5个。

8.6.2.6 绘制施工现场电力供应平面图

在施工平面图上，应标明变压器位置、配电箱位置、低压配电线路的走向、导线的规格、电杆的位置（电杆挡距不大于35m）等。施工现场电力供应平面图如图8.64所示。

8.6.3 施工现场临时用电的管理

施工现场临时用电的管理规定如下。

（1）施工现场临时用电设备在5台及以上或设备总容量在50kW及以上者，应编制用电组织设计，否则也应制定安全用电和电气防火措施，并经有关部门审核批准方可。

（2）临时用电组织设计变更时，必须履行"编制审核批准"程序，由电气工程技术人员组织编制，经相关部门审核及具有法人资格企业的技术负责人批准后实施。变更用电组织设计时应补充有关图纸资料。

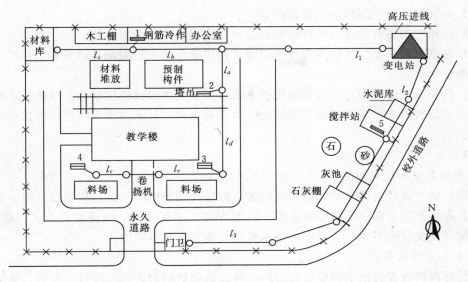

图 8.64　某教学楼电力供应平面图
1~5—配电箱

（3）临时用电工程必须经编制、审核、批准部门和使用单位共同验收，合格后方可投入使用。

（4）电工必须经过按国家现行标准考核合格后，持证上岗工作，使用电气设备前必须按规定穿戴和配备好相应的劳动防护用品，并应检查电气装置和保护设施，严禁设备带"缺陷"运转。

（5）施工现场临时用电必须建立安全技术档案。安全技术档案包括：用电组织设计的全部资料，修改用电组织设计的资料；用电技术交底资料；用电工程检查验收表；电气设备测试，验收凭单和调试记录；接地电阻、绝缘电阻和漏电保护器、漏电动作参数测定记录表；定期（检）复查表；电工安装、巡检、维修、拆除工作记录。

（6）临时用电工程应定期检查。定期检查时，应复查接地电阻和绝缘电阻值。

施工现场临时用电应严格执行《施工现场临时用电安全技术规范》（JGJ 46—2012）的规定及国家现行有关强制性标准的规定。施工现场临时用电必须有施工组织设计，并经审批。根据临时用电设备负荷，选择总配电箱，再选择导线，满足施工用电要求，采取措施确保施工用电可靠，合理节约能源。

8.7　建筑电气施工图

8.7.1　电气施工图的特点及组成

电气施工图所涉及的内容往往根据建筑物不同的功能而有所不同，主要有建筑供配电、动力与照明、防雷与接地、建筑弱电等方面，用以表达不同的电气设计内容。

8.7.1.1　电气施工图的特点

电气工程图的特点如下。

（1）建筑电气工程图大多是采用统一的图形符号并加注文字符号绘制而成的。

（2）电气线路都必须构成闭合回路。

（3）线路中的各种设备、元件都是通过导线连接成为一个整体的。

（4）在进行建筑电气工程图识读时应阅读相应的土建工程图及其他安装工程图，以了解相互间的配合关系。

（5）建筑电气工程图对于设备的安装方法、质量要求以及使用维修方面的技术要求等往往不能完全反映出来，所以在阅读图纸时有关安装方法、技术要求等问题，要参照相关图集和规范。

8.7.1.2　电气施工图的组成

1. 图纸目录与设计说明

图纸目录与设计说明主要包括图纸内容、数量、工程概况、设计依据以及图中未能表达清楚的各有关事项。如供电电源的来源、供电方式、电压等级、线路敷设方式、防雷接地、设备安装高度及安装方式、工程主要技术数据、施工注意事项等。

2. 主要材料设备表

主要材料设备表包括工程中所使用的各种设备和材料的名称、型号、规格、数量等，它是编制购置设备、材料计划的重要依据之一。

3. 系统图

系统图包括变配电工程的供配电系统图、照明工程的照明系统图、电缆电视系统图等。系统图反映了系统的基本组成、主要电气设备、元件之间的连接情况以及它们的规格、型号、参数等。

4. 平面布置图

平面布置图是电气施工图中的重要图纸之一，如变、配电所电气设备安装平面图、照明平面图、防雷接地平面图等，用来表示电气设备的编号、名称、型号及安装位置、线路的起始点、敷设部位、敷设方式及所用导线型号、规格、根数、管径大小等。通过阅读系统图，了解系统基本组成之后，就可以依据平面图编制工程预算和施工方案，然后组织施工。

5. 控制原理图

控制原理图包括系统中各所用电气设备的电气控制原理，用以指导电气设备的安装和控制系统的调试运行工作。

6. 安装接线图

安装接线图包括电气设备的布置与接线，应与控制原理图对照阅读，进行系统的配线和调校。

7. 安装大样图（详图）

安装大样图是详细表示电气设备安装方法的图纸，对安装部件的各部位注有具体图形和详细尺寸，是进行安装施工和编制工程材料计划时的重要参考。

8.7.2　电气施工图的阅读方法

电气施工图的阅读方法如下。

（1）熟悉电气图例符号，弄清图例、符号所代表的内容。常用的电气工程图例及文字符号可参见中国标准出版社出版的《电气设备用图形符号国家标准汇编》（2009），如表8.4、表8.5、表8.6，表8.7为线路走向方式代号，表8.8为接线原理图形符号。

表8.4 　　　　　　　　　　　**灯 具 类 型 型 号 代 号**

序号	名称	图形符号	说　明	序号	名称	图形符号	说　明
1	灯	⊗	灯或信号灯一般符号	7	吸顶灯		
2	投光灯	⊗		8	壁灯		
3	荧光灯		示例为3管荧光灯	9	花灯	⊗	
4	应急灯		自带电源的事故照明灯装置	10	弯灯		
5	气体放电灯辅助设施		公用于与光源不在一起的辅助设施	11	安全灯		
6	球形灯	●		12	防爆灯	○	

表8.5 　　　　　　　　**照明开关在平面布置图上的图形符号**

序号	名称	图形符号	说　明	序号	名称	图形符号	说　明
1	开关		开关一般符号	6	单级双控拉线开关		
2	单级开关		分别表示明装、暗装、密闭（防水）、防爆	7	双控开关		
3	双级开关		分别表示明装、暗装、密闭（防水）、防爆	8	带指示灯开关	⊗	
4	三级开关		分别表示明装、暗装、密闭（防水）、防爆	9	定时开关		
5	单级拉线开关			10	多拉开关		

表8.6 　　　　　　　　**插座在平面图上的图形符号**

序号	名称	图形符号	说　明	序号	名称	图形符号	说　明
1	插座		插座的一般符号，表示一个级	4	多孔插座		示出三个
2	单相插座		分别表示明装、暗装、密闭（防水）、防爆	5	三相四孔插座		分别表示明装、暗装、密闭（防水）、防爆
3	单相三孔插座		分别表示明装、暗装、密闭（防水）、防爆	6	带开关插座		带一单级开关

表8.7 　　　　　　　　　　　　　　**线 路 走 向 方 式 代 号**

序号	名称	图形符号	说　　明	序号	名称	图形符号	说　　明
1	向上配线	↗	方向不得随意旋转	1	由上引来	↗	
2	向下配线	↗	宜注明箱、线编号及来龙去脉	2	由上引来向下配线	↗	
3	垂直通过	↗		3	由下引来向上配线	↗	
4	由下引来	↗		4			

表8.8 　　　　　　　　　　　　　　**接线原理图图形符号**

序号	名　　称	图　形　符　号	说　　明
1	多级开关一般符号		动合（常开）触点
2	动断（常闭）触点		水平方向上开下闭
3	转换触点		先断后合
4	双向触点		中间断开
5	动合触点形式一		操作器件被吸合时延时闭合
6	动合触点形式二		
7	动合触点形式一		操作器件被释放时延时断开
8	动合触点形式二		
9	隔离开关一般符号		
10	负荷开关一般符号		
11	接触器一般开关		
12	热继电器一般符号		
13	有功功率表	Wh	

（2）针对一套电气施工图，一般应先按以下顺序阅读，然后再对某部分内容进行重点识读。

1）看标题栏及图纸目录。了解工程名称、项目内容、设计日期及图纸内容、数量等。

2）看设计说明。了解工程概况、设计依据等，了解图纸中未能表达清楚的各有关事项。

3）看设备材料表。了解工程中所使用的设备、材料的型号、规格和数量。

4）看系统图。了解系统基本组成，主要电气设备、元件之间的连接关系以及它们的规格、型号、参数等，掌握该系统的组成概况。

5）看平面布置图。如照明平面图、防雷接地平面图等。了解电气设备的规格、型号、数量及线路的起始点、敷设部位、敷设方式和导线根数等。平面图的阅读可按照以下顺序进行：电源进线总配电箱干线支线分配电箱电气设备。

6）看控制原理图。了解系统中电气设备的电气自动控制原理，以指导设备安装调试工作。

7）看安装接线图。了解电气设备的布置与接线。

8）看安装大样图。了解电气设备的具体安装方法、安装部件的具体尺寸等。

（3）抓住电气施工图要点进行识读。

1）在明确负荷等级的基础上，了解供电电源的来源、引入方式及路数。

2）了解电源的进户方式是由室外低压架空引入还是电缆直埋引入。

　　3）明确各配电回路的相序、路径、管线敷设部位、敷设方式以及导线的型号和根数。

　　4）明确电气设备、器件的平面安装位置。

　　（4）结合土建施工图进行阅读。电气施工与土建施工结合得非常紧密，施工中常常涉及各工种之间的配合问题。电气施工平面图只反映了电气设备的平面布置情况，结合土建施工图的阅读还可以了解电气设备的立体布设情况。

　　（5）熟悉施工顺序，便于阅读电气施工图。如识读配电系统图、照明与插座平面图时，就应首先了解室内配线的施工顺序。

　　1）根据电气施工图确定设备安装位置、导线敷设方式、敷设路径及导线穿墙或楼板的位置。

　　2）结合土建施工进行各种预制件、线管、接线盒和保护管的预埋。

　　3）装设绝缘支持物、线夹等，敷设导线。

　　4）安装灯具、开关、插座及电气设备。

　　5）进行导线绝缘测试、检查及通电试验。

　　6）工程验收。

　　（6）识读时，施工图中各图纸应协调配合阅读。对于具体工程来说，为说明配电关系时需要有配电系统图；为说明电气设备、器件的具体安装位置时需要有平面布置图；为说明设备工作原理时需要有控制原理图；为表示元件连接关系时需要有安装接线图；为说明设备、材料的特性、参数时需要有设备材料表等。这些图纸各自的用途不同，但相互之间是有联系并协调一致的。在识读时应根据需要，将各图纸结合起来识读，以达到对整个工程或分部项目全面了解的目的。

8.7.3　各类设备的标注

8.7.3.1　灯具的标注

　　灯具的标注是在灯具旁按灯具标注规定标注灯具的数量、型号、灯具中的光源数量和容量、悬挂高度和安装方式。

　　照明灯具的标注格式为

$$a-b\frac{c\times d\times L}{e}$$

式中　a——同一房间内同型号灯具个数；

　　　b——灯具型号或者代号，见表 8.9；

　　　c——每盏照明灯具的光源个数；

　　　d——每个光源的额定功率，W；

　　　e——安装高度（当为"—"时表示吸顶安装），m；

　　　L——光源种类，见表 8.10。

表 8.9　　　　　　　　　　　　　　　**常 用 灯 具 的 代 号**

序号	灯具名称	代号	序号	灯具名称	代号
1	荧光灯	Y	5	普通吊灯	P
2	壁灯	B	6	吸顶灯	D
3	花灯	H	7	工厂灯	G
4	投光灯	T	8	防水防尘灯	F

表 8.10 常 用 电 光 源 的 代 号

序号	点光源种类	代号	序号	点光源种类	代号
1	荧光灯	FL	5	钠灯	Na
2	白炽灯	LN	6	氙灯	Xe
3	碘钨灯	I	7	氖灯	Ne
4	汞灯	Hg	8	弧光灯	Arc

例如：5－YZ402×40/2.5Ch 表示 5 盏 YZ40 直管型荧光灯，每盏灯具中装设 2 只功率为 40W 的灯管，灯具的安装高度为 2.5m，灯具采用链吊式安装方式。如果灯具为吸顶安装，那么安装高度可用"—"号表示。在同一房间内的多盏相同型号、相同安装方式和相同安装高度的灯具，可以标注一处。

例如：20－YU601×60/3CP 表示 20 盏 YU60 型 U 形荧光灯，每盏灯具中装设 1 只功率为 60W 的 U 形灯管，灯具采用线吊安装，安装高度为 3m。

8.7.3.2 配电线路的标注

配电线路的标注用以表示线路的敷设方式及敷设部位，采用英文字母表示。

配电线路的标注格式为：

$$a—b(c×d)e—f$$

式中　a——回路编号；

　　　b——导线型号；

　　　c——导线根数；

　　　d——导线截面面积，mm^2；

　　　e——敷设方式及穿管管径；

　　　f——敷设部位。

线路敷设方式及敷设部位见表 8.11 和表 8.12。

表 8.11 线 路 敷 设 方 式 代 号

序号	名　称	代号	序号	名　称	代号
1	穿焊接钢管敷设	SC	8	钢索敷设	M
2	穿电线管敷设	MT	9	穿聚氯乙烯塑料波纹电线管敷设	KPC
3	穿硬塑料管敷设	PC	10	穿蛇皮管金属软管敷设	CP
4	穿阻燃半硬聚氯乙烯管敷设	FPC	11	直接埋设	DB
5	用电缆桥架敷设	CT	12	电缆沟敷设	TC
6	金属线槽敷设	MR	13	混凝土排管敷设	CE
7	用塑料线槽敷设	PR			

表 8.12 线 路 敷 设 部 位 文 字 符 号

序号	名　称	代号	序号	名　称	代号
1	沿或跨梁（屋架）敷设	AB	6	暗敷设在墙内	WC
2	暗敷在梁内	BC	7	沿天棚或顶板面敷设	CE
3	沿或跨柱敷设	AC	8	暗敷在屋面或顶板内	CC
4	暗敷在柱内	CLC	9	吊顶内敷设	SCE
5	沿墙面敷设	WS	10	地板内或地面下敷设	FC

例如：BV(3×50+1×25)SC50-FC 表示线路是铜芯塑料绝缘导线，3根50mm²，1根25mm²，穿管径为50mm的钢管沿地面暗敷。

又例如：BLV(3×60+2×35)SC70-WC 表示线路为铝芯塑料绝缘导线，3根60mm²，2根35mm²，穿管径为70mm的钢管沿墙暗敷。

8.7.3.3 照明配电箱的标注

如图8.65所示，型号为 XRM1-A312M 的配电箱，表示该照明配电箱为嵌墙安装，箱内装设一个型号为DZ20的进线主开关，单相照明出线开关12个。

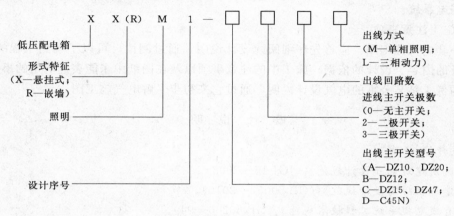

图 8.65 照明配电箱标注

8.7.3.4 开关及熔断器的标注

开关及熔断器的表示，也为图形符号加文字标注，其文字标注格式一般为：

$$a\frac{b}{c/i} \quad a-b-c/i$$

若需要标注引入线的规格时，则标注为：

$$a\frac{b-c/i}{d(e×f)-g}$$

其中：a——设备编号；

b——设备型号；

c——额定电流，A；

d——导线型号；

e——导线根数；

f——导线截面，mm²；

g——导线敷设方式；

i——整定电流，A。

例如：标注 Q3DZ10-100/3-100/60，表示编号为3号的开关设备，其型号为 DZ10-100/3，即装置式3级低压空气断路器，其额定电流为100A，脱扣器整定电流为60A。

8.7.4 常用电气施工图介绍

8.7.4.1 设计说明

设计说明一般是一套电气施工图的第一张图纸，主要包括以下几部分。

（1）工程概况。

(2) 设计依据。

(3) 设计范围。

(4) 供配电设计。

(5) 照明设计。

(6) 线路敷设。

(7) 设备安装。

(8) 防雷接地。

(9) 弱电系统。

(10) 施工注意事项。

识读一套电气施工图，应首先仔细阅读设计说明，通过阅读，可以了解到工程的概况、施工所涉及的内容、设计的依据、施工中的注意事项以及在图纸中未能表达清楚的事宜。

下面的例1是某公寓的电气设计说明，通过它来初步了解电气施工图。

例 1 设 计 说 明

一、设计依据

(1)《民用建筑电气设计规范》（JGJ 16—2008）。

(2)《建筑物防雷设计规范》（GB 50057—2010）。

(3)《有线电视系统工程技术规范》（GB 50200—94）。

(4) 其他有关国家及地方的现行规程、规范及标准。

二、设计内容

本工程电气设计项目包括 380V/220V 供配电系统、照明系统、防雷接地系统和电视电话系统。

三、供电系统

1. 供电方式

本工程拟由小区低压配电网引来 380V/220V 三相四线电源，引至住宅首层总配电箱，再分别引至各用电点；接地系统为 TN-C-S 系统，进户处零线必须重复接地，设专用 PE 线，接地电阻不大于 4Ω；本工程采用放射式供电方式。

2. 线路敷设

低压配电干线选用铜芯交联聚乙烯绝缘电缆（YJV）穿钢管埋地或沿墙敷设；支干线、支线选用铜芯电线（BV）穿钢管沿建筑物墙、地面、顶板暗敷设。

四、照明部分

(1) 本工程按普通住宅设计照明系统。

(2) 所有荧光灯均配电子镇流器。

(3) 卫生间插座采用防水防溅型插座；户内低于 1.8m 的插座均采用安全型插座。

(4) 各照明器具的安装高度详见主要设备材料表。

五、防雷接地系统

(1) 本工程按民用三类建筑防雷要求设置防雷措施，利用建筑物金属体做防雷及接地装置，在女儿墙上设人工避雷带，利用框架柱内的两根对角主钢筋做防雷引下线，并利用结构基础内钢筋做自然接地体，所有防雷钢筋均焊接连通，屋面上所有金属构件和设备均应就近

用 $\phi 10$ 镀锌圆钢与避雷带焊接连通，接地电阻不大于 4Ω，若实测大于此值应补打接地极直至满足要求；具体做法详见相关图纸。

（2）本工程设总等电位联结。应将建筑物的 PE 干线、电气装置接地极的接地干线、水管等金属管道、建筑物的金属构件等导体作等电位联结。等电位联结做法按国家标准《等电位联结安装》（02D501—2）。

（3）所有带洗浴设备的卫生间均作等电位联结。

（4）过电压保护：在电源总配电柜内装第一级电涌保护器（SPD）。

（5）本工程接地形式采用 TN-C-S 系统，电源在进户处做重复接地，并与防雷接地共用接地极。

六、电话、宽带系统

（1）电话电缆由室外穿管埋地引入首层的电话组线箱，再引至各个用户点。

（2）电话系统的管线、出线盒均为暗设，管线规格型号见系统图。

七、共用天线电视系统

（1）电视电缆由室外穿管埋地引入首层的电视前端箱，再分配到各用户分网。

（2）电视系统的管线、出线盒均为暗设，管线规格型号见系统图。

八、安装方式

（略）

九、其他

施工中应与土建密切配合，做好预留、预埋工作，严格按照国家有关规范、标准施工，未尽事宜在图纸会审及施工期间另行解决，变更应经设计单位认可。

8.7.4.2 照明配电系统图

照明配电系统图是用图形符号、文字符号绘制的，用以表示建筑照明配电系统供电方式、配电回路分布及相互联系的建筑电气工程图，能集中反映照明的安装容量、计算容量、计算电流、配电方式、导线或电缆的型号、规格、数量、敷设方式及穿管管径、开关及熔断器的规格型号等。通过照明系统图，可以了解建筑物内部电气照明配电系统的全貌，同时，照明系统图也是进行电气安装调试的主要图纸之一。

照明系统图的主要内容包括以下几项。

（1）电源进户线、各级照明配电箱和供电回路，表示其相互连接形式。

（2）配电箱型号或编号，总照明配电箱及分照明配电箱所选用计量装置、开关和熔断器等器件的型号、规格。

（3）各供电回路的编号、导线型号、根数、截面和线管直径，以及敷设导线长度等。

（4）照明器具等用电设备或供电回路的型号、名称、计算容量和计算电流等。

图 8.66 所示为一住宅楼照明配电系统图。

8.7.4.3 平面布置图

1. 照明、插座平面图

（1）照明平面图的用途和特点。照明平面图主要用来表示电源进户装置、照明配电箱、灯具、插座和开关等电气设备的数量、型号、规格、安装位置、安装高度，表示照明线路的敷设位置、敷设方式、敷设路径及导线的型号、规格等。

（2）照明、插座平面图举例。如图 8.67、图 8.68 所示分别为某高层公寓标准层插座、照明平面图。

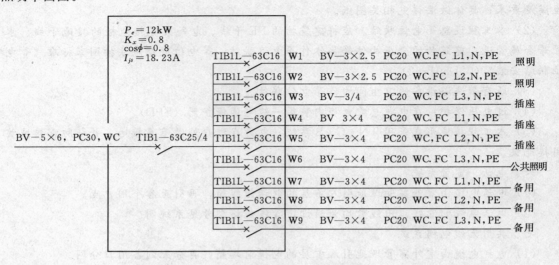

图 8.66 某住宅楼照明配电系统图

P_e—额定功率；K_x—需要系数；$\cos\phi$—功率因数；I_{js}—计算电流

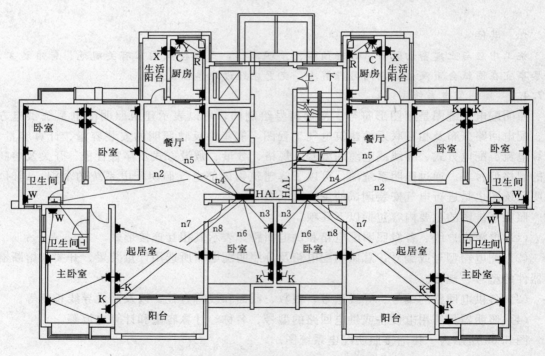

图 8.67 某高层公寓标准层插座平面图

2. 防雷平面图

防雷平面图是指导具体防雷接地施工的图纸。通过阅读，可以了解工程的防雷接地装置所采用设备和材料的型号、规格、安装敷设方法、各装置之间的连接方式等情况，在阅读的同时还应结合相关的数据手册、工艺标准以及施工规范，从而对该建筑物的防雷接地系统有一个全面的了解和掌握。如图 8.69 所示为某办公楼屋顶防雷平面图。

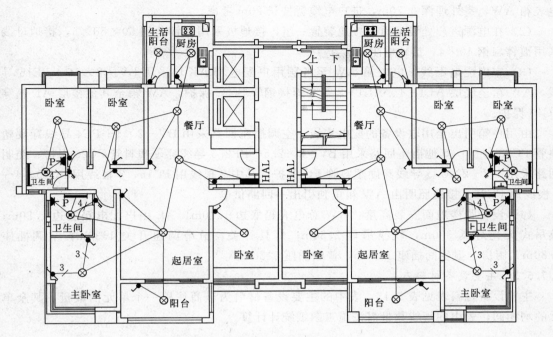

图 8.68　某高层公寓标准层照明平面图

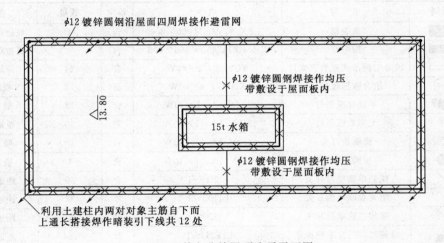

φ12 镀锌圆钢沿屋面四周焊接作避雷网

φ12 镀锌圆钢焊接作均压
带敷设于屋面板内

△13.80

15t 水箱

φ12 镀锌圆钢焊接作均压
带敷设于屋面板内

利用土建柱内两对对象主筋自下而
上通长搭接焊作暗装引下线共 12 处

图 8.69　某办公楼屋顶防雷平面图

8.7.5　电气施工图实例

8.7.5.1　土建工程概况

以某临街商住楼工程为例。该工程共 4 层，其中 1 层为商场，2～4 层为住宅，住宅部分共分 3 个单元，每单元一梯两户，两户的平面布置是对称的。建筑物主体结构为底层框架结构，2 层及以上为砖混结构，楼板为现浇混凝土楼板。建筑物底层层高为 4.50m，2～4 层层高为 3.00m。

8.7.5.2　电气设计说明

（1）本工程电源采用三相四线制（380V/220V）供电，系统接地形式采用 TN - CS 系统。进户线采用 VV22 - 1000（3×35＋1×16）电力电缆，穿焊接钢管 SC80 埋地引入至总电表箱 AW，室外埋深 0.70m，进户电缆暂按长 20m 考虑。

（2）在电源进户处设置重复接地装置一组，接地极采用镀锌角钢 50×50×5，接地母线采用镀锌扁钢 40×4，接地电阻不大于 4Ω。

（3）室内配电干线，电表箱 AW 至各层用户配电箱 AL 均采用 BV-2×16+PE16 导线，AW 箱至底层 AL1-1、AL1-2 箱穿焊接钢管 SC32 保护，AW 箱至其他楼层 AL 箱穿 PC40 保护。

由用户箱引出至用电设备的配电支线，空调插座回路采用 BV-2×4+PE4 导线穿硬塑料管 PC25 保护；其他插座回路采用 BV-2×2.5+PE2.5 导线穿硬塑料管 PC20 保护；照明回路采用 BV-2×2.5 导线穿硬塑料管 PC 保护，其中 2 根线用 PC16，3 根线用 PC20，4～6 根线用 PC25。楼道照明由 AW 箱单独引出一回路供电。

（4）设备距楼地面安装高度：AW 总电表箱底边 1.40m，AL 用户配电箱底边 1.80m；链吊式荧光灯具 3.0m，软线吊灯 2.80m；灯具开关、吊扇调速开关 1.30m；空调插座 1.80m，厨房、卫生间插座 1.50m，普通插座 0.30m。

8.7.5.3 主要设备材料表

主要设备材料表见表 8.13，表中的主要设备材料为该商住楼一个单元的数量，其余单元的均相同，表中的管线数量需按施工图纸统计计算。

表 8.13　　　　　　　　　　主要设备材料表（一个单元）

序号	图例	名　称	规格	单位	数量	备　注
1	▬	电表箱	JLFX.9，950×900×200	台	1	底边距地 1.4m
2	▬	配电箱	XRM101，450×450×105	台	8	底边距地 1.8m
3	⊐⊏	成套型链吊式双管荧光灯	YG2-2，2×40W	套	24	距地 3.0m
4	⊘	组合方形吸顶灯	XD117，4×40W	套	12	吸顶安装
5	◓	半圆球吸顶灯	JXD5-1，1×40W	套	18	吸顶安装
6	①	无罩软线吊灯	250V/6A，1×40W	套	30	距地 2.8m
7	②	瓷质座灯头	250V/6A，1×40W	套	18	吸顶安装
8	●	声控圆球吸顶灯	250V/6A，1×40W	套	4	吸顶安装
9	✎	暗装单联单控开关	L1E1K/1	套	36	距地 1.3m
10	✎	暗装双联单控开关	L1E2K/1	套	24	距地 1.3m
11	✎	暗装三联单控开关	L1E3K/1	套	4	距地 1.3m
12	⊥	暗装二、三孔单相插座	L1E2US/P	套	154	距地 0.3m
13	⊥K	暗装空调专用插座	L1E1S/16P	套	28	距地 1.8m
14	⊥A	暗装防溅三孔插座（插座内置带开关）	L1E2SK/16P+L1E1F	套	18	距地 1.5m
15	⊥B	暗装二、Z；FL 单相插座（带保护门）	L1E1S/P+L1E1F	套	30	距地 1.5m
16	⋈	吊风扇	φ1200	台	8	吸顶安装
17	⊤	吊风扇调速开关		个	8	距地 1.3m
18		电力电缆	VV22-1000～3×35+1×16	m	20	
19		钢管	SC80	m	以实际为准	
20		钢管	SC32	m	以实际为准	

序号	图例	名　称	规格	单位	数量	备　注
21		硬塑料管	PC40	m	以实际为准	
22		硬塑料管	PC25	m	以实际为准	
23		硬塑料管	PC20	m	以实际为准	
24		硬塑料管	PC16	m	以实际为准	
25		导线	BV－16	m	以实际为准	
26		导线	BV. 4	m	以实际为准	
27		导线	BV. 2.5	m	以实际为准	
28		接地极	L50×50×5	m	以实际为准	
29		接地母线	－40×4	m	以实际为准	

8.7.5.4　电气系统图

图 8.70～图 8.73 是该商住楼三个单元组成中的一个单元的电气系统图,其余单元的均相同。电气系统图由配电干线图、电表箱系统图和用户配电箱系统图组成。

1. 配电干线图

配电干线图表明了该单元电能的接受和分配情况,同时也反映出了该单元内电表箱、配电箱的数量关系,如图 8.70 所示。

安装在底层的电表箱其文字符号为 AW,它也是该单元的总配电箱,底层还设有两个用户配电箱 AL1－1 和 AL1－2;2～4 层每层均有两台用户配电箱,它们的文字符号分别为AL2－1～AL4－2。

进线电源引至电表箱 AW,经计量后,由 AW 箱引出的配电干线采用"放射式"连接方式,即由 AW 箱向每一楼层的每一台用户箱 AL 单独引出一路干线供电,配电干线回路的编号为 WLM1～WLM8。

2. 电表箱系统图

电表箱系统图如图 8.71 所示,该图表明了该单元电源引入线的型号规格,电源引入线采用铜芯塑料低压电力电缆,进入建筑物穿钢管 SC80 保护。电表箱内共装设了 8 个单相电能表,每个电表由一个低压断路器保护。电表引出的导线即为室内低压配电干线,每一回路均由 3 根 16mm² 的铜芯塑料线组成,并穿线管保护,其中至一层 AL1－1、AL1－2 箱的用钢管 SC32,至其余楼层的用硬塑料管 PC40。电表箱还引出了一回路——楼道公共照明支线,它采用两条2.5mm² 的铜芯塑料线,穿硬塑料管 PC16 沿墙或天棚暗敷设。

3. 用户配电箱系统图

用户配电箱系统图如图 8.72 和图 8.73 所示,该图表明了引至箱内的配电干线型号规格、箱内的开关

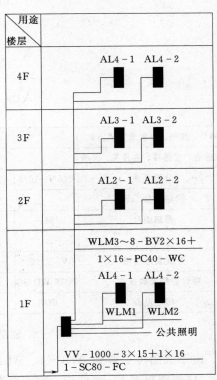

图 8.70　配电干线系统图

电器型号规格以及由箱内引出的配电支线的型号规格。

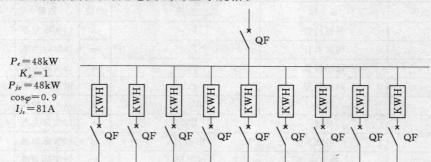

$P_e = 48kW$
$K_x = 1$
$P_{jx} = 48kW$
$\cos\varphi = 0.9$
$I_{js} = 81A$

编号、规格、容量及安装方式	AW JLZX-4　950×900×200　暗装								
电能表、互感器、主开关、进线	NC100H-100/3VV22-1000-3×35+1×16-SC80-FC								
分路开关	8(C65N-40/2)8[DD862-10(40)]								C65N-16/1
回路容量/kW									
回路编号	WLM1	WLM2	WLM3	WLM4	WLM5	WLM6	WLM7	WLM8	WLM9
相序	A	B	C	C	B	A	A	B	C
导线型号规格	BV-2×16+PE16								BV-2×2.5
穿管管径及敷设方式	SC32WC FC	PC40 WC FC							PC16 WC CC
用电设备	AL1-1	AL1-2	AL2-1	AL2-2	AL3-1	AL3-2	AL4-1	AL4-2	公共照明

图 8.71　电表箱系统图

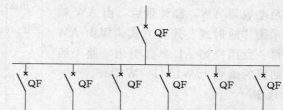

编号、规格、容量及安装方式	AL1、2XM(R)23-3-15　450×450×105　6kW　　暗装					
电能表、互感器、主开关、进线	C65N-40/2BV-2×16+PE16-SC25-WC,FC					
分路开关	C65N-16/1	2(C65N-16/1+Vigi)		2(C65N-20/1)		C65N-16/1
回路容量/kW						
回路编号	M1	C1	C2	K1	K2	M2
相序						
导线型号规格	BV-2×2.5	BV-2×2.5+PE2.5		BV-2×4+PE4		BV-2×2.5
穿管管径及敷设方式	PC16 WC CC	PC20 WC FC		PC25 WC CC		PC16 WC CC
用电设备	照明	普通插座		空调插座		照明

图 8-72　底层配电箱 AL1-1、AL1-2 系统图

由系统图可了解到 AL1-1、AL1-2 箱引出 6 回路支线，其中两回路照明支线 M1、M2，穿硬塑料管 PC16 保护；两回路普通插座支线 C1、C2，穿硬塑料管 PC20 保护；两回路空调插座支线 K1、K2，穿硬塑料管 PC25 保护。

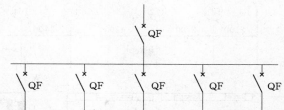

编号、规格、容量及安装方式	AL2~4-1~2 XM(R)23-3-15 450×450×105 6kW 暗装				
电能表、互感器、主开关、进线	C65N-40/2 BV-2×16+PE16-PC40-WC、CC				
分路开关	C65N-16/1	3(C65N-16/1+Vigi)			C65N-16/1
回路容量/kW					
回路编号	M1	C1	C2	C3	K1
相序					
导线型号规格	BV-2×2.5	BV-2×2.5+PE2.5			BV-2×4+PE4
穿管管径及敷设方式	PC16 WC CC	PC20 WC FC	PC20 WC CC		PC25 WC CC
用电设备	照明	普通插座	卫生间插座	厨房插座	空调插座

图 8-73 2~4 层配电箱 AL2-1、AL4-2 系统图

AL2-1~AL4-2 箱引出 5 回路支线，其中一回路照明支线 M1，穿硬塑料管 PC16 保护；三回路插座支线，普通插座支线 C1、卫生间插座 C2 和厨房插座 C3，均穿硬塑料管 PC20 保护；一回路空调插座支线 K1，穿硬塑料管 PC25 保护。

4. 电气平面图

底层电气平面图如图 8.74 所示，标准层电气平面图如图 8.75 所示。

因为该高住楼底层为商店，2~4 层为住宅，而每一单元的平面布置是相同的，并且每一单元内每层分为两户，两户的建筑布局和配电布置又为对称相同，所以在看图时只需弄清是一个单元中底层和标准层一户的电气安装就可以了。

（1）底层电气平面图。

1）电源引入线及室内干线。由底层电气平面图可知，该单元的电源进线是从建筑物北面，沿①轴埋地引至位于底层的电表箱 AW，电表箱 AW 的具体安装位置在一楼楼梯口，暗装，安装高度 1.40m。由 AW 箱引出至各楼层的室内低压配电干线，至底层用户配电箱 AL1-1、AL1-2 的由其下端引出，至二层以上用户配电箱的由其上端引出，楼道公共照明支线也由其上端引出。这部分垂直管线在平面图上无法表示，只能通过电气系统图来理解。

2）接地装置。由底层电气平面图还可了解到，室外接地装置的安装平面位置，室外接地母线埋地引入室内后由电表箱 AW 的下端口进入箱内。

3）每户配电支线底层用户配电箱 AL1-1 和 AL1-2 分别安装在⑭轴和⑭轴墙内，对照电气系统图可知每个配电箱引出 6 回路支线，支线 M1 由配电箱上端引出给这一户 B 轴下方的 6 套双管荧光灯和两台吊扇供电；支线 M2 由配电箱上端引出给 B 轴上方的 6 套双管荧光由配电箱下端引出给 B 轴下方的 9 套普通插座供电；支线 K2 由配电箱上端引出给①（⑦）轴墙上的 1 套空调插座供电，支线 K1 由配电箱上端引出给⑬（⑭）轴墙上的 1 套空调插座供电。

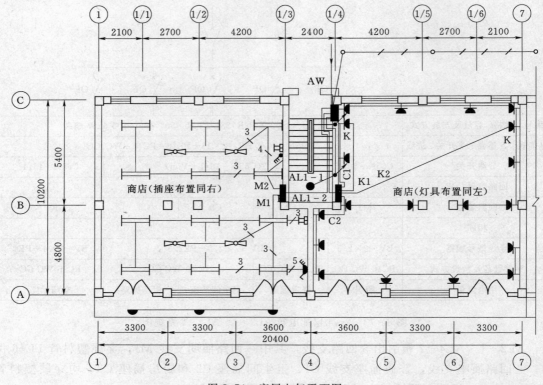

图 8.74 底层电气平面图

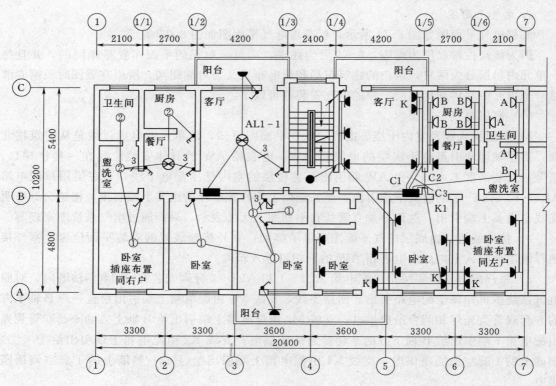

图 8.75 标准层电气平面图

（2）标准层电气平面图。

1）配电干线。由标准层电气平面图可知，引入每层用户配电箱 AL 的配电干线是由楼梯间⑭轴墙内暗敷设引上，并经楼地面、墙体引到位于 B 轴墙上暗装的配电箱。

2）每户配电支线对照电气系统图可知每一个用户配电箱引出 5 回路支线，支线 M1 由配电箱上端引出给这一户所有的照明灯具供电；它的具体走向是出箱后先到客厅，然后到北阳台、南卧室、卫生间、厨房。由于该支线较长，所以看图时应注意每根图线代表的导线根数以及穿管管径。支线 C1 由配电箱下端引出给所有的普通插座供电，它的具体走向是出箱后先到客厅，然后到南面的各卧室；支线 C2 由配电箱上端引出给餐厅、厨房插座供电，它的具体走向是出箱后先到餐厅，然后到厨房；支线 C3 由配电箱上端引出给盥洗室、卫生间插座供电，它的具体走向悬出箱后先到盥洗室，然后到卫生间；支线 K1 由配电箱上端引出所有的空调插座供电，它的具体走向是出箱后先到箱上方的分线盒，再由分线盒分出两路线，一路至客厅空调插座，另一路至南卧室各空调插座。

复 习 思 考 题

1. 建筑电气系统是如何分类的？
2. 什么是高压电气设备和低压电气设备？
3. 常用的低压电气设备主要有哪些？
4. 低压断路器有哪些功能？
5. 配电箱的作用是什么？
6. YJ22－1.0（3×35＋1×10）表示什么含义？

第9章 建筑弱电系统概述

9.1 智能建筑概述

9.1.1 智能建筑的定义

关于智能建筑，国际上尚无统一的定义，目前人们普遍认同美国"智能建筑学会"的定义，即智能建筑是将结构、系统、服务和管理4个要素各自优化、相互联系、全面综合并达到最佳组合以获得高效率、高功能与高舒适的建筑物。

我国的《智能建筑设计标准》（GB/T 50314—2006）对智能建筑定义为"以建筑物为平台，兼备信息设施系统、信息化应用系统、建筑设备管理系统、公共安全系统等，集结构、系统、服务、管理及其优化组合为一体，向人们提供安全、高效、便捷、节能、环保、健康的建筑环境"。

智能建筑通常有三大主要特征，即"3A"，包括楼宇设备自动化（BA）、通信自动化（CA）和办公自动化（OA）。有些单位部门为了突出某些功能，形成"5A"系统，包括楼宇设备自动化（BA）、保安自动化（SA）、火灾报警自动化（FA）、通信自动化（CA）和办公自动化（OA）。

9.1.2 智能建筑的组成和功能

建筑智能化系统也被称为"智能化弱电系统"，常见的弱电系统包括有楼宇设备自控系统工程、通信系统工程、保安监控及防盗报警系统工程、综合布线系统工程、计算机网络系统工程、广播系统工程、会议系统工程、视频点播系统工程、智能化小区物业管理系统工程、火灾报警系统工程及一卡通系统工程等。

智能建筑由自动化基本子系统通过系统集成中心（SIC）组合在一起，满足用户的需求。其系统组成和功能如图9.1所示。

9.1.2.1 系统集成中心（SIC）

SIC应具有各个智能化系统信息汇集和各类信息综合管理的功能，并达到以下3个要求，即：

（1）汇集建筑物内外各类信息，接口界面标准化、规范化，以实现各子系统之间的信息交换及通信。

（2）对建筑物各个子系统进行综合管理。

（3）对建筑物内的信息进行实时处理，并且具有很强的信息处理及信息通信能力。

9.1.2.2 综合布线（GC）

目前所说的建筑物与建筑群综合布线系统，简称综合布线系统。它是指一幢建筑物内（或综合性建筑物）或建筑群体中的信息传输媒质系统。它将相同或相似的缆线（对对绞线、同轴电缆或光缆）、连接硬件组合在一套标准且通用的、按一定秩序和内部关系而集成为整

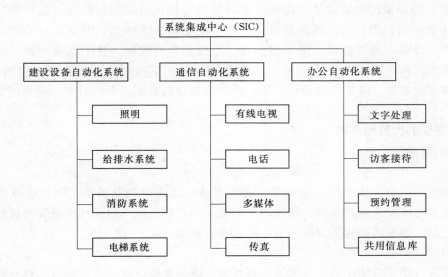

图 9.1　智能建筑结构

体。综合布线是一种模块化的、灵活性极高的建筑物内或建筑群之间的信息传输通道。

9.1.2.3　办公自动化（OA）系统

智能建筑中完整的办公自动化系统必然要完成信息的准备、输入，信息的保存，信息的处理，信息的分发和传输等基本环节的功能，能以最便捷的方式向各层次办公人员提供所需要的信息，尤其是对决策层人员提供管理控制信息，以便做出正确的决策。决策支持应用软件能以最优化的管理和最高的社会经济效益为目标，用智能化的方式提供专家咨询及决策模型的多种方案。办公自动化系统综合了人、机器和信息三者的关系，是多种学科的综合。

（1）电子数据处理（EDP）。处理办公中大量繁琐的事务性工作，如发送通知、打印文件、汇总表格、组织会议等。将上述任务交给机器完成，以实现高效便捷的工作目的。

（2）管理信息系统（MIS）。把各项独立的事务处理通过信息交换和资源共享联系起来以获得准确、快捷、及时、优质的功效。

（3）决策支持系统（DSS）。决策是根据预定目标做出的决定，是高层次的管理工作。决策过程包括提出问题、收集资料、拟订方案、分析评价、最后选定等一系列活动。

9.1.2.4　通信自动化（CA）系统

通信自动化系统 CAS 是智能型建筑物的"中枢神经"，可延伸到建筑物的每个角落，是楼内语音、数据、图像传输的基础，同时与外部通信网络相连，确保信息流畅。主要功能有以下几个方面。

（1）支持楼宇的运营管理、设备监控，用户信息处理中设备之间的数据通信。

（2）支持建筑物内有线电话、有线电视、电视会议等话音和图像通信。

（3）支持各种广域连接，视频通信网和各种计算机网的接口。

9.1.2.5　建筑物自动化（BA）系统

它是采用具有高信息处理能力的微处理机对整个建筑物的空调、供热、给排水、变配电、照明、电梯、消防、广播音响、闭路电视、通信、防盗、巡更等进行全面监控。BAS性能的好坏是衡量高层建筑现代化管理水平的重要标志之一。

BAS主要任务是采用电脑对整个建筑内多而分散的建筑设备实行测量、监视和自动控制。BAS的中央处理机通过通信网络对电力、照明、空调、给排水、电梯和自动扶梯、防火等数量众多的设备，通过各子系统实施测量、监视和自动控制。各子系统之间可互通信息，也可以独立工作，实现最优化的管理。BAS的目的在于提高系统运行的安全可靠性，节省人力、物力和能源，降低设备运行费用，随时掌握设备状态及运行时间，能量的消耗及变化等。

9.1.3　智能建筑的优势和发展

9.1.3.1　智能建筑的优势

1. 安全性

安全性体现为综合保安系统（包括防盗报警系统、出入口控制系统、闭路电视监控系统、巡更系统、电梯安全监控系统、周界防卫系统）和消防系统（包括火灾报警系统、消防喷淋系统、应急广播系统、应急照明系统、应急呼叫系统）。

2. 舒适性

舒适性体现为楼宇自动化系统（包括空调系统、供热系统、电力供应系统、灯光照明控制系统）、微型机有线电视系统、背景音乐广播系统、IC卡系统和停车场管理系统。

3. 便捷性

便捷性体现为综合布线系统、程控交换机系统、办公自动化系统、物业管理系统和计算机网络系统。

9.1.3.2　智能建筑的发展趋势

　　自1984年世界上第一座智能建筑诞生以来，世界各国纷纷效仿，智能建筑迅速在世界各地展开。近年来，我国智能建筑行业得到了迅速发展，呈现出巨大的市场潜力，社会效益和经济效益不断提高。目前，我国智能建筑已经进入了快速发展的阶段。在21世纪的智能建筑领域里，信息网络技术、控制网络技术、智能卡技术、可视化技术、流动办公技术、家庭智能化技术、无线局域网技术、数据卫星通信技术、双向电视传输技术等，都将会有更加深入广泛地具体发展应用，具体来讲，智能建筑会有以下的发展趋势。

　　（1）智能化小区及数字化社区。家庭电器数量和品种的日益增多，相对智能办公楼而言，智能小区尚属起步阶段，在网络联通之后，住户更多着眼在网络所提供的现实功能。

　　（2）智能建筑的节能和绿色环保。在某种意义上，智能建筑也可称为生态智能建筑或绿色智能建筑，生态智能建筑就应该处理好人、建筑和自然三者之间的关系，它既要为人创造一个舒适的空间环境，同时又要保护好周围的大环境，绿色智能建筑则要符合"安全、舒适、方便、节能、环保"的原则。

　　（3）开放式的智能化建筑。智能建筑是一个动态的、发展的系统，开放式系统的智能大厦能够不断吸收新的技术，更新旧的设备，从而使整个智能化系统设施运行得更好。

　　（4）智能建筑的个性化。个性化设计就是坚持以大系统、动态运行的角度进行建筑对象和使用对象的系统分析，针对特定建筑的具体需求，根据系统运行状态，深入到特定细节的设计。

　　智能建筑的发展趋势远远不止以上几点。智能建筑是人、信息和工作环境的智慧结合，是建立在建筑设计、行为科学、信息科学、环境科学、社会工程学、系统工程学、人类工程学等各类理论学科之上的交叉应用。放眼未来，伴随着科学技术的进步，智能建筑将为我们提供更加舒适、安全、高效的工作和生活环境，中国的智能建筑也势必迎来更大的发展空间。

9.2 综合布线系统

9.2.1 概述

9.2.1.1 总述

综合布线系统就是为了顺应发展需求而特别设计的一套布线系统。对于现代化的大楼来说，就如体内的神经，它采用了一系列高质量的标准材料，以模块化的组合方式，把语音、数据、图像和部分控制信号系统用统一的传输媒介进行综合，经过统一的规划设计，综合在一套标准的布线系统中，将现代建筑的三大子系统有机地连接起来，为现代建筑的系统集成提供了物理介质。可以说，结构化布线系统的成功与否直接关系到现代化大楼的成败，选择一套高品质的综合布线系统是至关重要的。

综合布线由不同系列和规格的部件组成，其中包括：传输介质、相关连接硬件（如配线架、连接器、插座、插头和适配器）以及电气保护设备等。这些部件可用来构建各种子系统，它们都有各自的具体用途，不仅易于实施，而且能随需求的变化而平稳升级。

9.2.1.2 综合布线系统特点

综合布线系统有以下几个特点。

（1）实用性。实施后，布线系统将能够适应现代和未来通信技术的发展，并且实现话音、数据通信等信号的统一传输。

（2）灵活性。综合布线采用标准的传输电缆和相关连接硬件，并采用模块化设计，因此所有通道都是通用的。布线系统能满足各种应用的要求，即任一信息点能够连接不同类型的终端设备，如电话、计算机、打印机、电脑终端、传真机、各种传感器件以及图像监控设备等。

（3）模块化。综合布线系统中除去固定于建筑物内的水平缆线外，其余所有的接插件都是基本式的标准件，可互连所有话音、数据、图像、网络和楼宇自动化设备，以方便使用、搬迁、更改、扩容和管理。

（4）扩展性。综合布线系统是可扩充的，以便将来技术更新和有更大的用途时，很容易将新设备扩充进去。

（5）经济性。采用综合布线系统后可以使管理人员减少，同时，因为模块化的结构，工作难度大大降低了日后因更改或搬迁系统时的费用。

（6）通用性。对符合国际通信标准的各种计算机和网络拓扑结构均能适应，对不同传递速度的通信要求均能适应，可以支持和容纳多种计算机网络的运行。

9.2.2 综合布线的结构

综合布线一般采用星形拓扑结构布线方式，具有多元化的功能，可以使任一子系统单独地布线，每一子系统均为一个独立的单元组，更改任一子系统时，均不会影响其他子系统。一个完整的综合布线系统通常可以分成6个子系统，这6个子系统分别是工作区子系统、水平子系统、干线子系统、管理子系统、设备间子系统和建筑群子系统，如图9.2所示。

9.2.2.1　工作区子系统

工作区子系统放置在应用系统终端设备的地方，它由终端设备及连接到信息插座的连线组成，包括信息插座、插座盒、信息连接线和适配器等，如图 9.3 所示。

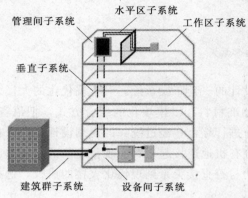

图 9.2　建筑物与建筑群综合布线结构

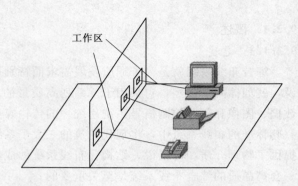

图 9.3　工作区子系统

（1）信息插座是工作站与配线子系统连接的接口，指在用户的工作区域内固定水平电缆和光缆的末端，并向用户提供模块化的信息插孔设备。

（2）信息连接线是水平线缆的延伸，用来连接终端设备和信息输出端。

（3）适配器是不同通信规范之间的连接和转换设备。

9.2.2.2　水平子系统

水平子系统也称为配线子系统。目的是实现信息插座和管理子系统（跳线架）间的连接，将用户工作区引至管理子系统，并为用户提供一个符合国际标准，满足语音及高速数据传输要求的信息点出口。该子系统由一个工作区的信息插座开始，经水平布置到管理区的内侧配线架的线缆所组成，如图 9.4 所示。

9.2.2.3　干线子系统

干线子系统由设备间和楼层配电间之间的连接线缆组成。线缆一般为双绞电缆或多芯电缆，两端分别接在设备间和楼层配电间的配线架上，如图 9.5 所示。

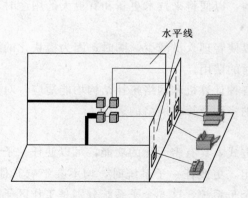

图 9.4　水平子系统

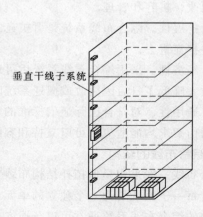

图 9.5　干线子系统

9.2.2.4 管理子系统

管理区为连接其他子系统提供连接手段，使整个综合布线及其连接的应用系统设备、器件等构成一个有机的应用系统。它由配电间的线缆、配线架及相关插线等组成。

9.2.2.5 设备间子系统

设备间子系统主要是由设备间中的电缆、连接器和有关的支撑硬件组成，作用是将计算机、PBX、摄像头及监视器等弱电设备互连起来并连接到主配线架上。设备间可放置综合布线的进出线连接硬件及语言、数据、图像、建筑物控制等应用系统的设备。

9.2.2.6 建筑群子系统

该子系统将一个建筑物的电缆延伸到建筑群的另外一些建筑物中的通信设备和装置上，是结构化布线系统的一部分，支持提供楼群之间通信所需的硬件。它由电缆、光缆和入楼处的过流过压电气保护设备等相关硬件组成，常用介质是光缆。

9.2.3 综合布线的标准和规范

9.2.3.1 综合布线系统的国外标准

（1）《商业大楼通信通路与空间标准》（ANSI/EIA/TIA—569）。

（2）《商业大楼通信布线标准》（ANSI/EIA/TIA—568‑A）。

（3）《商业大楼通信基础设施管理标准》（ANSI/EIA/TIA—606）。

（4）《商业大楼通信布线接地与地线连接需求》（ANSI/EIA/TIA—607）。

（5）《非屏蔽双绞线端到端系统性能测试》（ANSI/TIA TSB—67）。

（6）《住宅和 N 型商业电信布线标准》（ANSI/EIA/TIA—570）。

（7）《集中式光纤布线指导原则》（ANSI/TIA TSB—72）。

（8）《开放型办公室新增水平布线应用方法》（ANSI/TIA TSB—75）。

9.2.3.2 综合布线系统的国内标准

（1）《建筑与建筑群综合布线系统工程设计规范》（GB/T 50311—2000）。

（2）《建筑与建筑群综合布线系统工程验收规范》（GB/T 50312—2000）。

（3）《综合布线系统工程设计规范》（GB 50311—2007）。

（4）《综合布线系统验收规范》（GB 50312—2007）。

9.2.4 系统设计

9.2.4.1 设计步骤

设计与实现一个合理综合布线一般有以下 6 个步骤。

（1）获取相关平面图。

（2）分析用户需求。

（3）系统结构设计。

（4）布线路由设计。

（5）绘制布线施工图。

（6）编制布线用料清单。

如图 9.6 所示为综合布线流程图。

9.2.4.2 系统总体规划

综合布线系统随着新技术的发展和新产品的问世，逐步完善而趋向成熟。我们在设计智能化建筑物期间，要提出并研究近期和长远的需求是非常必要的。为了保证建筑物投资者的

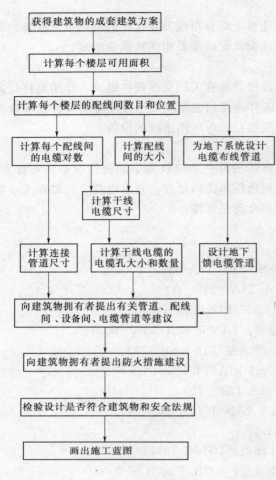

图 9.6 综合布线流程图

利益，我们可以采取"总体规划，分步实施，水平布线尽量一步到位"。主干线大多数都设置在建筑物弱电井，更换或扩充比较省事；水平布线是在建筑物天花板内的管道里，施工费用比初始投资的材料费用高。如果更换水平布线，要损坏建筑结构，影响整体美观。因此我们在设计水平布线，尽量选用档次较高的线缆及连接件，缩短布线周期。

9.2.4.3 系统设计

一个完善的确定设计的布线走线系统，其目标是在既定时间以外，允许在有新需求的集成过程中，不必再去进行水平布线，损坏建筑装饰而影响审美。

根据实际需要，我们将综合布线系统分为 3 个等级：

1. 最低配置

定义为每一个工作区设置 1 个 8 位模块式通用插座，该插座可以支持任何终端设备的连接，一般只在工程等级很低或资金短缺的情况下采用。

2. 基本配置

定义为每一个工作区设置 2 个或 2 个以上的 8 位模块式通用插座，通常考虑一个插座支持语音应用，另一个应用于计算机网络。目前为主流设计的首选方案。

3. 综合配置

定义为在综合配置的基础上增加光纤至桌面的光插座。此种配置适用于工程等级较高或用户对于信息量、信息保密、网络安全与信息资源开放等有需求的场地。

9.3 通信系统

通信系统是现代楼宇的重要组成部分，在现代楼宇中的重要性是显而易见的。特别是计算机技术在通信中广泛应用，实现了通信方式的数字数据化，利用电子手段实现信息的传输与存储，目前已发展成为拥有电话通信系统、传真、移动通信系统、计算机网络与数据通信系统、会议电视系统、卫星及有线电视系统、公共广播系统等在内的多元通信系统。

电话通信系统是建筑中最重要的通信系统之一。电话通信仍是常用的主要联络手段，可以为建筑内的人员提供快捷便利的通信服务。

9.3.1 电话系统的组成

电话系统主要包括用户交换设备、通信线路网络及用户终端设备三大部分，如图 9.7 所示。

用户终端设备通常是电话机或传真机，主要用来接收和发送信息。这些信息通过通信线路网络传输到用户交换设备，用户交换设备将信息进行处理和交换，然后再通过通信线路网络传送到其他的用户终端设备上，从而达到通信的目的。

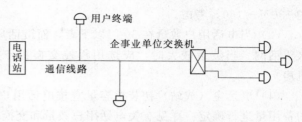

图 9.7 电话通信系统概略图

9.3.1.1 用户交换设备

交换系统的主要设备是电话交换机，在智能建筑中一般采用程控数字交换机（PABX），它是接通电话用户之间通信线路的专用设备，是利用电子计算机进行控制的。程控数字交换机将数字通信技术、计算机技术和微电子技术集成为一体，成为一个高度模块化设计的全分散控制系统。智能建筑中的 PABX 具有以下基本功能。

（1）具有综合业务数据的传输功能，对每一用户可同时进行话音、数据、图形的多媒体通信。

（2）实现办公室信息自动化的功能，对不同的用户终端设备提供码式、码速和协议转换。

（3）构成计算机局域网（LAN）的功能。

9.3.1.2 通信线路网络

电话传输系统根据传输媒介的不同可以分为有线传输（电缆和光纤等）和无线传输（微波和卫星通信等）。在智能建筑中主要使用有线传输，但是现在基于微波技术的 PHS、TDMA 等技术的应用也出现了许多无线传输的电话传输系统。

对于有线传输系统来说，信息的传输方式又分为模拟传输和数字传输两种。模拟传输是将信息转换成为与之相对应大小的电流模拟量进行传输，大部分普通电话都采用模拟传输方式。数字传输则是根据数字编码（PCM）方式将信息转换为数字信号进行传输，它具有抗干扰能力强、保密性强、电路便于继承、适用于开展新业务等许多优点，现在大量的程控交换机系统就是采用数字传输方式。

9.3.1.3 用户终端设备

以前所谓的用户终端设备主要指电话机，现在随着通信技术的发展又出现了很多用户终端设备，如传真机、调制解调器、计算机终端和 IP 电话等。

9.3.2 系统设计

通信系统的设计是为建筑物建立通信系统的第一步，所以设计的合理性、科学性直接影响通信系统的使用效果。另外，在设计过程中也要将经济状况、项目工期和项目用途等因素综合考虑。

9.3.2.1 设计原则

通信系统的设计有以下 4 项原则。

（1）通信系统的设计必须做到技术先进、经济合理、灵活畅通及确保质量，符合国家有关标准和规范的规定，并符合当地市话通信网的进网条件及相关技术要求。

（2）电话用户线路的配置数量应以满足建设单位和用户提出的具体要求为依据，并结合实现办公自动化需求，提高电话普及率及发展的要求等因素来确定。通常按初装电话机容量的 130％～160％考虑。

（3）当电话用户数量在 50 门以下者，而市话局又能满足市话用户需求时，可以直接进入市话网。当数量较大时，应选用程控交换机，并应建立电话室（包括操作台和交换机机房）。

（4）电话室（或站）初装机容量宜按电话用户数量与近期发展的容量之和再计入 30％的备用量进行确定。详见有关电话用户数量和交换机容量的确定。

9.3.2.2　设备的选择

1. 电话用户数量的确定

建筑中电话用户数量的确定，应根据建筑物的类别、应用的对象、使用功能、实际需要和发展确定。通常可以按照标准规定的 1.2 倍来考虑，标准数见表 9.1。

表 9.1　　　　　　　　　　　　　　　　　**电话回线设计标准数**

类别		使用面积（每 10m²）		类别		使用面积（每 10m²）	
		外线回线数	内线回线数			外线回线数	内线回线数
公司办公室		0.5	1.5	报社		0.5	2
政府机关		0.5	1.5	银行		0.5	1.5
商务大厦		0.5	1.5	公寓住宅		1～2	1
证券公司		0.5	1.5				
广播电视楼		0.2	1	医院	病房	0.03	0.03
百货公司	商场	0.02	0.2		办公室	0.2	0.5
	办公室	0.5	1.5				

2. 交换机容量的确定

用户交换机的实装内线分机限额通常为交换机容量门数的 80％（即 100 门用户交换机实装最高限额为 80 门内线分机）。数字用户交换机容量的确定，要通过计算来确定，计算式如下。

$$初装容量 = 1.3 \times [目前所需门数 + (3～5)年的远期发展总增容数]$$

$$终装容量 = 1.2 \times [目前所需门数 + (10～20)年的远期发展总增容数]$$

9.4　有线电视及卫星接收系统

9.4.1　有线电视系统概述

有线电视系统（Closed - Circuit Television，简称 CCTV）是采用缆线（电缆或光缆）等作为传输媒质来传送电视节目的一种闭路电视系统［用 CCTV 称呼有线电视系统，容易与中国中央电视台的简称 CCTV（China Central Television）混淆，所以国内常常使用 CATV 这个词（共用天线系统/有线电视 Community Antenna Television）］，它以有线的方式在电视中心和用户终端之间传递声、像信息。所谓闭路，是指不向自由空间辐射，可供电视接收机通过无线接收方式直接接受的电磁波。有线电视是相对于无线电视（开路电视）而言的一种新型的广播电视传播方式。它是用高频电缆、光缆和微波等来传输，并在一定的用户中分配和交换声音、图像、数据及其他信号的电视系统。

随着技术的发展，打破了传统闭路与开路的界限，有线电视系统从单一以传输广播电视业务为主，逐步向在网络中传输广播电视信息、计算机信息和数据信息等多种综合业务信息为主；网络的传输媒介也从原来的以电缆为主，逐步发展到卫星、微波等传输手段。

按照用途可分为有线电视系统有广播有线电视和专用有线电视（即应用电视）两类。这里只介绍广播有线电视系统，对应用电视不做详细介绍。

9.4.2 广播有线电视系统的构成

广播有线电视系统是指为完成传输高质量的电视信号，由具有多频道、多功能、大规模、双向传输和高可靠、长寿命等特性的各种相互联系的部件设备组成的整体。通常，广播有线电视系统由接收信号源、前端处理、干线传输、用户分配和用户终端几部分组成，如图9.8所示。

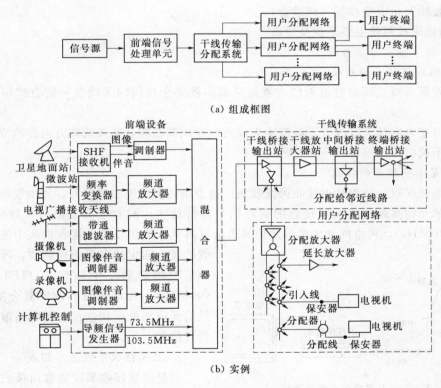

图9.8 广播有线电视系统组成

9.4.2.1 接收信号源

接收信号源通常包括卫星地面站、微波站、无线接收天线、有线电视网、电视转播车、录像机、摄像机、电视电影机以及字幕机等。

9.4.2.2 前端设备

前端设备是指用以处理由卫星地面站以及由天线接收的各种无线广播信号和自办节目信号的设备，是整个系统的心脏。前端设备包括天线放大器、频道放大器、频道变换器、频率处理器、混合器以及需要分配的各种信号发生器等。来自各种不同信号源的电视信号必须经过再处理为高品质、无干扰杂波的电视节目。它们分别占用一个频道进入系统的前端设备，并分别进行处理。最后，在混合器中被合成一路含有多套电视节目的宽带复合信号，再经同轴电缆或光发射机传送出去。

9.4.2.3 干线传输系统

干线传输系统其作用是把前端送出的宽带复合电视信号传输到用户分配系统。干线传输有 3 种方式，即电缆、光缆和微波。使用的设备主要有干线放大器、干线电缆、光缆、光接收机和多路微波分配系统等。

9.4.2.4 用户分配网络

用户分配网络以最广的分布直接把来自干线传输系统的信号，分配传送到千家万户的电视机（用户终端）。设备主要有分配放大器、分支器、分配器、分支线和用户线等。

9.4.2.5 用户终端

用户终端是有线电视系统的最后部分，它从分配网络中获得信号。目前常用用户终端的是电视接收机及机上变换器（机顶盒）。

9.4.3 有线电视系统主要系统及设备

9.4.3.1 信号接收与信号源

1. 开路电视信号的接收

（1）差值天线。所谓差值天线，就是两副参数完全相同的天线按一定方式组合而成的天线。

（2）可变方向性天线改变天线阵中天线的间距或其相移，使天线阵方向性改变，可消除重影及抗干扰。

2. 卫星电视信号的接收

卫星电视接收，首先是由接收天线收集广播卫星转发的电磁波信号，并由馈源送给高频头；室外单元的高频头将天线接收的射频信号进行放大，同时变频至第一中频频率 $f1F1$（970～1470MHz），再由同轴电缆将此信号送给室内单元的接收机，接收机从中选出所需接收的某一固定的电视调频载波，再变频至解调前的固定第二中频频率 $f1F2$（通常为 400MHz），由解调器解调出复合基带信号，最后经视频处理和伴音解调电路输出图像和伴音信号。

3. 卫星接收系统基本组成

卫星电视接收系统通常由接收天线、高频头和卫星接收机三大部分组成，如图 9.9

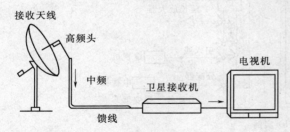

图 9.9 卫星接收系统示意图

所示。接收天线与天线馈源相连的高频头通常放置在室外，所以又合称为室外单元设备。卫星接收机一般放置在室内，与电视机相连，所以又称为室内单元设备。室外单元设备与室内单元设备之间通过一根同轴电缆相连，将接收的信号由室外单元设备送给室内单元设备（即接收机）。

4. 卫星接收系统分类

卫星电视的接收，按接收设备的组成形式分为家庭用的个体接收和 CATV 用的集体接收两种方式。家用个体接收方式一般为一碟（天线）一机，比较简单。若用户电视机与接收电视信号的制式相同，或者使用了多制式电视机，则不必加制式转换器；若用户电视机制式与接收电视节目制式不同，可在接收机解调出信号之后加上电视制式转换器进行收看。

CATV 用的集体接收方式如图 9.10 所示，它是将接收机解调出来的图像和伴音信号通过调制器进行 VHF 或 UHF 频段的再调制，然后经制式转换器再由混合器将多路节目送入 CATV 系统中去，这样在该系统内的用户不需增加任何设备就可以通过闭路系统的集体接收设备来收看卫星电视了。收看节目的数量取决于集体接收设备送入闭路系统的节目数量。由于集体接收方式的信号要经过再调制以及中间传输环节才能送到用户电视机上，因此要求接收质量高，设备特别是接收天线性能要较好（口径大）。此外，送入闭路电视系统的节目数越多，需要的接收机、制转器（如需要制式转换）和调制器相应增加，即要求每一套节目都需要用接收机、制转器和调制器设备。

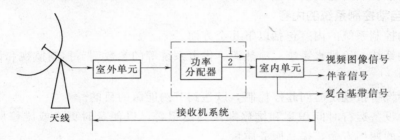

图 9.10　集体接收系统示意图

9.4.3.2　前端系统

前端系统主要作用是进行信号处理，包括信号的分离、信号的放大、电平调整和控制、频谱变换（调制、解调和变频）、信号的混合以及干扰信号的抑制。前端设备主要是射频和中频信号处理设备，如天线放大器、频道滤波器、调制器、混合器、导频信号发生器等。主要特性指标有 4 项：频率范围、载噪比（C/N）、用户电平和干扰抑制。

9.4.3.3　传输系统

传输系统是把前端的电视信号送至分配网络的中间传输部分。在大型有线电视系统中，主要指干线和支线（也可能有超干线）；在中、小型有线电视系统中，通常只有支线。传输系统通常由发送、传输和接收等 3 个部分组成，信号传输方式有同轴电缆、光缆和微波等 3 种。

9.4.3.4　用户终端

目前常用用户终端的是电视接收机及机上变换器（机顶盒）。

常用的终端技术可分为以下几种。

1. 有线电视接收机方式

这是一种专用接收技术，它既能收看普通电视信号，也能收看邻频信号或增补频道节目、付费电视（数字电视节目）。目前这种接收机的市场很小（主要的问题是收看付费电视的需求问题）。

2. 集中群变换方式

以某一集中区域为单元，用一个电视频率变换站来控制该区域中的用户终端。这是一种过渡方式，对付费电视不好管理。

3．机上变换器方式（机顶盒是一种专门技术，不在讨论之列）

以用户为单元，在其电视接收机前加装机上变换器。

4．电视接收机直接收看方式

这是目前常用的一种方式，虽然质量不很好，节目容量有限，但这是一种最简单方便的方法。

9.5　楼宇自动控制系统

楼宇自动控制系统就是将建筑物或建筑群内的变配电、照明、电梯、空调、供热、给排水、消防、保安等众多分散设备的运行、安全状况、能源使用状况及节能管理实行集中监视、管理和分散控制的建筑物管理与控制系统，称为 BAS（Building Automation System）。

9.5.1　楼宇自动控制系统的内容

楼宇自动控制系统的内容包括以下几个方面。

（1）空调系统、给排水系统、冷热源、供电系统等的参数调节控制监视和设备运行状态的监测。

（2）各种设备按规定时间起停控制，以达到节约能源的目的。

（3）各种设备运行时间积累和维修期限到达报警，以便及时更换或维修服役期满的设备，延长设备的使用寿命，提高服务质量。

（4）根据建筑实际需要的冷负荷，自动控制冷水机组投入运行的设备台数，达到最佳的运行方式。

（5）根据设备运行时间自动更换备用设备，延长设备的使用寿命。

1）各种能源消耗进行计量和计费。

2）各种文本的自动生成和打印。

9.5.2　主要设备和系统构成

系统由中央控制室和现场部分两部分组成，如图 9.11 所示。

图 9.11　BAS 系统的组成

（1）中央控制室也称为数据中心，包括中央处理机（一台微型计算机、存储器、磁带机和接口装置）、外围设备（显示终端、键盘、打印机）和不间断电源 3 个部分。

（2）现场部分。现场部分包括以下几个部分。

1）传感器是指装设在各监视现场和各种敏感元件、变送器、触点和限位开关、用来检测现场设备的各种参数（如温度、湿度、压差和液位等），并发出信号送到调节控制器（分站和数据中心等），如铂电阻温度检测器、复合湿度检测器、风道静压变送器和差压变送器。

2）执行调节机构是指装设在各监控现场接受分站调节控制器的输出指令信号，并调节控制现场运行设备的机构，如电动阀、电磁阀和调节阀等，包括执行机构（如电动阀上的电机）和调节机构（电动阀的阀门）。

3）分站控制器是以微处理机为基础的可编程直接数字控制器（DDC），它接收传感器输出的信号进行数字运算，逻辑分析判断处理后自动输出控制信号动作执行调节机构。

4）分站控制器是整个控制系统的核心，方便灵活地与现场的传感器、执行调节机构直接相连接，对各种物理量进行测量，以及实现对被控系统的调节与控制。

（3）数据传输线路。数据传输线路是联系系统各部分的纽带，从各个监控点到分站控制器的线路是逐点连接，数据中心与各分站通过总线形或环形网络结构进行组网，各分站直接用一回路双芯导线连接到总线上就可以实现分站与分站之间、分站与中央站之间的通信。

9.5.3 各系统介绍

9.5.3.1 空调子系统

空调机组系统的监控功能有以下几点。

（1）确认空调机组风机是否处于楼宇自控系统控制之下，同时可减少故障报警的误报率。

（2）当机组处于楼宇自控系统控制时，可控制风机的启停。

（3）监测送风机压差状态，确认风机机械部分是否已正式投入运行，可区别机械部分与电气部分的故障报警。

（4）调节新/回风阀门。

（5）送/回风温度监测。

（6）回风湿度监测。

（7）回风二氧化碳浓度监测。

（8）通过测定回风温度与设定点间的差值，实时计算以满足空调空间负荷需求。

（9）通过对安装于水盘管回水侧二通电动调节阀的自动调整，实现对送风温度设定点（可调整）的控制，保证空调机组供冷/热量与所需冷/热负荷相当，减少能源浪费。

（10）通过测定回风湿度与设定点间的差值，实时计算并确定送风湿度的设定点。

（11）通过检测回风二氧化碳浓度，实时计算并确定新/回风门的开度。

9.5.3.2 热源系统

热源系统包含的设备为热交换及采暖热水系统、热交换及生活热水系统、锅炉采暖热水循环泵、供热循环泵、补水泵、锅炉、锅炉房循环水泵等组成。具体功能有以下几点。

（1）控制循环水泵启停。

（2）监测循环水泵运行状态。

（3）监测循环水泵手/自动状态。

（4）监测循环水泵故障报警。

（5）控制补水泵启停。

（6）监测补水泵的手/自动状态。

（7）监测补水泵的运行状态。

（8）监测补水泵故障报警。

（9）监测换热器二次供水温度。

（10）调节一次回水电动阀。

（11）监测换热器水流状态。

（12）监测锅炉水温。

（13）监测锅炉燃气压力。

（14）监测锅炉火焰信号。

（15）监测锅炉水流信号。

（16）监测锅炉燃气泄漏报警。

9.5.3.3 给排水系统

建筑内设置有生活水池、循环水池、高区给水箱、低区给水箱、膨胀水箱和稳压水箱等需要液位控制与报警的给排水设施，计量计费等均由楼宇控制系统集中控制和管理。

（1）给排水变频装置的运行状态。

（2）给排水变频装置的故障。

（3）给排水变频装置的启停。

（4）膨胀水箱的超液位报警。

（5）稳压水箱的超液位报警。

9.5.3.4 照明系统

电量计量由装置在进线柜上的功率变换器进线测量，开关状态有高压开关的辅助触头提供信号，立面照明及道路照明由控制系统的计时系统定时控制。

（1）高压进线柜的有功无功电量计量。

（2）高压进线开关及道路照明定时设定。

（3）立面照明及道路照明定时启停。

9.6 火灾自动报警与消防联动控制系统

9.6.1 火灾自动报警与消防联动控制系统简介和组成

火灾自动报警与消防联动控制系统能快速地监测到火灾探测区域内火灾发生时的烟雾、热气或其他报警信号，从而发生声光警报并自动或手动控制灭火系统灭火，同时联动其他消防设施或设备，控制应急照明及疏散标志、应急广播及通信、消防给水和防排烟设施等。

该系统的设置与建筑物的使用性质、火灾危险性、疏散和扑救难度等密切相关。

火灾自动报警与消防联动控制系统由两大部分组成，一部分为火灾自动报警系统，另一部分为灭火及联动控制系统。前者是系统的感应机构，用以启动后者的工作；后者是系统的执行机构。

如图 9.12 所示为火灾自动报警与消防联动控制系统示意图，由图可以看出火灾自动报警与消防联动控制系统的基本原理和过程。当有火灾发生时，在火灾发生地附近的火灾探测器会检测到火灾并向区域火灾报警控制器发出信号，手动报警开关是附近有人发现火灾时用来手动报警的，当人们使用手动报警开关时，也有相应的报警信号发送到区域火灾报警控制器。区域火灾报警控制器将信号发送到集中火灾报警器，集中火灾报警器一般放在控制室内，控制室内的工作人员就可以通过声光报警确定在何处发生火灾，从而采取措施控制火灾。与此同时，集中火灾报警器会启动联动装置，比如将服务广播系统强行切换到事故广播来播放火灾信息，疏导人群，切断非消防电源以避免电力线路引起更大的火灾等。

9.6.2 火灾自动报警与消防联动控制系统的基本形式

火灾自动报警与消防联动控制系统按警戒区域和设备功能的不同分为 3 类：区域报警系统、集中报警系统和控制中心报警系统。其中前两者适宜二级保护对象，后者适于特级和一

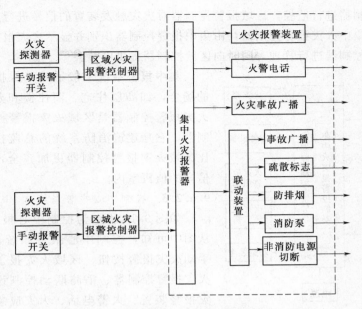

图 9.12　火灾自动报警与消防联动控制系统示意图

级保护对象。

9.6.2.1　区域报警系统

如图 9.13 所示为区域报警系统示意图，它由火灾探测器、手动火灾报警按钮、区域火灾报警控制器、火灾报警装置和电源组成。区域报警系统的保护对象仅为建筑物中某一局部范围或某一措施。区域火灾报警控制器往往是第一级的监控报警装置，应设置在有人值班的房间或场所，如保卫室和值班室等。

9.6.2.2　集中报警系统

集中报警系统主要由火灾探测器、区域火灾报警控制器、集中火灾报警控制器等组成，如图 9.14 所示。火灾信息仍然由火灾触发装置输送到区域报警控制器，火灾保护对象由一

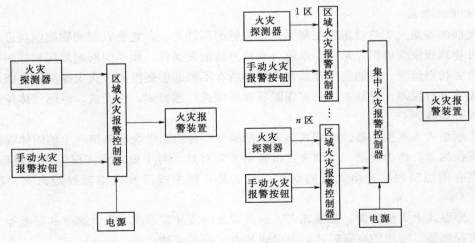

图 9.13　区域报警系统示意图　　　　图 9.14　集中报警系统示意图

个个区域报警控制器进行监控，区域报警控制器对火灾触发装置的信号进行处理后再将火灾报警信号输送到集中火灾报警控制器，由集中报警控制器识别并显示火灾报警来自哪一个区域，对各个区域控制器进行管理，同时向区域控制器提供电源。

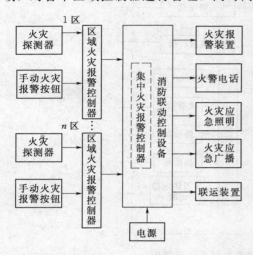

图9.15 控制中心报警系统示意图

集中报警系统一般适用于保护对象规模较大的场合，如高层住宅、商住楼和办公楼等。集中火灾报警控制器是区域火灾报警控制器的上位控制器，它是建筑消防系统的总监控设备，其功能比区域火灾报警控制器更加齐全，应设置在有人值守的值班室内。

9.6.2.3 控制中心报警系统

如图9.15所示为控制中心报警系统示意图。从图中可知，控制中心报警系统由火灾探测器、手动火灾报警按钮、区域火灾报警控制器、集中火灾报警控制器、消防联动控制设备、电源及火灾报警装置、火警电话、火灾应急照明、火灾应急广播和联动装置等组成。火灾保护对象由区域报警控制器进行监控，但保护范围大于集中报警系统。

控制中心报警系统一般适用于规模大的一级以上的保护对象，因该类型建筑物建筑规模大，建筑防火等级高，消防联动控制功能多。

9.6.3 火灾自动报警与消防联动控制系统主要设备

火灾自动报警与消防联动控制系统一般由触发器件、火灾报警控制装置、火灾警报、消防联动控制装置和电源等部分构成。

9.6.3.1 触发器

在火灾自动报警系统中，用于检测火灾特征信息，产生火灾报警信号的器件称为触发器，包括火灾探测器和手动火灾报警按钮。

1. 火灾探测器

火灾探测器是火灾自动报警控制系统最关键的部件之一，它是以探测物质燃烧过程中产生的各种物理现象为依据，是整个系统自动检测的触发器件，能不间断地监视和探测被保护区域的火灾初期信号。不同物质及其在不同场所有不同的燃烧性能，火灾探测器应能对不同物体的火灾进行探测。目前常用火灾探测器有感烟式、感温式、感光式、可燃气体探测式和复合式5种系列。

（1）感烟式火灾探测器。感烟式火灾探测器是一种检测燃烧或热解产生的固体或液体微粒的火灾探测器。作为前期、早期火灾报警是非常有效。对于要求火灾损失小的重要地点，火灾初期有阴燃阶段，产生大量的烟和少量的热，很少或没有火焰辐射的火灾，都适合选用。

（2）感温式火灾探测器。感温式火灾探测器是响应异常温度、温升速率和温差等火灾信号的火灾探测器。常用的有定温式、差温式和差定温式3种。

1）定温式探测器。随着环境温度的升高，达到或超过预定值响应的探测器。

2）差温式探测器。当火灾发生时，室内温度升高速率达到预定值时响应的探测器。

3）差定温式探测器。将差温式、定温式两种感温探测元件组合在一起，同时兼有两种功能。其中某一种功能失效，另一种功能仍能起作用，因而大大提高了可靠性。

（3）感光式火灾探测器。感光式火灾探测器又称火焰探测器或光辐射探测器，它对光能够产生敏感反应。按照火灾的规律，发光是在烟生成及高温之后，因而感光式探测器属于火灾晚期报警的探测器，适用于火灾发展迅速，有强烈的火焰和少量的烟、热，基本上无阴燃阶段的火灾。

（4）可燃气体火灾探测器。可燃气体火灾探测器是一种能对空气中可燃气体浓度进行检测并发出报警信号的火灾探测器。它除具有预报火灾、防火、防爆功能外，还可以起到监测环境污染的作用，目前主要用于宾馆厨房或燃料气储备间、汽车库、压气机站、过滤车间、溶剂库、炼油厂、燃油电厂等存在可燃气体的场所。

（5）复合式火灾探测器。复合式火灾探测器是可以响应两种或两种以上火灾参数的火灾探测器，主要有感温感烟型、感光感烟型、感光感温型等。

2．手动火灾报警按钮

当人工确认为火灾发生时，按下按钮上的有机玻璃片，可向控制中心发出火灾报警信号。手动报警按钮设置在公共场所，如走廊、楼梯口及人员密集的场所。每个防火区应至少设置一只手动火灾报警按钮。手动报警按钮宜设置在公共活动场所的出入口处，设置在明显的和便于操作的部位。

9.6.3.2　火灾报警控制装置

在火灾自动报警系统中用以接收、显示和传递火灾报警信号，并能发出控制信号和具有其他辅助功能的控制设备称为火灾报警控制装置。这类装置中，最典型、最基本的一种是火灾报警控制器。火灾报警控制器是火灾自动报警系统中的核心，一般应具备以下功能：

（1）具备自动接收、显示和传输火灾报警信号的功能，对火灾探测器的报警信号实施同意管理和自动监控。

（2）采用模块式、结构化的系统结构，能够根据建筑功能发展与变化实现相应的火灾报警控制功能。

（3）具备独立于市电电源的供电系统，确保系统能够随时运行，并为火灾探测器提供电源。

（4）具备对自动消防设备发出控制信号、启动消防设备运行的功能，即消防控制连动功能。

（5）具备对火灾报警系统中各器件进行巡检、状态监视、故障自动诊断的功能。

（6）具备较为完善的通信功能，可实现系统内部各区域之间的数据传送，也能实现系统与其他自动化系统、中央监控系统的通信。

9.6.3.3　火灾警报装置

火灾警报装置是指在火灾自动报警系统中，能发出区别于一般环境声、光的警报信号的装置，用以在发生火灾时，以特殊的声、光、音响等方式向报警区域发出火灾警报信号，警示人们采取安全疏散、灭火救灾措施。

9.6.3.4　消防联动控制装置

消防联动设备是火灾自动报警与消防联动系统的执行部件，消防控制中心接到报警后能自动或手动启动消防联动设备。按建筑消防的功能要求和消防设备配置，联动控制系统主要有消防控制系统和灭火系统的控制装置。消防控制系统包括防火系统（防火门、防火卷帘、防火水幕和挡烟垂壁等），防、排烟系统，火灾应急照明与疏散指示标志，火灾应急广播，消防状态下的电梯运行控制；灭火控制系统包括自动喷淋系统、消防栓泵系统等水灭火系统和气体灭火系统等。

9.6.3.5 电源

火灾自动报警系统对供电的要求较高，除主电源外，还要求配备独立的备用电源。主电源由消防电源双回路电源自动切换箱提供，备用电源采用蓄电池，主电源和备用电源能自动切换。

9.7 安全防范系统

根据《安全防范工程技术规范》（GB 50348—2004）的定义，安全防范系统指以维护社会公共安全为目的，运用安全防范产品和其他相关产品所构成的入侵报警系统、视频安防监控系统、出入口控制系统、防爆安全检查系统等；或由这些系统为子系统组合或集成的电子系统或网络。

一般而言，一个完整的安全防范系统通常都是一个集成系统；它可以是一个小型系统，也可以是一个中型系统或大型（巨型）系统；可以是一个封闭系统，也可以是一个开放的系统。

一个较完整的安全防范系统的构成，通常包括安全管理子系统和若干个相关子系统。安全管理子系统是系统的集成管理平台，按其集成度的高低，安全防范系统可分为集成式、组合式和分散式3种类型；相关子系统包括入侵报警系统、视频安防监控系统、出入口控制系统、停车场（库）安全管理系统、防爆安全检查系统和其他子系统等。

9.7.1 入侵报警系统

入侵报警系统（Intruder Alarm System，简称IAS）利用传感器技术和电子信息技术探测并指示非法进入或试图非法进入设防区域的行为，处理报警信息，发出报警信息的电子系统或网络。系统应能根据被防护对象的使用功能及安全防范管理的要求，对设防区域的非法入侵、盗窃、破坏和抢劫等进行实时有效的探测和报警。高风险防护对象的入侵报警系统应有报警复核功能，系统不得有漏报警，误报警率应负荷工程合同书的要求。

入侵报警系统的构成一般由周界防护、建筑物内（外）区域/空间防护和实物目标防护等部分单独或组合构成。系统的前端设备为各种类型的入侵探测器（传感器）。传输方式可以采用有线传输或无线传输，有线传输又可采用专线传输、电话线传输等方式；系统的终端显示、控制、设备通信可采用报警控制器，也可设置报警中心控制台。系统设计时，入侵探测器的配置应使其探测范围有足够的覆盖面，应考虑使用各种不同探测原理的探测器。

9.7.1.1 红外报警探测器

凡是温度超过绝对零度的物体都能产生热辐射，而温度低于1725℃的物体产生的热辐射光谱集中在红外光区域，因此自然界的所有物体都能向外辐射红外热。而任何物体由于本身的物理和化学性质的不同、本身温度不同所产生的红外辐射的波长和距离也不尽相同，一般温度越高的物体，红外辐射越强。人是恒温动物，红外辐射也最为稳定。红外报警探测器又分为被动红外探测器和主动红外探测器。

被动红外探测器：即探测器本身不发射任何能量而只是被动接收、探测来自环境的红外辐射。探测器安装后数秒钟即可适应环境，在无人或动物进入探测区域时，现场的红外辐射稳定不变，一旦有人体红外线辐射进来，经光学系统聚焦就使热释电器件产生突变电信号，而发出警报。被动红外入侵探测器形成的警戒线一般可以达到数十米。

主动红外探测器由红外发射机、红外接收机和报警控制器组成。分别置于收、发端的光学系统一般采用的是光学透镜，起到将红外光束聚焦成较细的平行光束的作用，以使红外光的能量能够集中传送。红外光在人眼看不见的光谱范围，有人经过这条无形的封锁线，必然全部或部分遮挡红外光束。接收端输出的电信号的强度会因此产生变化，从而启动报警控制器发出报警信号。主动式红外探测器遇到小动物、树叶、沙尘、雨、雪、雾遮挡则不应报警，人或相当体积的物品遮挡将发生报警。

9.7.1.2　微波探测器

微波探测器分为雷达式和墙式两种。雷达式是一种将微波收、发设备合置的探测器，工作原理基于多普勒效应。微波的波长很短，在 $1\sim1000mm$ 之间，因此很容易被物体反射。微波信号遇到移动物体反射后会产生多普勒效应，即经反射后的微波信号与发射波信号的频率会产生微小的偏移。此时可认为报警产生。

微波墙式探测器利用了场干扰原理或波束阻断式原理，是一种微波收、发分置的探测器。墙式微波探测器由微波发射机、发射天线、微波接收机、接收天线、报警控制器组成。微波指向性天线发射出定向性很好的调制微波束，工作频率通常选择在 $9\sim11GHz$，微波接收天线与发射天线相对放置。当接收天线与发射天线之间有阻挡物或探测目标时，由于破坏了微波的正常传播，使接收到的微波信号有所减弱，以此来判断在接收机与发射机之间是否有人侵入。

9.7.1.3　玻璃破碎探测器

利用压电陶瓷片的压电效应（压电陶瓷片在外力作用下产生扭曲、变形时将会在其表面产生电荷），可以制成玻璃破碎入侵探测器。对高频的玻璃破碎声音（$10\sim15kHz$）进行有效检测，而对 $10kHz$ 以下的声音信号（如说话、走路声）有较强的抑制作用。玻璃破碎声发射频率的高低、强度的大小同玻璃厚度、面积有关。

9.7.1.4　震动探测器

震动探测器是以探测入侵者走动或破坏活动时产生的震动信号来触发报警的探测器。震动传感器是震动探测器的核心部件。常用的震动探测器有位移式传感器（机械式）、速度传感器（电动式）、加速度传感器（压电晶体式）等，震动探测器基本上属于面控制型探测器。

9.7.1.5　超声波探测器

利用人耳听不到的超声波（$2MHz$ 以上）来作为探测源的报警探测器称为超声波探测器，它是用来探测移动物体的空间探测器。

9.7.1.6　开关式报警器

开关式报警器是通过各种类型开关的闭合和断开来控制电路产生通断，从而触发报警。常见的开关有磁控开关、微动开关、压力垫，或用金属丝、金属条、金属箔等来代用的多种类型开关。磁控开关又称磁控管或干簧开关，由永久磁铁及干簧管组成。磁控开关应该避免直接安装在金属物体上，必须在使用时用钢门专用型磁控开关或改用微动开关或其他类型开

关器件

9.7.2 视频安防监控系统

视频安防监控系统是现代化智能大厦管理、监测、控制的重要手段之一。它直接把现场和观察者连接起来，能实时、形象地反映被监测控制的对象，在安全防范系统中发挥着不可替代的作用。视频安防监控系统由摄像、传输、控制、图像显示与处理5个部分组成，如图9.16所示。

图 9.16　视频安防监控系统示意图

9.7.2.1　系统设备配置

视频安防监控系统设备由前端设备、传输设备、显示和记录设备、控制设备等组成。前端设备是指安装在监视现场的设备，主要有摄像机、镜头、云台、防护罩和解码中继盒等。传输设备有传输电缆、电缆补偿器、阻抗匹配器和光纤等。显示和记录设备有监视器、录像机、硬盘和打印机等。控制设备主要有遥控控制器、视频分配器、图像切换器、字符叠加器、日期和时钟发生器、分控器等。

9.7.2.2　系统功能

视频安防监控系统的系统功能如下：

（1）图像信号的分配功能。通过视频分配器将一路信号分配成多路输出，可以同时连接多台监视器。

（2）图像信号的切换功能。通过图像切换器可以将某一路摄像机输入的视频图像信号切换到任一台监视器上，使操作人员能选看任一路图像。这种切换可以是手动切换，也可以是自动切换。

（3）控制功能。视频安防监控系统的遥控主要是通过控制室内的遥控设备发出遥控信号来控制前端设备，这些控制功能有：摄像机的开、关，云台的上下左右旋转，镜头的光圈大/小，变焦远/近，聚焦大/小，雨刮器的启动和停止。

（4）录像功能。通过计算机将图像进行压缩，使用硬盘进行保存。对于重要地点的图像可以不经压缩保存原码图像，以供需要时进行重放。

复　习　思　考　题

1. 简述智能建筑的定义、功能、特点。
2. 简述火灾自动报警与消防联动控制系统的组成及其工作原理。
3. 简述电话通信系统的组成。
4. 简述什么是综合布线。
5. 简述各种防排烟设备联动控制的工作原理。

参 考 文 献

［1］　中华人民共和国国家标准. 建筑给水排水设计规范：GB 50015—2010 ［S］. 北京：中国计划出版社，2011.

［2］　中华人民共和国国家标准. 建筑设计防火规范：GB 50016—2014 ［S］. 北京：中国计划出版社，2014.

［3］　中华人民共和国国家标准. 自动喷水灭火设计规范：GB 50084—2001（2005 年版）［S］. 北京：中国计划出版社，2005.

［4］　中华人民共和国国家标准. 消防给水及消火栓系统技术规范：GB 50974—2014 ［S］. 北京：中国计划出版社，2014.

［5］　中华人民共和国国家标准. 民用建筑供暖通风与空气调节设计规范：GB 50736—2012 ［S］. 北京：中国计划出版社，2012.

［6］　中华人民共和国国家标准. 通风与空调工程施工质量验收规范：GB 50243—2002 ［S］. 北京：中国计划出版社，2002.

［7］　中华人民共和国国家标准. 建筑物防雷设计规范：GB 50057—2010 ［S］. 北京：中国计划出版社，2010.

［8］　中华人民共和国国家标准. 建筑照明设计标准：GB 50034—2013 ［S］. 北京：中国计划出版社，2013.

［9］　中华人民共和国行业标准. 民用建筑电气设计规范：JGJ 16—2008 ［S］. 北京：中国建筑工业出版社，2008.

［10］　中华人民共和国行业标准. 辐射供暖供冷技术规程：JGJ 142—2012 ［S］. 北京：中国建筑工业出版社，2012.

［11］　徐欣，孙桂涧. 建筑设备 ［M］. 郑州：黄河水利出版社，2011.

［12］　王增长. 建筑给水排水工程 ［M］. 北京：中国建筑工业出版社，2011.

［13］　陈翼翔. 建筑设备安装识图与施工 ［M］. 北京：清华大学出版社，2013.

［14］　赵丙峰，侯根然. 建筑设备 ［M］. 北京：中国水利水电出版社，2010.

［15］　李本鑫. 建筑设备 ［M］. 北京：冶金工业出版社，2014.

［16］　卢军. 建筑环境与设备工程概论 ［M］. 重庆：重庆大学出版社，2003.

［17］　金久炘. 楼宇自控系统 ［M］. 北京：中国建筑工业出版社，2009.